W0247392

Anja Förster | Peter Kreuz
Alles, außer gewöhnlich

ANJA FÖRSTER | PETER KREUZ

ALLES, AUSSER GEWÖHNLICH

PROVOKATIVE IDEEN FÜR MANAGER, MÄRKTE, MITARBEITER

ECON

Econ ist ein Verlag der Ullstein Buchverlage GmbH

ISBN 978-3-430-20016-5

Gesetzt aus der Sabon und der Dax
bei LVD GmbH, Berlin
Druck und Bindung: CPI books, Leck
Printed in Germany

**VERGEUDEN SIE NICHT IHRE ZEIT DAMIT,
DASS SIE DAS LEBEN EINES ANDEREN LEBEN.**

Steve Jobs

INHALT

TEIL 2: VOM FÜHRUNGSAMT ZUR FÜHRUNGSPERSÖNLICHKEIT

TEIL 3: VOM ARBEITSPLATZHALTER ZUM WERTLIEFERANTEN

DAS ERSTE WORT: LANGWEILERREPUBLIK DEUTSCHLAND

»Kommen wir zu den Hausaufgaben. Wie heißt die Hauptstadt von Island? Jessica, bitte.«

Jessica muss nicht lange überlegen. Die Antwort kommt prompt: »Reykjavík!«

»Sehr gut. Danke, Jessica. Und wie heißt die Hauptstadt von Australien, Hendrik?«

Auch Hendrik muss nicht lange überlegen, er kam schließlich nicht auf der Brotsuppe dahergeschwommen: »Reykjavík!«

Genau. Wenn Jessica mit dieser Antwort eine Eins bekommt, wäre es schließlich ungerecht, wenn Hendrik mit derselben Antwort keine Eins bekäme, oder? Hendrik weiß auch schon, was er mal werden will: Manager. Auf unterschiedliche Fragen ein und dieselbe Antwort zu geben ist leider nicht gut, nicht einmal ausreichend, sondern: »Setzen, sechs!« Was in der Schule gilt, trifft erst recht auf das Management zu. Standardantworten helfen nicht weiter. Tüchtig sein genügt nicht mehr. Fleißig und pünktlich sein – schön, aber nicht mehr ausreichend. Ehrlich und gewissenhaft und bescheiden sein – fantastisch (wenn es denn so wäre), aber nicht mehr genug. Vor allem dann nicht, wenn das, was man tut, dasselbe ist, was alle tun.

Gut, dann müssen wir eben besser werden. Jeden Tag, kontinuierlich, ständig. Besser, besser, besser! Nur leider: Egal, wie häufig Sie mit glasigen Augen dieses Mantra wiederholen – auch das führt nicht mehr sicher zum Erfolg. Denn jeden Tag ein bisschen besser zu werden ist heute Standard, gerade mal die Eintrittskarte für den globalen Wettbewerb, die Erlaubnis zum Mitspielen. Besser sein ist gewöhnlich, mehr nicht. Worum es aber wirklich geht: außergewöhnlich sein. Einzigartig. Wir müssen verdammt noch mal *anders* werden.

Dieses Buch nimmt Sie mit auf eine Reise: Es zeigt Ihnen, dass es auch anders geht. Und zwar in allen Bereichen, in Staat und Gesellschaft, in Wirtschaft und Management, in Produktion und Marketing – und bei jedem Einzelnen von uns: Macht was anderes! Und macht es anders! Etwas Außergewöhnliches! Etwas Revolutionäres! Denn das ist der einzige Weg zu Erneuerung. Und Erneuerung, das ist unserer Ansicht nach das wirklich beherrschende Thema hierzulande, wenn es darum geht, wieder aus dem Quark zu kommen, in dem wir seit zwei Jahrzehnten rumstrampeln.

Selbstverständlich genügt es nicht, einfach nur anders zu sein. Man muss auch wissen, wie oder was man sein will, wenn man anders als die anderen sein will. Aber das ist nicht so schwierig. Und das können Sie sich immer noch überlegen, wenn Sie erst mal die Entschlossenheit aufgebracht haben, mit dem Althergebrachten zu brechen. Der entscheidende Schritt ist nämlich nicht mehr länger nur der nach vorne, sondern es muss gleichzeitig ein großer Schritt seitwärts sein, der Sie von dem ausgetretenen Pfad wegbringt, hinein in die Wildnis, in das Unwägbare, wo es wieder spannend wird und wo Ihre Urinstinkte, Ihr Mut und Ihre Kreativität gefragt sind. Hier zeigt sich, was Sie wirklich drauf haben. Und das wollen Sie doch zeigen, oder?

Übrigens: Die Hauptstadt von Australien ist weder Sydney noch Melbourne, sondern Canberra. Aber diese beiden wären zumindest schlauere Antworten gewesen als – Reykjavík. Schnallen Sie sich an, es geht los!

Anja Förster & Peter Kreuz

TEIL 1

BEDÜRFNISSE BEFRIEDIGEN AUCH ALLE ANDEREN

15/17 PIPER-A

KAPITEL 1

FALLE: DER ERFOLG VON GESTERN IST DER FEIND VON HEUTE UND DER KILLER VON MORGEN

Neulich, nach unserem Vortrag in München. Entschlossenen Schritts kommt der Typ auf uns zu. Anzug: grau, dreiteilig. Scheitel: grau, streng. Erscheinung: grau, akkurat. Er ist aufgebracht. »Sie haben da etwas gesagt«, entfährt es ihm, »damit bin ich überhaupt nicht einverstanden!«

Das finden wir erst mal lobenswert. Er ist Manager, Bereich strategische Planung bei einem Versandhandelsunternehmen – und er hat ganz offensichtlich eine eigene Meinung. Eine der wichtigsten Aufgaben seiner Abteilung, so lässt er uns wissen, ist die intensive Konkurrenzanalyse. Er weiß also, wovon er spricht, wenn er von Konkurrenz spricht.

Und nun kommen wir daher und sagen in unserem Vortrag solche Sachen wie: »Einem Versandhändler machen auch Kinos oder Mobilfunkunternehmen Konkurrenz.« – »Völliger Blödsinn«, findet der Mann. Seine Konkurrenz, davon ist er überzeugt, das sind die anderen paar Traditionshäuser im Versandgeschäft. Alles andere ist Humbug!

»Ach, Amazon. Die verschicken doch bloß Bücher ...«

Nun, wir können durchaus argumentieren: Die Konkurrenz lauert jenseits des Tellerrands der Branche, weil es den Kunden heute nicht mehr primär um Bedarfsdeckung geht. Eine Kundin könnte sich am Freitagabend fragen: »Blättere ich jetzt im Katalog und bestelle mir was zum Anziehen oder verabrede ich mich fürs Kino oder telefoniere ich mal wieder mit meiner Freundin?« – »Absolut an den Haaren herbeigezogen«, meint Mister Grey. »Übertrieben und extrem! Sprüche, die für die Bühne taugen, aber nicht für die Realität!«

»Und was ist mit Amazon?«, wirft einer von uns beiden ein. – »Ach, Amazon ...« Die Silberlocke macht eine wegwerfende Handbewegung. »Die verschicken doch bloß Bücher ...«

Wie bitte!? Hallo!? Dieser Mann muss die Website von Amazon um das Jahr 1998 herum zuletzt besucht haben. Oder er gehört zu jenen Managern, die so gut wie nie ins Internet gehen, ihre E-Mails der Assistentin diktieren und, wenn sie mal von einer interessanten Website gehört haben, Frau Schmöckle bitten, diese auszudrucken. Wir erinnern ihn: Amazon verkauft neben Büchern auch DVDs, Kameras, Computer, Gartenmöbel, Spielwaren, Software, Sportgeräte, Heimwerkerartikel, Turnschuhe, Pullover ... Kein Zweifel, der weiße Fleck auf der geistigen Landkarte dieses Menschen ist so groß wie der Stille Ozean. Wenige Wochen nach dem Vortrag in München erfahren wir um drei Ecken, dass seine Abteilung im Zuge einer Umstrukturierung aufgelöst wurde. Wundert uns das? Nicht wirklich.

Es gibt keine erfolgreichen Unternehmen

»Nichts ist erfolgreicher als der Erfolg.« Das ist so ein alter Spruch. Und er ist falsch. Er ist falsch. Er ist falsch. Richtig ist: Nichts ist gefährlicher als der Erfolg. Er verführt eine selbstzufriedene Managerkaste dazu, sich mit dem Ist-Zustand zufriedenzugeben. Vorstände fangen an, ihren eigenen Pressemitteilungen zu glauben. Und sie interessieren sich nur noch marginal für das, was am Markt geschieht. Warum auch? Man ist ja Branchenprimus. Und die Welt da draußen eine treu ergebene Truppe, die man kraft der eigenen Überlegenheit auf ewig kommandieren kann. Toyota-Boss Katsuaki Watanabe trifft den Nagel auf den Kopf, wenn er sagt: »Arroganz und Selbstzufriedenheit sind die Krankheit jedes Großunternehmens.«

»Wir sind erfolgreich« gehört aus dem Wörterbuch des Managements gestrichen. Es gibt keine erfolgreichen Unternehmen. Es gibt nur Unternehmen, deren Entscheidungen in der Vergangenheit ihnen bessere oder schlechtere Chancen für die Zukunft eröffnen. Wer sich für erfolgreich hält, ist wie ein Infizierter in der Inkubationszeit. Es geht ihm noch super, aber die Viren machen sich schon über seine Organe her. Jetzt wäre der beste Zeitpunkt, mit einer Therapie zu beginnen. Aber natürlich wartet er, bis er nur noch auf allen Vieren krabbeln kann. Vorher unternimmt er gar nichts.

Arroganz und Selbstzufriedenheit sind die Krankheit jedes Großunternehmens.

Unsere Politiker sind in dieser Hinsicht vorbildlich: Ob Schröder oder Kohl oder sonst wer – mit ruhigen Händen im Schoß sitzen sie jede Aufschwungphase aus. Erst wenn alle von Krise sprechen, wird ein bisschen Veränderung simuliert. Bis dann beim ersten konjunkturellen Hoffnungsschimmer diverse Interessengruppen dafür sorgen, dass alles wieder rückgängig gemacht wird. Die einzige Kunst dabei: rechtzeitig aussteigen, die Memoiren schreiben und als Berater und Vortragsredner im Stile eines *Elder statesman* so richtig Kasse machen.

Der amerikanische Leadership-Experte Warren Bennis sagt: »Selbst erfolgreiche Unternehmen können sich in Zukunft zugrunde ruinieren, wenn sie weiterhin so vorgehen wie in der Vergangenheit.« Hat er Recht? Steigen wir zur Beantwortung dieser Frage gleich mal ganz oben ein, beim deutschen Wirtschaftswunderkind Grundig. Als der Insolvenzverwalter im Jahr 2003 auf einer Betriebsversammlung das endgültige Aus für den Elektronikhersteller verkündete, hat die Belegschaft Beifall geklatscht. Sarkasmus? Hilflosigkeit? Vielleicht einfach Erleichterung, dass man jetzt wenigstens mal in der Wirklichkeit angekommen war. Die hatte Firmenpatriarch Max Grundig jahrelang komplett ausgeblendet. Er verschliss Vorstände wie andere Zahnbürsten, sicherte seiner lamettabehangenen Gattin eine Garantiedividende von 50 Millionen Mark per anno und stauchte jeden zusammen, der über Produktion im Ausland auch nur laut nachdachte.

Aber wie sollten seine Schrauber und Schweißer im Werk Nürnberg mit anderthalb Milliarden Chinesen konkurrieren, die den gleichen Job für eine Schüssel Reis am Tag machen? Das Bedürfnis nach billigen Elektronikartikeln befriedigen andere längst besser. Doch der Selfmademan aus Mittelfranken sagte sich: Uns kann nichts passieren. Wir sind eine deutsche Firma. Wir sind erfolgreich.

Statt zu überlegen, wie das Unternehmen auch künftig mit dem Rest der Welt mithalten könnte, machte Grundig einfach so weiter wie gewohnt. Fünfmal kippelte und krängte der Kahn bedenklich, beim sechsten Mal trieb er kieloben. Heute ist Grundig die Handelsmarke eines türkischen Billigproduzenten, der sich mit dem verblassten Markenglanz aufwertet wie ein Kreuzberger Dönerbudenbesitzer mit einem gebrauchten Benz.

Wie soll jemand mit Wikipedia konkurrieren?

In guten Zeiten nichts zu ändern und einfach abzuwarten, bis die Entwicklung dramatisch kippt, ist beileibe keine rein deutsche, nicht einmal eine europäische Spezialität. Manager, die vom Cashflow berauscht sind wie Penner von Fusel, gibt es überall auf der Welt. »Why fix it, if it ain't broken?« lautet die Maxime von Max Grundig auf Kaugummi-Englisch. Und so ist beispielsweise die Encyclopaedia Britannica, einst das beste und angesehenste Lexikon der Welt, nur noch ein Schatten ihrer selbst. Mit einem schlagkräftigen Direktvertrieb setzte der Verlag 1990 noch 650 Millionen Dollar um. Von da an ging es steil bergab. Erst verpennte man die CD-ROM, dann den Boom des Internets. Microsofts Encarta taten die Hüter der 1768 begründeten Enzyklopädie als Kinderkram ab. Und was sollte bei einem Projekt wie Wikipedia schon herauskommen, wo jeder Depp Lexikoneinträge schreiben darf? Die Vertriebsmannschaft forderte: Volle Kraft voraus! Wer pro verkaufter Lexikonreihe 600 Dollar Provision kassiert, will alles, nur keinen Kurswechsel.

Die Welt drehte sich indessen weiter. Vor kurzem hat eine wissenschaftliche Untersuchung ergeben, dass das kostenlose Internetlexikon Wikipedia weniger Fehler enthält als die von zig Generationen ergrauter Profs zusammengeschriebene Britannica. Florian Langenscheidt, als Verleger selbst mit Nachschlagewerken am Markt, sagt zum Thema Wikipedia: »Wie soll ich mit einem Unternehmen konkurrieren, das keine Gewinne machen will?« Wikipedia genügt ein weltweiter Spendenaufruf, und schon hat man wieder Millionen Dollar in der Kasse, um neue Server zu kaufen oder den Webauftritt zu verbessern. Wenn die Leute über das Internet bereitwillig ihr Wissen teilen, und das auch noch mit Begeisterung, dann kann eben kein Anbieter mehr damit Geld verdienen. Wer als Verleger selbstmitleidig darüber jammert, hat nicht begriffen, dass die Realität ihn längst überholt hat.

Manager dürfen nicht nur paranoid sein – sie müssen es sogar.

Die traurige Wahrheit ist: Die Britannica hätte sich rechtzeitig Alternativen überlegen können – bevor man mit dem Rücken zur Wand stand. Im Internetzeitalter kann man niemandem mehr damit drohen, dass er seine Bildungschancen verpasst, wenn er ein bestimmtes Buch nicht besitzt. Trotzdem lieben Menschen Bücher! Und zwar das Buch an sich, nicht nur das enthaltene Wissen. Darauf hätte die Britannica setzen können. Ihr Produkt diversifizieren, neue Reihen entwickeln und in edles Leder binden. Sich neu positionieren: vom Arbeitsmittel zum bildungsgesättigten Luxusprodukt. Von der Anschaffung fürs Leben zur Sammleredition, die ein haptisches Erlebnis bietet, das im digitalen Zeitalter selten geworden ist. Aber das alte Geschäft lief ja so gut. Und dieser Erfolg wurde nicht als Handlungsspielraum, sondern als Ruhepolster begriffen. Dabei wären die Jahre der Rekordgewinne der richtige Zeitpunkt für eine Neuorientierung und für den Mut zu zukunftsweisenden Experimenten gewesen. Sind die Kassen erst mal leer, ist ein Strategiewechsel schwierig bis unmöglich.

Der Ex-Chef von AlliedSignal, Lawrence Bossidy, hat in einem Interview mit der Harvard Business Review gesagt: »Die Unternehmensplattform brennt, ob die Flammen offensichtlich sind oder nicht.« Genau so ist es. Jedes Unternehmen ist ständig in Gefahr. Deshalb dürfen Manager nicht nur paranoid sein – sie müssen es sogar. Die Verfolger sind selten ein Produkt der Imagination, sondern sehr real. Verfolgungswahn kann sogar förderlich für die Gesundheit sein. Deshalb sagt Boeing-Boss James McNerney: »Es ist mein Job, dafür zu sorgen, dass unsere Leute paranoid bleiben.«

Schrittweise Verbesserung ist der schlimmste Feind der Innovation

Aber muss man denn immer gleich die Revolution anzetteln? Immer wieder hören wir nach unseren Vorträgen dieselbe Leier: Ist es nicht besser, der vorsichtige Nachahmer zu sein als der *first mover*? Genügt es nicht, kontinuierliche Verbesserungen als Prozess zu installieren? Will denn der Kunde nicht stets die gleichen Produkte, bloß besser?

Ja – aber! Klar kann man seine Kunden eine Zeit lang mit inkrementellen Verbesserungen bei Laune halten und damit vorläufig seinen Hals retten. Die Frage ist nur, wie nachhaltig diese Maßnahmen wirken. Und ob sie noch in eine Zeit passen, in der Chancen mit Lichtgeschwindigkeit kommen und gehen.

Nachdem KarstadtQuelle 2001 »das beste Jahr in der Konzerngeschichte« ausgerufen hatte, blieb der Handelsriese auch nicht ganz untätig. Mit der kostenlosen Kreditkarte für alle landete die hauseigene Bank sogar einen Volltreffer. Nebenbei gingen die Essener auf Einkaufstour und erwarben Beteiligungen quer durch den Gemüsegarten – Deutsches Sportfernsehen, Golf House, Starbucks. Bloß am veralteten Geschäftsmodell rüttelte keiner. In altbackenen Kaufhäusern im 70er-Jahre-Look versuchte eine aus Kostengründen auf Mindestzahl reduzierte Rumpfmannschaft, sich vor den Kunden zu verstecken. Das wollten irgendwann nur noch Rentner und Armutsmigranten mitmachen. Der Rest kaufte zum Beispiel bei Ebay. Erst ein Thomas Middelhoff machte den Karstädtern klar, dass ihr Warenhauskonzept nur dann eine Zukunft hat, wenn es dem Käufer ein einmaliges Erlebnis bietet.

Auch für die deutsche Autoindustrie wird es langsam ungemütlich. Jahrelang hat sie die Kunden mit Innovatiönchen wie dem beheizten Lenkrad, dem belüfteten Fahrersitz oder der Zuziehhilfe für die Türen bei Laune gehalten. Doch während man gerade in Stuttgart, München und Wolfsburg noch den letzten Sicherungsdeckel zum Designobjekt macht, wird eine grottenhässlich gestylte Schüssel namens Toyota Prius zum neuen Kultauto der Hollywoodstars. Weil sein alternatives Antriebskonzept den ersten Schritt zum Autofahren ohne schlechtes Öko-Gewissen bedeutet. Jetzt bricht in den deutschen Autoschmieden hektischer Aktionismus aus. Den Ersten dämmert, dass echte Innovationen hermüssen, wenn man in Zukunft noch Geld verdienen will.

Aber warum tun sich alle bloß so schwer damit, ausgetretene Wege zu verlassen? Warum bleibt jeder eisern bei dem, was Wissenschaftler den »Kompetenzpfad« nennen, also dem Erfolgsrezept von gestern? Weil Manager wie in einem Tierversuch agieren. Bietet man einer Labormaus fünf Laufgänge oder »Kanäle« und legt jeden Tag ein Stück Käse in einen anderen Kanal, dann sucht sich die Maus ihr Futter täglich neu. Fängt man jetzt aber an, den Käse nur noch in Kanal vier zu legen, dann lernt die Maus nach einer Reihe von Tagen, dass der Käse immer dort liegt. Das Fatale für den kleinen Nager: Legt man den Käse jetzt plötzlich in Kanal zwei, rennt die Maus in Kanal vier und gerät dort in Verzweiflung. Sie kommt überhaupt nicht auf die Idee, die

anderen Kanäle abzusuchen. Sie hat die Suchphase vergessen und sich nur die Erfolgsphase gemerkt. Aber nur wenn es umgekehrt wäre, wenn sie ihre Erfolge vergäße und die Suche nicht verlernt hätte, fände sie den Käse und müsste nicht verhungern. Ist Ihr Unternehmen auch im »Kanal-vier-Syndrom« gefangen? Tausende Manager suchen verzweifelt den Käse, wo er noch gestern lag.

Der Käse liegt morgen an einer anderen Stelle. Immer.

Es ist nämlich so: Der Käse liegt morgen an einer anderen Stelle. Immer. Weil die Welt einfach so funktioniert. Der Businessautor Charles Handy verdeutlicht das anhand der s-förmigen »Sigmoidkurve«: Mit dem Erfolg geht es langsam bergauf, bis zum Scheitelpunkt der Kurve, und dann wieder steil bergab. Oder, um es in ein anderes Bild zu fassen: Niemand kann ewig auf derselben Welle surfen. Die Kunst besteht darin, rechtzeitig vom Kamm der einen Welle auf die nächste zu springen. Und zwar bevor die Welle, die einen gerade so schön trägt, bereits abflacht und an Energie verliert.

Charles Handy sagt: »Die Paradoxie des Erfolgs ist, dass das, was dich zum Erfolg gebracht hat, dich nicht erfolgreich bleiben lassen wird.« Und Tom Peters sagt: »Die Vorstellung vom dauerhaft erfolgreichen Unternehmen ist ein romantischer Traum.« Wir stimmen diesen beiden Business-Vordenkern voll und ganz zu und sagen außerdem: Unternehmen müssen ihre Erfolge vergessen. Business ist ein langer Film mit vielen Höhen und Tiefen. Keine Firma ist vom Schicksal auserkoren, morgen noch Erfolg zu haben, nur weil sie heute von Investmentbankern und Managementgurus bejubelt wird. Der Ex-Chef der Lufthansa, Jürgen Weber, hat gesagt: »Unsere größte Gefahr ist nicht die Konkurrenz, sondern dass der Erfolg uns träge macht.«

Ein Museum ist ein Museum ist ein Museum? Mitnichten!

Gott sei Dank gibt es Unternehmen und Manager, die das verstanden haben. Da gibt es zum Beispiel einen Hersteller von Dialysegeräten, bei dem einer von uns kürzlich einen Vortrag hielt. Dieses Unternehmen ist erfolgreich, technologisch top und darf sich Marktführer nennen. In so einer Firma wäre die Versuchung riesengroß, sich auszuruhen, die Münzen im Geldspeicher zu zählen und an den Maschinen jedes Jahr ein paar Zahnräder zu optimieren. Aber hier sind die Manager hellwach!

Selbstverständlich wird das Produkt weiterentwickelt. Aber das ist nur die halbe Miete. Denn Gefahr droht weniger von den Herstellern, deren Dialysegeräte weniger perfekt sind, sondern beispielsweise von Pharmakonzernen, die Impfstoffe oder Tabletten entwickeln könnten, die Dialysegeräte eines Tages überflüssig machen. Die Manager haben erkannt: Die größte Gefahr für das Unternehmen geht nicht vom altbekannten Wettbewerb aus, sondern von irgendeinem neuen Wettbewerber, der jetzt noch unerkannt am Rande des Marktes sitzt und auf seine Chance lauert. So wie einst Olivetti nicht durch andere Schreibmaschinenhersteller in Turbulenzen geriet, sondern durch eine völlig neue Technologie: den PC. Und wie davor schon die Hersteller von Gaslaternen durch elektrisches Licht vom Markt gedrängt wurden. Das übrigens zum Zeitpunkt ihres größten Erfolgs.

Das Management des besagten Dialysegeräteherstellers will für den Tag X gewappnet sein. Kleine Teams beobachten ständig den gesamten Gesundheitsmarkt. Andere Gruppen machen sich schon heute Gedanken über Produktalternativen. Sie denken das, was in anderen Firmen tabu ist: Wie könnten wir uns komplett neu erfinden? Welches vollkommen andere Produkt könnten wir morgen anbieten? Dazu ist ungeheuer wichtig, nicht nur das Denken, sondern auch die Strukturen und Prozesse flexibel zu halten. Bewegliche Leute, intensiver Wissensaustausch, schlanke Prozesse und der Abschied von der Hierarchiedenke gehören zwingend dazu.

Welches vollkommen andere Produkt könnten wir morgen anbieten?

Wir wissen nicht genau, von wem das folgende Zitat stammt, verwenden es aber trotzdem ungeniert: »Man kann jedes Business besser machen, man muss es nur immer wieder neu erfinden – und zwar jeden Tag.« Den Beweis für die Richtigkeit dieser Aussage hat Glenn Lowry angetreten. Er ist Direktor des New Yorker Museums of Modern Art, unter Kunstkennern und solchen, die es werden wollen, auch als MoMA bekannt. Als wir im Sommer 2005 in Berlin waren, stand eine riesige Schlange vor der Neuen Nationalgalerie am Potsdamer Platz. Dieses Mega-Kulturevent war Teil einer genialen Strategie von Glenn Lowry, der gerade dabei ist, das Kunstmuseum neu zu erfinden. Die spektakuläre Schau in Berlin sorgte da schon mal für ordentlich Publicity und machte das MoMA auch in Old Europe zur weltweit ersten Adresse für moderne Kunst. Wir staunten nicht schlecht, als wir dann sahen, was sich inzwischen in New York tat. Für fast 500 Millionen Dollar baut der international bisher kaum bekannte japanische Architekt Yoshio Taniguchi das MoMA zu einem Museum um, das die Welt noch nicht gesehen hat. Kunst wird hier zu einem ganz neuen Erlebnis inszeniert. Lowry hatte sich in den Kopf gesetzt, Leute zu begeistern, die noch nie im Leben in einem Museum waren. Die Häme konservativer Kulturkritiker über den größten Museumsshop der Welt war programmiert – und ließ Lowry völlig kalt.

Der eigentliche Witz dieser Geschichte: Nach altbackener Unternehmerdenke hätte Lowry überhaupt keinen Grund gehabt, sich in ein solches Abenteuer zu stürzen. Als er 1995 auf den Chefsessel kam, war das MoMa schon längst das erfolgreichste Museum der Welt. Was trieb ihn in einem Land, in dem der Fluss öffentlicher Kultursubventionen nur ein Rinnsal ist, zu einem Umbau, der fast eine Milliarde Dollar kostet, inklusive Erweiterung der Sammlung? »Wir müssen dafür sorgen, dass diese Institution großartig bleibt«, sagte

Lowry Mitte der Neunziger. »Wir brauchen eine Vision.« Die Aufsichtsräte bewilligten daraufhin 860 Millionen Dollar, die man gar nicht hatte. Noch nicht. Aber es wäre riskanter gewesen, nichts zu tun.

Es geht doch!

Es gibt sie also, die Unternehmen, die ihre Erfolge von gestern einfach vergessen können. Die immer wieder alle Kanäle nach dem Käse absuchen. Und es gibt sie überall. Selbst Bill Gates sagt: »Microsoft ist immer zwei Jahre vom Scheitern entfernt.« Microsoft! Zwei Jahre! Und dieser Typ sitzt auf einem komfortablen Marktanteil von über 90 Prozent. Was zum Teufel soll denn erst der Rest von uns sagen, wenn Bill Gates sich bereits Sorgen macht? Oder nehmen wir Michael Dieckmann, der die alte Tante Allianz übernommen hat und sie nach allen Regeln der Kunst zerlegt. Oder Henkel-Boss Ulrich Lehner, der dabei ist, schnellstmöglich mindestens 30 Prozent aller Umsätze mit Produkten zu machen, die weniger als drei Jahre am Markt sind. Es geht doch!

Der Schlüssel ist die Strategie. Heute bemisst sich der Unterschied zwischen Anführer und Nachzügler nicht mehr in Jahrzehnten, sondern in wenigen Jahren und manchmal in Monaten. In einer vom Strategie-Experten Gary Hamel gemeinsam mit dem Marktforschungsinstitut Gallup entwickelten Umfrage wurden 500 Topmanager befragt. Eine der Fragen: Wer konnte in seiner jeweiligen Branche in den letzten zehn Jahren Veränderungen am besten nutzen: Neueinsteiger, die alte Konkurrenz oder die eigene Firma? Die allermeisten sagten: Neueinsteiger. Nächste Frage: Haben die Neueinsteiger die Spielregeln neu erfunden oder durch bessere Umsetzung gepunktet? Ganze 62 Prozent der obersten Chefs antworteten: Sie haben die Spielregeln neu definiert.

Beispiele, die diese Aussage stützen, gibt es zuhauf. Apple zum Beispiel hat mit iTunes die Musikindustrie aus dem Tiefschlaf geweckt. Ausgerechnet Apple, ein Computerhersteller!

Und trotzdem hören wir von Chefs immer wieder Sätze wie: »Strategie ist der einfache Teil. Unser wirkliches Problem ist die Umsetzung.«

Na, guten Morgen! Natürlich ist Strategie einfach, wenn man an Denkmustern von gestern festhält. Aber am 7. Dezember können Sie so viele Stiefel vor die Türe stellen, wie Sie wollen, sie werden nicht gefüllt werden – obwohl das erst gestern noch funktioniert hat. Bereits ein Fünfjähriger könnte diesen Managern erklären, warum man neue Strategien braucht, wenn sich die Regeln ändern. Das Problem ist bloß, dass so wenige Fünfjährige an den Strategiemeetings dieser Unternehmen teilnehmen.

Strategie ist in Wahrheit alles andere als einfach, wenn das Ziel wirtschaftlicher Wandel ist. Im Management geht es nicht um das Wie, sondern um das Was. Es geht um Ziele. Und des Weiteren geht es um Ziele. Und außerdem geht es um Ziele. Und dann kommt lange nichts, und dann geht es noch um die Umsetzung, während bereits neue Ziele gesetzt werden.

Vom Ältestenrat kommt meistens der älteste Rat.

Wir haben in den letzten Jahren Hunderte ungewöhnlich erfolgreicher Unternehmen geröntgt. Dabei sind wir immer wieder auf ähnliche Dinge gestoßen. Die Strategiedebatte etwa ist bei den Besten nicht die alleinige Aufgabe eines weisen Ältestenrats, sondern die einer bunten Gruppe, der die Zukunft des eigenen Unternehmens am Herzen liegt. Der Grund dafür liegt auf der Hand: Vom Ältestenrat kommt meistens der älteste Rat.

Junge Leute dürfen mitreden, das ist ein weiterer Punkt. Sie interessieren sich von Natur aus für die Zukunft. Clevere Chefs lassen Jüngere den Mund aufmachen und scheuen nicht davor zurück, sich selbst in Frage zu stellen. Als Nächstes wird in innovativen Firmen Selbstzufriedenheit bekämpft wie eine Seuche. In der Zentrale von Coca-Cola hängt der

Spruch: »The world belongs to the discontented.« Mit dieser Unzufriedenheit mit sich selbst ist die Limonadenfabrik aus Atlanta nun schon über 100 Jahre gut im Rennen geblieben.

Unternehmen, die den Bogen raushaben, bleiben ständig auf der Suche. Anita Roddick, eine der außergewöhnlichsten und erfolgreichsten Unternehmerinnen unserer Zeit, hat einmal gesagt: »Was mir an Body Shop so unwahrscheinlich gefällt, ist, dass wir noch immer nicht die Regeln kennen.« In einer Welt im Umbruch gibt es keine endgültigen Antworten. Deshalb lohnt es sich, mit einem weißen Blatt Papier zu denken. Sich zu fragen: »Wenn wir nicht hier und jetzt das täten, was wir tun, und das wären, was wir sind, was täten wir dann und wo und wie würden wir noch mal von vorn anfangen?«

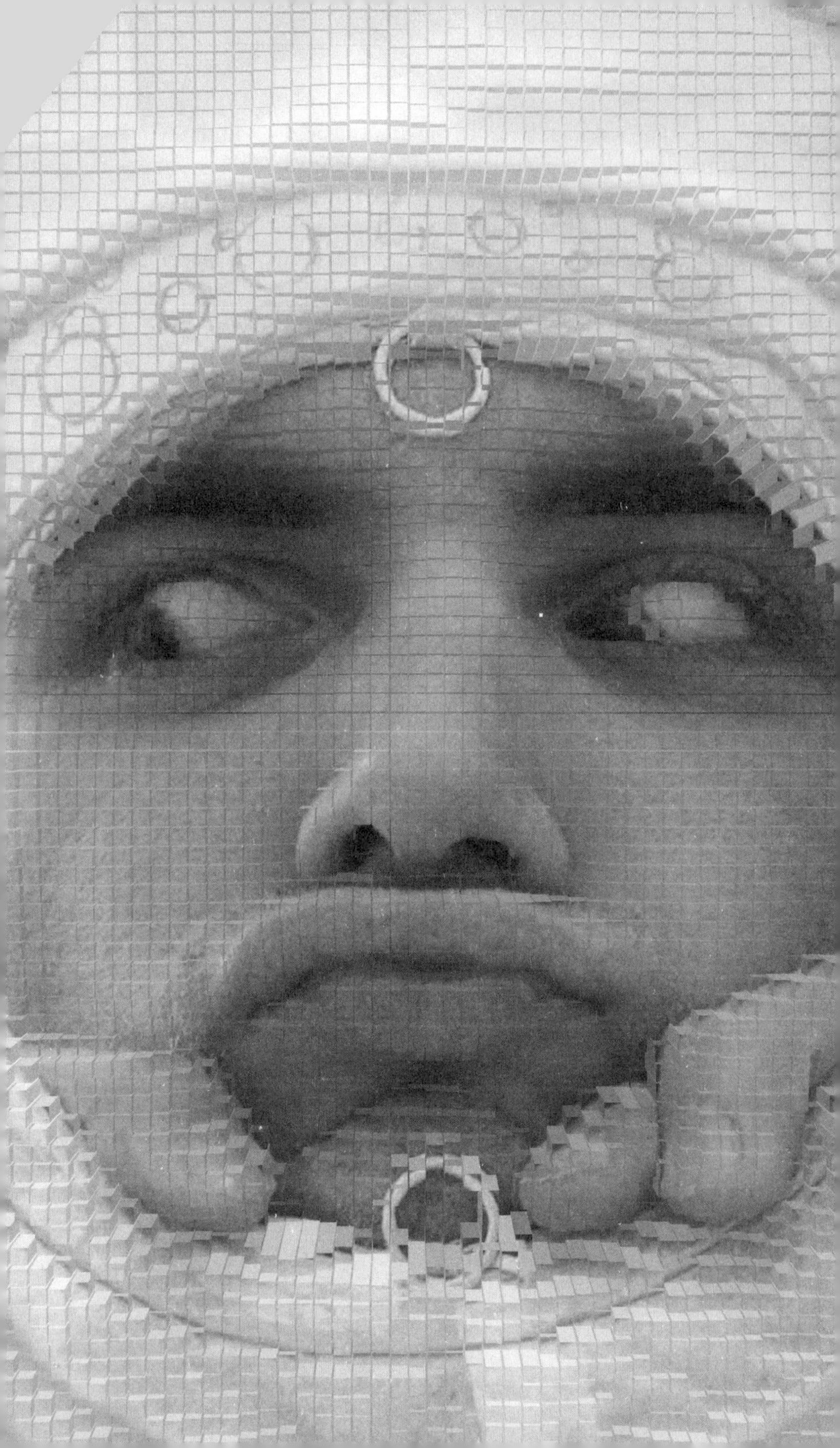

KAPITEL 2

NEUDENKEN: INNOVATION IST MEHR ALS NEUE PRODUKTE

Es ist immer das Gleiche. Wenn wir irgendwo in einem Unternehmen von Innovation sprechen, sehen wir lauter leuchtende Augen. Alle finden es total super, innovativ zu sein: »Oh, ja, Innovationen sind so wichtig!« – »Wir müssen uns jeden Tag neu erfinden!« – »Das Einzige, was bleibt, ist der Wandel!«

Schon klar, diese Sprüche gehen allen leicht über die Lippen. Wer möchte schon gerne abseits stehen? Jeder Manager liebt es, sich »innovativ« und »flexibel« und »am Puls der Zeit« zu zeigen. Wenn wir dann aber mal genauer hinschauen und herausbekommen wollen, was Innovation in diesen Unternehmen eigentlich bedeutet, zeigt sich ein anderes Bild ...

Wenn Ingenieure Produkte basteln

So wie neulich, als wir vor Führungskräften eines deutschen Industrieunternehmens über neues Denken referiert hatten. Neues Denken? Tolles Thema! Während des Vortrags: Alle lauschen geduldig. Teils mit verschränkten Armen und gesenktem Blick, aber immerhin. Anschließend treffen uns müde Blicke. Innovation? Ach Gottchen, ist doch selbstverständlich bei uns! Wir bringen schließlich jedes Jahr neue Produkte auf den Markt. Wir befragen unsere Kunden regelmäßig, wie zufrieden sie sind und was sie von uns erwarten. Und außerdem haben wir ein betriebliches Vorschlagswesen. Nun gut, das könnten wir mal ein bisschen aufmotzen, damit wir mehr Verbesserungsvorschläge von unseren Mitarbeitern bekommen. Aber technologisch sind wir längst Weltspitze. Also: Erzählt uns nix von Innovation. Wo ihr herkommt, waren wir schon gestern ...

Typisch. Typisch deutsche Denke. Typisch Ingenieursdenke.

Typisch. Typisch deutsche Denke. Typisch Ingenieursdenke. Innovation heißt hierzulande leider viel zu häufig lediglich, aus neuen Technologien neue Produkte zu machen. Da rennen Ingenieure und Produktentwickler durch Messehallen und drängeln sich auf Technologie-Kongressen. Und wenn sie dann die neueste technische Spielerei sehen, werden sie ganz aufgeregt. Geniale Technologie! Oh, wie supergenial! Wie können wir die nur in unser Produkt einbauen? Und dann stürmen sie in ihre Büros und Labore und machen sich an die Arbeit wie Daniel Düsentrieb auf Speed.

Beispiel Golf fünf. Volkswagen wollte unbedingt Oberklasse-Technologie in die Kompaktklasse einbauen. Das hielten die Ingenieure für absolut genial. Also spendierte man der Beamtenschüssel eine Multilenker-Hinterachse, wie sie sonst nur im neuesten Benz oder BMW Dienst tut. Pech nur, dass der Applaus ausblieb. Selbst die Autotester der Fachmagazine konnten beim Fahren keinen signifikanten Unterschied zu Autos mit standardmäßigem Fahrwerk erkennen. Der einfacher konstruierte Opel Astra zum Beispiel schnitt in Vergleichstests genauso gut ab, ja ihm wurde sogar ein etwas sportlicheres Fahrverhalten attestiert.

Aber wenn Profis schon kaum einen Unterschied merken, was nutzt dann Opa Ernst auf dem Weg zum Gartencenter so eine Hightech-Hinterachse? Nichts. Trotzdem muss er die aufwändige Konstruktion bezahlen. Kein Wunder, dass Volkswagen wegen zu hoher Endpreise Marktanteile verlor und Kunden mit Zugaben wie der kostenlosen Klimaanlage locken musste. Natürlich auf Kosten der Rentabilität.

Die Hinterachse des Golf ist ein Beispiel für eine Innovation, die eigentlich keine ist. Warum? Weil sie an den wirklichen Bedürfnissen der Kunden vorbei geplant worden ist. Das ist eine nicht nur in Deutschland weit verbreitete Krankheit. Koichi Tanaka, der japanische Nobelpreisträger für Chemie, beschreibt das so: »Wir stolperten, weil wir versäumten, den Markt richtig zu interpretieren. Und wir machten den Fehler, dass wir unsere Technologie zu wichtig nahmen und über die Bedürfnisse unserer potenziellen Kunden hinweggingen. Solange die Ingenieure so arrogant glauben, dass ihre Technologie genau das ist, was der Markt braucht, so lange werden die Produkte fehlschlagen.«

Logisch, ein Unternehmen braucht neue Produkte. Es ist auch selbstverständlich, dass bestehende Produkte verbessert werden müssen. Wir würden niemals das Gegenteil behaupten. Aber das ist niemals, n-i-e-m-a-l-s ein Ersatz für eine echte Innovation. Neue Produkte sind vor allem dann innovativ, wenn sie den Kunden überraschen, weil sie einen nie zuvor erlebten Wert bieten. Was Ingenieure zu Begeisterungsstürmen anregt, erhöht aber noch lange nicht den Puls der Kunden.

Das Gillette-acht-Klingen-Syndrom: Die Rasur mit einem Samurai-Schwert dürfte praktischer sein.

Was wir derzeit in vielen Unternehmen erleben, bezeichnen wir gerne als das Gillette-acht-Klingen-Syndrom. Alles begann in den Sechzigern mit dem Rasierer mit der »Doppelklinge«. Okay, die Idee war noch ganz gut. Doch danach fiel Gillette nicht mehr viel anderes ein, als immer mehr Klingen an den Nassrasierer zu schrauben. Erst kamen Klinge Nummer drei und vier, mittlerweile ist man bei sage und schreibe sechs Klingen – fünf vorne, eine hinten – angelangt. Wahrscheinlich werden wir Nummer acht irgendwann auch noch erleben. Die Rasur mit einem Samurai-Schwert dürfte dann praktischer sein.

3 E: Events, Erlebnisse, Emotionen

Unternehmen müssen heute beim Thema Innovation immer zwei Bälle in der Luft halten: das Produkt und das Kundenerlebnis. Genau: Kundenerlebnis! Okay, das ist leichter gesagt als getan. Echte Ingenieursleistung einzubauen ist für viele Unternehmen sicher einfacher, als die Emotionen der Kunden zu verstehen. Dass die Ingenieursleistung auf der Produktebene aber längst nicht mehr ausschlaggebend ist, hat etwa Apple mit dem iPod vorgemacht. Es gibt bessere MP3-Player. Technisch betrachtet. Aber alle wollen den iPod haben, weil der am coolsten ist. Ja, warum denn bloß?

Das liegt an Dingen, die mit dem technischen Innenleben rein gar nichts zu tun haben. Erstens am wirklich coolen Design. Die Teile sehen einfach umwerfend aus, minimalistisch und unverwechselbar. Zweitens an dem genialen Service namens iTunes. Zum MP3-Player gibt es gleich die passende Website, auf der sich der Kunde zigtausende Songs für jeweils 99 Cent herunterladen kann. Diese komplementäre Innovation macht die Sache erst rund. Innovation ist hier also solide Technik plus cooles Design plus einzigartiger Service.

Innovation ist, wenn der Kunde Hurra schreit und sein Portemonnaie zückt. Aber wann schreit er, wann zückt er?

Der Maßstab für echte Innovation ist eigentlich simpel: Innovation ist, wenn der Kunde Hurra schreit und sein Portemonnaie zückt. Alles andere sind theoretische Debatten aus der Tiroler DJ Ötzi School for Advanced Management Studies. Wenn wir Unternehmen mit dieser doppelten Sicht von Innovation – vom Produkt und vom Kundenerlebnis her – konfrontieren, hören wir zumeist »Stimmt ja eigentlich«. Im Grunde ist es selbstverständlich, aber man hat es noch nie so betrachtet. Man saß im blinden Fleck. Steve Jobs und Apple haben gezeigt, wie gefährlich das für weniger innovative Unternehmen sein kann. Denn sie haben mit iTunes mal eben die komplette Musikindustrie aufgemischt. Nichts wird dort in Zukunft mehr so sein, wie es war.

Ja, jetzt hören wir schon wieder die Stimmen: Schön und gut. Lass mal Apple in der Musikindustrie ein bisschen mitspielen und den jungen Leuten was Nettes verkaufen – aber wir produzieren doch Möbel, Leitungsrohre, Hydraulikpumpen ... da geht so was nicht!

Dass man das Rad gar nicht neu erfinden muss, um innovativ zu sein, zeigt die Erfolgsstory von Ikea. Alles, wirklich alles, was die Schweden ihren Kunden verkaufen, gab es auch schon vorher: Tisch, Bett, Stuhl, Sofa, Lampe, Kleiderschrank. Sogar der puristische Bücherschrank ist schon ein alter Hut – selbst wenn heute einige Menschen, die bei »Bauhaus« zuerst an einen Baumarkt denken, der Meinung sind, dass »Billy« der Erfinder des minimalistischen Bücherregals war.

Auf der Produktebene war und ist die Innovationsrate von Ikea minimal. Unternehmensgründer Ingvar Kamprad ist allein deshalb heute Milliardär, weil er die Art und Weise, wie Leute Möbel kaufen und mit ihnen umgehen, revolutioniert hat. Nicht sein Produkt war innovativ, sondern sein Geschäftmodell. Ein wichtiger Bestandteil dieses Geschäftsmodells ist der Katalog. Der ist längst Kult. In einer jährlichen Auflage von 118 Millionen Stück in 23 Sprachen ist er das meistgelesene »Buch« nach der Bibel, heißt es. Auf den vielen bunten Seiten vermitteln die Ikea-Philosophen der Menschheit drei Werte: Multikulti, Geselligkeit und Kinderliebe. Er kocht, sie sitzt am Computer, die Kinder spielen auf dem Sofa, aber bitte in coolen Möbeln zum coolen Preis. Irgendwie wird man das Gefühl nicht los, dass die darin abgebildeten Menschen ihre Kaffeebecher stets selbst spülen und ökologisch korrekt mit dem Fahrrad zur Arbeit radeln. Er kauft ein Hemd weniger pro Jahr – um den Einsatz von Pestiziden auf Baumwollfeldern zu verringern. Sie hängt am Handy, spricht Isländisch, Polnisch, Chinesisch, Englisch und ist schon beim Müsli-Frühstück um 7 Uhr gut drauf.

Das ist eben die Welt von Ikea: Die Zukunft ist unsicher wie nie, also wird die Wohnung zur Festung der Liebe. Die passende Einrichtung wird nach Entwürfen eigener Designer von Partnerunternehmen in großen Mengen billig produziert. Wer dann zu Ikea auf die grüne Wiese fährt, findet oben alles hübsch arrangiert und unten ein riesiges Lager, aus dem die Produkte in zerlegtem Zustand sofort in den Polo gepackt (wie soll das da alles reinpassen?) und nach Hause gekarrt werden können. Dort darf der Kunde dann mittels eines kleinen Imbusschlüssels sein Geschick als Möbelmonteur versuchen.

Dieses Unternehmen beherrscht die gesamte Wertschöpfungskette. Es bindet seine Kunden als kostenlose Mitarbeiter ein und hat sich schließlich durch Emotionalisierung – zumindest außerhalb Schwedens – als Kultmarke etablieren können. Freunde eines reduzierten Designs kommen bei Ikea ebenso auf ihre Kosten wie preisbewusste Familien und Schweden-Fans.

Wissen, was der Kunde morgen wollen wird

Mit Möbeln funktioniert das also auch. Aber selbst wer ein noch viel trivialeres Produkt anbietet, kann innovativ sein, ohne an dem Produkt selbst etwas zu verändern. Ein tolles Beispiel dafür kommt wiederum aus Skandinavien. Die dänische Molkerei Arla hat für ein so einfaches Produkt wie Milch ein geniales Vertriebsmodell gefunden, das die Konkurrenz mit Schnelligkeit und Frische ausbootet. Arla garantiert nämlich, dass die Kühe jeden Abend gemolken werden, die Milch bis 24 Uhr abgefüllt ist und am nächsten Morgen frisch in den Läden steht. Damit hat sich Arla in Dänemark einen Marktanteil von 50 Prozent erobert. Der gängige Versuch, an mehr Kunden zu kommen, wäre wohl gewesen, zehn neue Geschmacksrichtungen – von Kiwimilch bis Mangomilch – anzubieten, und das dann noch in vierzehneinhalb Fettstufen. Aber Arla dachte einfach und genial vom Kunden her und entwickelte damit eine viel nachhaltigere Innovation. Das wiederum wird von den Kunden honoriert. Die schreien Hurra, zücken ihr Portemonnaie und rennen zur Kasse.

Aber woher weiß ein Unternehmen vorher, wann der Kunde Hurra schreien und zücken und rennen wird? Viele Unternehmen sagen sich: Fragen wir unsere Kunden doch einfach, was sie haben wollen. Das ist im Prinzip gut gedacht, aber tückisch. Man muss nämlich wissen, wie man so etwas richtig anstellt.

Kunden haben nun einmal die Neigung, an dem festzuhalten, was sie schon kennen. Wenn Sie sie fragen, was sie wollen, dann ist die Antwort einfach: alles wie bisher, nur besser und billiger. Kunden bewegen sich innerhalb ihres Erfahrungshorizonts, innerhalb des Gewohnten. Entsprechend fallen die Antworten aus, die die Marktforschung liefert. Das bedeutet: Kunden finden das neue, revolutionäre, großartige Angebot erst dann toll, wenn es auf dem Markt ist … und sie das alte Produkt nicht mehr haben wollen. Vorher verrät Ihnen keiner etwas über die erfolgreiche Innovation. Hoffentlich produzieren Sie dann das neue Produkt und nicht das alte, das gestern noch alle haben wollten!

Unternehmen müssen sich also selbst etwas einfallen lassen. Oder glauben Sie, dass irgendwelche Kunden Steve Jobs gebeten haben, den iPod zu erfinden? Ist 3M mit Bittschreiben bombardiert worden, die Post-its zu kreieren? Ruft bei Gillette ständig jemand an und sagt, »Hey, ich hätte gern noch drei Klingen mehr«?

Oder haben irgendwelche Kunden Steve Jobs gebeten, den iPod zu erfinden?

Vor Jahren wollte Ford ein Auto bauen, das den Ansprüchen der Kunden hundertprozentig entsprechen sollte. Also fragte man zigtausende Autobesitzer, was sie von einem neuen Gefährt erwarten würden. Als die Ergebnisse der Marktforschung ausgewertet waren, versuchten die Ingenieure, genau diesen Kundenwünschen gerecht zu werden. Heraus kam das wohl durchschnittlichste und langweiligste Auto aller Zeiten. Wir erinnern uns nicht mal, wie es hieß. Escordeo oder Scorpionada oder so ähnlich. Es hatte kein Profil und löste keine

Emotionen aus. Es war der Triumph des unteren Mittelmaßes und floppte total. Kein Wunder, es entsprach hundertprozentig den Erwartungen der potenziellen Käufer. Gähn.

Warum passiert so was? Man spürt es förmlich: aus Angst! Man will das Risiko minimieren. Man fürchtet, sich mit einer kühnen Idee emporzuschwingen und dann voll abzustürzen. Mit Angstschweiß auf der Stirn werden neue Produkte so lange auf Markttauglichkeit getestet, bis sie sterbenslangweilig sind. Auf diese Weise vermeidet man aber auch das »Risiko« eines durchschlagenden Erfolgs.

Ein Unternehmen, das hier den Bogen raushat, ist Google. Erst mal machen die Mitarbeiter ihren Job und denken sich spannende neue Produkte aus. Aber ab einem gewissen Punkt, das weiß Entwicklungschefin Marissa Mayer nur zu gut, kann man unmöglich wissen, was der Kunde letztlich von der neuen Idee hält. Da kann man im Marketing endlos diskutieren, aber es ist eigentlich nur Kaffeesatzleserei. Deshalb stellt Google seine Beta-Versionen für den Kunden online. Die Internetnutzer können verschiedene Alternativen ausprobieren. Was am besten ankommt, wird dann zum endgültigen Produkt.

Angst und Innovation sind wie Feuer und Wasser

Eigentlich ganz einfach. Und doch tun sich viele Firmen unendlich schwer, auch nur ein bisschen zu experimentieren und ähnlich pragmatisch vorzugehen. Warum nur? Bohren wir weiter! Die Ursachen dafür liegen tiefer. Es ist schlicht eine Frage der Unternehmenskultur. Wenn wir über Innovation sprechen, dann werden in den meisten Unternehmen die Zeigefinger ausgefahren: Der da ist zuständig. Die da von der anderen Abteilung kümmern sich um neue Ideen. Immer noch glauben viele, für Innovationen sei die Abteilung mit den blassen, bebrillten und fotoscheuen Käuzen zuständig. Die sollen da mal so vor sich hin forschen und irgendwann das Ei des Kolumbus auf den Vorstandstisch stellen!

Früher dachte man auch mal, im produzierenden Gewerbe müsse eine eigene Abteilung für die Qualität verantwortlich sein. Die »Qualitätssicherungsabteilung« betrieb »Qualitätsmanagement«. Und trotzdem produzierten die Japaner die bessere Qualität zu immer günstigeren Preisen. Irgendwann Ende der 80er, Anfang der 90er dämmerte es den meisten Unternehmen, dass Qualität jeden, wirklich jeden Mitarbeiter etwas angeht. Wenn man Premium produzieren will, dann muss jeder Mitarbeiter Premium verinnerlicht haben. Heute ist das selbstverständlich. Beim Thema Innovation hat dieser Lernprozess dagegen gerade erst begonnen.

Immer noch glauben viele, für Innovationen sei die Abteilung mit den blassen, bebrillten und fotoscheuen Käuzen zuständig.

Wissen ist heute überall auf dem Globus verfügbar. Keine Situation, in der sich Einzelkämpfer in einem Labor einschließen sollten, um den Stein der Weisen ausgerechnet dort zu finden. Wer in der Produktentwicklung wie der Klassenstreber in der Schule mit allen Mitteln verhindern will, dass jemand abschreibt, schadet seiner Firma mehr, als ihr zu nützen. Innovation ist heute Teamwork – oder sie findet nicht statt. Neues Wissen entsteht, wenn möglichst viele sich zusammenschließen, ihre Kenntnisse und Erfahrungen austauschen und – ganz oft aus Gegensätzen – neu zusammensetzen. Das muss fachübergreifend, länderübergreifend, generationenübergreifend und jenseits von Hierarchieschranken passieren.

Von Joseph Beuys stammt die berühmte Parole »Jeder Mensch ist ein Künstler«. Damit schockte er eine bürgerliche Gesellschaft, für die Kunst Sache einer abgehobenen Kaste von Erwählten war, die dem Weltgeist persönlich begegnet zu sein schienen. Der revolutionäre Ausspruch von damals lässt sich auf heutige Unternehmen übertragen. Beuys goes Business: Jeder Mitarbeiter ist ein Innovator. Jeder ist heute mitverantwortlich dafür, dass es in seiner Firma weitergeht. Jeder kann seine Arbeit neu erfinden.

Beuys goes Business: Jeder Mitarbeiter ist ein Innovator.

Das funktioniert natürlich nicht, indem der Chef am Nachmittag die Belegschaft abfragt: »Hey, heute schon eine Idee gehabt?« Sie können auch nicht per Beschluss dröge Mitarbeiter und bornierte Führungsriegen in tollkühne Ideen-Genies verwandeln. Auch eine von der Vorstandsetage auf Hochglanzpapier lancierte Innovationskampagne hilft da wenig. Ein solches Vorgehen bewirkt nur, dass alle genau so lange schön innovativ tun, bis der Chef ihnen wieder den Rücken zukehrt. Wer sämtliche Mitarbeiter zu Innovatoren machen will, muss diese Absicht nicht nur deutlich kommunizieren, sondern es auch v-o-r-l-e-b-e-n.

So wie der amerikanische Hausgerätehersteller Whirlpool. Im gesamten Unternehmen gibt es mittlerweile über 500 so genannte Innovationsmentoren. An die kann sich jeder mit neuen Ideen wenden. Sie sind aber nicht dazu da, den Leuten auf die Schulter zu klopfen oder Bonusschecks zu verteilen, sondern dazu, jede Idee zu prüfen und mit anderen neuen Ideen zu verknüpfen. Dafür haben sie eine spezielle Ausbildung genossen. Hinzu kommt, dass sämtliche 15 000 Mitarbeiter Online-Kurse zum Thema Innovation absolviert haben, damit sie selber neue Ideen richtig einschätzen können. Whirlpool ist eigentlich ein Dinosaurier der produzierenden Zunft. Aber anders als die kolossalen Reptilien von einst möchte das Unternehmen eben auch dann noch weiterexistieren, wenn sich das Klima radikal ändert. So wie heute.

Manager, die nicht verstanden haben, worauf es ankommt, machen Ideen zur Machtfrage.

Derlei »Innovationsmentoring« funktioniert einzig und allein in einer offenen Unternehmenskultur. Manager, die nicht verstanden haben, worauf es ankommt, machen Ideen zur Machtfrage. Es ist dann irrelevant, wie gut eine Idee ist. Es zählt nur, wer sie hatte. Und was, wenn die beste Idee vom talentierten Newcomer kommt, der noch keine Machtbasis im Unternehmen hat? Klar, die Chance wird verschenkt, die Idee geht verloren. Und das Talent bleibt dem Unternehmen dann in der Regel auch nicht lange erhalten. Clevere Firmen hingegen prüfen jede Idee eingehend auf ihr Potenzial, das Unternehmen voranzubringen. Selbst wenn sie von der Putzfrau stammt. Das ist der einzige Weg, mit Ideen richtig umzugehen.

Jetzt sei mal kreativ!

Weil sich Innovation aber nicht von oben anordnen lässt, kann das Management nur versuchen, ein Umfeld zu schaffen, in dem diese Denkhaltung eine Selbstverständlichkeit ist. Und es ist ja eigentlich auch genau das: Alle Mitarbeiter haben Ideen. Das ist ganz normal, ein Ergebnis der täglichen, intensiven Beschäftigung mit einer Materie. Kein Mensch kann auf Dauer an etwas arbeiten, ohne auf Ideen zu kommen. Die Frage ist nur: Lohnt es sich, diese Idee auch zu äußern? Jeder Mitarbeiter ist ein Innovator – wenn man ihn nicht daran hindert.

Und jeder Mitarbeiter *muss* auch ein Innovator sein. Das ist nicht Metaphysik, sondern Überlebenstechnik. Und zwar heute die einzig mögliche, Sie haben überhaupt keine Wahl! In einer Echtzeit- und Überflussgesellschaft ist es manchmal nur noch eine Frage von Wochen, bis ein Anbieter aus San Diego, Moskau, Jakarta oder Mumbai Ihre neue Produktlinie kopiert. Sie können sich über diese Kopisten beschweren, Sie können versuchen, Ihre Ideen mit Patenten zu schützen ... Aber das hilft Ihnen auf Dauer nichts. Es gibt keinen dauerhaften Schutz gegen das Kopieren. Ihre einzige Chance besteht darin, schon wieder mit einer neuen Idee am Markt zu sein, während Ihre Wettbewerber in Moskau und Jakarta in ihren Meetings noch über das Vorgehen bei der Markteinführung der geklauten Idee debattieren.

Ja, kann denn da nicht eine gut geölte Maschinerie namens »Ideenmanagement« oder »betriebliches Vorschlagswesen« helfen? Wäre doch gelacht, wenn wir damit nicht ein paar Geistesblitze generieren könnten, oder? Guter Gedanke, doch das Ganze hat leider einen Haken: Ideenmanagement hat in etwa so viel mit Innovation zu tun wie Bambi mit einem Reh.

Beim Ideenmanagement geht es um die Verbesserung des Bestehenden und nicht darum, wirklich Neues zu schaffen. Die Ideen, die von den Mitarbeitern eingebracht werden, sind gut und wichtig, betreffen aber in aller Regel nur deren unmittelbare Arbeitsumgebung und tragen vorrangig dazu bei, Kosten zu sparen. Dabei geht es beispielsweise darum, den Bildschirm 30 Zentimeter nach rechts zu rücken, um dann nicht mehr so weit nach dem Telefonhörer greifen zu müssen. Das spart Zeit und letztlich Geld, weil der Mitarbeiter die Telefonate schneller annehmen und damit mehr Anrufer pro Stunde abfertigen kann. Die Controller rechnen anschließend aus, dass durch diesen Effizienzgewinn 10 Cent pro Woche und Mitarbeiter eingespart werden könnten. Bei 100 Mitarbeitern wären das in zehn Jahren immerhin 5 200 Euro. Wow!

Ideen zur Verbesserung des Bestehenden sind nicht falsch, sie sind sogar richtig und wichtig. Aber trotzdem: Gute Unternehmen haben kein Ideenmanagement, sie haben Ideen. Sie setzen auch keine satten Belohnungen aus für jede Idee, die von einem Mitarbeiter geäußert wird. Uns erinnern die Belohnungssysteme fatal an eine Seehunddressur. Für jede brav abgelieferte Idee gibt es einen Hering zur Belohnung. Es ist ein fragwürdiges Menschenbild, wenn Mitarbeiter erst durch Anreize und Belohnungen dazu gebracht werden müssen, Ideen zu haben und diese weiterzugeben. Wenn also in Unternehmen keine Ideen geäußert werden, dann liegt das nicht daran, dass die Belohnungen zu niedrig sind, sondern daran, dass in der Führungskultur etwas nicht stimmt.

Gute Unternehmen haben kein Ideenmanagement, sie haben Ideen.

Und daran wird auch ein ausgeklügeltes Anreizsystem nichts ändern – es wird das Problem sogar noch verschärfen, denn die Belohnungen von gestern sind heute Normalität und morgen Ansprüche. Und die wachsen. Mitarbeiter sind ja nicht blöd. Warum sollte man gratis etwas hergeben, wofür man auch kassieren kann? So ist die menschliche Natur. Die führt über kurz oder lang jedes Anreizsystem ad absurdum. Also: Schaffen Sie die Belohnungen ab! Ihre Mitarbeiter sind keine Seehunde. Innovationen lassen sich weder befehlen noch kaufen.

Ideenentwicklung als Hobby

Wie es auch anders geht und trotzdem oder gerade dadurch ein kreatives Umfeld entsteht, zeigt wieder einmal Google. Für alle Mitarbeiter des Internet-Unternehmens gilt das Ideal, sich zu 70 Prozent der Arbeitszeit mit den laufenden Projekten zu beschäftigen, 20 Prozent der Zeit zu lernen und über neue Möglichkeiten nachzudenken und zehn Prozent der bezahlten Arbeitszeit »far-out ideas« zu widmen. Gemeint sind damit Schrullen, Steckenpferde, Spielereien.

Nun gab es in diesem Unternehmen einen Freak, der sich hobbymäßig mit Satellitenbildern beschäftigte. Sie ahnen bereits, worauf das Ganze hinauslief? Richtig: Welcome to Google Earth! Dieses beispiellose und nur scheinbar nebenbei entwickelte Produkt haben inzwischen Millionen Menschen auf ihren Rechnern installiert. Sie können auf dem heimischen Computer praktisch jeden Ort der Welt ansehen oder vom Bürostuhl aus auf Reisen gehen. Spielerei? Abwarten …

KAPITEL 3

BUSINESS-QUERDENKEN: IN DER EIGENEN BRANCHE FINDET MAN KEINE COOLEN IDEEN

Es war die alte deutsche Wirtschaft, bei der wir zu Gast waren: Schwerindustrie, Ruhrgebiet, Kohle und Stahl, Wurzeln im 19. Jahrhundert. Und es war – aufgemerkt! – eine Frau, die uns eingeladen hatte. Sie war eine der wenigen weiblichen Topmanager in dem konservativen Konzern, kannte uns schon seit einiger Zeit und hatte die Idee, uns am jährlichen Strategiemeeting teilnehmen zu lassen. Als Querdenker mit einer kritischen Außensicht sollten wir Impulsgeber sein und neue Ideen einbringen. Es war das erste Mal, dass Externe an einem solchen Meeting teilnahmen. Bisher war es etwa so offen gewesen wie die Rituale einer Freimaurerloge.

Wenn wir jetzt willkommen waren, dann wohl auch deshalb, weil sich in dem seit 50 Nachkriegsjahren erfolgsverwöhnten Ruhrpottkombinat erstmals Unmut regte. Die Zahlen schienen zwar noch gut, aber man sah sich schwierigen Zeiten entgegensteuern. In einem telefonischen Briefing, das dem Meeting vorausging, hatte sich ein Manager über sinkende Margen, Billigkonkurrenz aus Osteuropa und Asien sowie untreue Kunden beklagt. Schließlich hatte man uns zur Vorbereitung noch ein strategisches Grundsatzpapier zugeschickt. Auf 48 hübsch gestylten Power-Point-Folien sollten wir Einblick in das Innenleben des Konzerns bekommen. »So sehen Sie, wie wir uns selbst sehen«, hieß es am Telefon.

Benchmarking oder Best Practices: immer nur der magere Versuch, die eigene Ideenlosigkeit zu kaschieren.

Nachdem wir uns durch alle Balkendiagramme, Zahlenkolonnen und salbungsvollen Worte gekämpft hatten, war glasklar: Diese Strategie unterschied sich in nichts, aber auch gar nichts von denen der Wettbewerber dieses Konzerns. Hätte man das Logo ausgetauscht – schwuppdiwupp, schon wäre es beim Hauptwettbewerber problemlos als das eigene Strategiepapier durchgegangen. Es war, als habe man die schönsten Begriffe aus dem Sprachbaukasten zusammengetextet. Wir beschlossen, dass es an der Zeit wäre, die Samthandschuhe auszuziehen und die Manager in dem Meeting offen damit zu konfrontieren.

Schritt eins: Die bittere Wahrheit akzeptieren

»Das ist ja alles sehr einleuchtend und nett«, sagten wir in die Runde. »Kunden zufriedenstellen, interne Kommunikation verbessern, Ressourcen besser nutzen, neue Services hinzufügen. Ja, klar, super. Aber jetzt zeigen Sie uns bitte ein Unternehmen in Ihrer Branche, das sagt ›Wir treten unseren Kunden in den Hintern und pfeifen auf interne Kommunikation.‹ Wir sind hundertprozentig sicher, dass Ihre Wettbewerber exakt die gleichen Papiere haben. Schicken Sie es der Konkurrenz per E-Mail, und die wird sagen ›Hey, da ist ja unser neues Strategiepapier‹. Das sind Allgemeinplätze, das ist lau, das sind extrem vorsichtige Mee-too-Strategien. Damit kommen Sie nicht weiter. Weiter kommen Sie mit den Antworten auf Fragen wie: Was macht uns einmalig? Wie können wir jeden Tag aufs Neue daran arbeiten, einmalig zu sein? Und was ist unser *einzigartiger Wert* für unsere Kunden? Den unsere Wettbewerber nicht in Windeseile kopieren können? Von den Antworten auf diese Fragen hängt alles ab.«

Doch schauen wir uns um. Wir werden den Eindruck nicht los, dass viele Unternehmen nicht allzu viel Zeit darauf verwenden, über diese Fragen nachzudenken. Stattdessen wird kopiert, was irgendwo erfolgreich ist. Natürlich wird das nicht Kopieren genannt. Nein, dafür gibt es viel schönere Begriffe: Benchmarking zum Beispiel, oder Best Practices. Doch egal wie man es nennt, es bleibt immer nur der magere Versuch, die eigene Ideenlosigkeit zu kaschieren. Und so verkommen komplette Industriezweige zu Karaokeclubs, in denen jeder das Liedlein des anderen nachsingt.

Zu einem gewissen Grad ist das auch legitim – allerdings darf das nicht zur alles überlagernden Strategie werden. Denn in gesättigten und müden Märkten, wie wir sie heute überall haben, Produkte anzubieten, die sich von denen der Konkurrenz kaum unterscheiden, ist unternehmerischer Selbstmord. Die Kunden ertrinken bereits in einer Flut immer gleicher Produkte, sie schwimmen in einem Meer der Uniformität.

Die Abnormalen, die Unnormalen, die Antinormalen, die Transnormalen erobern die Märkte.

Wer ein »normales« Produkt anbietet, das irgendwie ganz okay ist, hat schon verloren. Auch wenn es hier und da und dort einskommasiebenfünf Prozent besser ist als das Produkt der Wettbewerber. Ganz okay ist klinisch tot. A-n-d-e-r-s lautet die Devise. Die Abnormalen, die Unnormalen, die Antinormalen, die Transnormalen erobern die Märkte. Und sie tun das nicht, indem sie auf die Konkurrenz schielen. Sondern indem sie stets zwei Bälle gleichzeitig in der Luft halten: Einmaligkeit und überragender Wert für den Kunden. Amazon hat das geschafft, CNN – der erste 24-stündige Nachrichtensender – oder Ebay oder Ikea. Sie sind alle nicht aus einer Mee-too-Strategie entstanden, sondern haben sich einzigartig positioniert. Sie haben sich ein temporäres Monopol geschaffen. Sie sind immer schon weiter, wenn die Konkurrenz sich noch daran abarbeitet, das ursprüngliche Konzept nachzuahmen. Wer immer nur die Konkurrenz in der eigenen Branche beobachtet, wird ihr auch immer nur hinterherlaufen.

Was kann ein Autobauer von einem Lifestyle-Versender lernen?

Wie aber schafft man es, sich aus dem Wettbewerb der Gleichheit zu befreien? Augen auf! Augen auf und über den Tellerrand des eigenen Unternehmens und seiner unmittelbaren Wettbewerber blicken! Auch das meinen wir mit »Querdenken«, wie wir es predigen. Da schaut dann zum Beispiel eine Bank mal auf die Automobilindustrie. Sie sieht, dass ein bestimmtes Auto in den Ausstattungslinien »Classic«, »Elegance« und »Avantgarde« erhältlich ist. Und dann fragt sie: Könnte es nicht bei uns auch ein Konto in den Ausstattungslinien »Classic«, »Elegance« und »Avantgarde« geben?

Oft klingen solche Ideen im ersten Moment sehr ungewöhnlich. Klar, sie sind ja auch alles, außer gewöhnlich. Aber die häufigste Reaktion darauf ist Ablehnung: »Das macht doch sonst niemand, und damit machen wir uns vor unseren Kunden lächerlich.« Oder man kichert im ersten Moment, weil sich die Idee irgendwie verrückt anhört. Doch wenn Sie sich das Ziel gesetzt haben, etwas Neues und Einzigartiges zu schaffen, dann müssen Sie etwas tun, worüber alle anderen vielleicht erst einmal lachen oder ihre Köpfe schütteln werden – das ist quasi der Test. Wenn es sich um etwas handelt, bei dem alle zustimmend nicken und sagen: »Oh ja, das macht Sinn«, dann gibt es möglicherweise bereits ein Dutzend Wettbewerber, die es bereits umsetzen.

Neulich waren wir auf einem Kongress deutscher Automobilhersteller zum Thema Fertigung der Zukunft. Und was hörten wir in jedem Vortrag? »Toyota, Toyota, Toyota, Toyota. Toyota.« Jedes Mal. Bei jedem Referenten. Wir hätten fast rausgehen müssen, so übel wurde uns. Wir sagten uns: Das darf doch nicht wahr sein! Hier sitzen Leute von starken Marken wie Mercedes und BMW, und ihr sehnlichster Wunsch ist, so zu werden wie Toyota! Um Himmels willen, fällt euch wirklich nichts Besseres ein, was euch für eure Kunden in Zukunft genauso einmalig machen könnte wie in der Vergangenheit?

Toyota wird zum Mantra aller Manager – zu einer Art

Codewort. Natürlich wollen wir hier gar nicht die Tatsache in Abrede stellen, dass Toyota als einer der profitabelsten Automobilhersteller der Welt gilt. Aber etwas Neues oder gar Eigenes entsteht nicht, indem man versucht, einen Wettbewerber bis ins kleinste Detail zu kopieren.

Und was hörten wir in jedem Vortrag? »Toyota, Toyota, Toyota, Toyota. Toyota.«

Ein anderes Beispiel. Das finden wir so ärgerlich, dass wir es nicht nur hier im dritten Kapitel, sondern auch im zehnten Kapitel noch einmal erwähnen müssen. Nein, nein, Sie können ruhig hier erst mal weiterlesen. Darum geht's: Wir reisen viel. Und auf fast jeder Reise ärgern wir uns darüber, dass man in Hotels immer spätestens um 12 Uhr auschecken muss. Ein ehernes und vollkommen sinnloses Gesetz der Branche. Alle haben auf der Hotelfachschule gelernt, dass das so üblich ist. Aber wenn wir abends um 21 Uhr am Flughafen ankommen und bei Sixt oder Avis ein Auto mieten, dann müssen wir das auch nicht am nächsten Tag um 12 Uhr zurückgeben. Und dabei haben Hotels noch einen riesigen Vorteil gegenüber den Mietwagenunternehmen: Wie häufig kommt es vor, dass Sie in einem Hotel in München einchecken und dieses Zimmer am nächsten Tag in Hannover wieder abgeben wollen?

Die 12-Uhr-Regel ist doch total am Gast vorbeigedacht, oder nicht? Doch wenn Sie mit Hoteliers darüber reden, dann ist es so, als würden Sie mit den Fröschen darüber reden, den Teich trockenzulegen. Die 12-Uhr-Regel ist Gesetz. Punkt. Aus. Basta. Amen.

Warum nehmen sich Hotels nicht ein Beispiel an den Autovermietern und überlassen dem Gast ein Zimmer für 24 Stunden? Es ist diese verdammte Branchendenke. Das haben wir schon immer so gemacht. Man tut so, als habe Moses, als er vom Berg Sinai herunterschritt, eben diese Regel als elftes Gebot auf der Gesetzestafel mitgebracht.

Außenseiter revolutionieren leichter

Es sind deshalb typischerweise Außenseiter und Newcomer, die etablierte Branchen revolutionieren. Sie kümmern sich nicht die Bohne um das, was in einer Branche üblich ist. Mit Außenseitern meinen wir nicht die Sorte von Bürospinnern, deren merkwürdige Kleidung und schräges Sozialverhalten auf ererbte oder erworbene Schwachstellen der zerebralen Konstitution hindeuten, wie oberflächliche Analysen auf dem Büroflur meistens zeigen. Wir meinen Leute, die mit einem unvoreingenommenen Blick von außen auf bestehende Märkte und Zielgruppen schauen und dann etwas Ungeheuerliches tun: Sie erfinden das Geschäft einfach neu. Ein phantastisches Beispiel hierfür ist Klaus Heymann, der 1987 begann, mit dem Label Naxos den Markt für Klassik-CDs aufzumischen. Sein Erfolg war so durchschlagend, dass sich der gesamte Markt für klassische Musik veränderte und verjüngte. Heymann war und ist ein Querdenker par excellence.

Erinnern Sie sich noch, wie die CD mit klassischer Musik Mitte der Achtziger aussah? Glatt und perfekt, Hochglanzfotos in gedeckten Farben mit den Konterfeis der Pultstars – Karajan, Bernstein, Muti – bestimmten das Erscheinungsbild. Und das immer in der Kombination mit den großen Orchestern der Welt: Berliner und Wiener, Amsterdam, die »Big Five« aus den Staaten. Pultstars und große Orchester kosten natürlich auch eine Menge Geld. Und so war keine CD mit einer einigermaßen aktuellen Produktion unter 30 Mark zu haben. Klassik, das bedeutete Stars, Presserummel, Hochglanz und hohe Preise.

Querdenken beginnt immer damit, die richtigen Fragen zu stellen.

Und dann kam Klaus Heymann, ein deutscher Geschäftsmann, der früh auf den Wirtschaftsboom in Fernost gesetzt hatte. Von der damaligen britischen Kolonie Hongkong aus begann er damit, den Klassikmarkt zu revolutionieren. Allerdings war Heymann kein kleines armes Würstchen aus einer Staubsauger-Direktvertriebs-Kolonne, das plötzlich aus heiterem Himmel während des Hausierens von der unternehmerischen Vision inklusive Businessplan und Finanzierungsmodell getroffen wurde wie vom Blitz auf freiem Feld beim Gewitterspaziergang. Heymann näherte sich seiner unternehmerischen Vision vielmehr schrittweise und planvoll, indem er begann, einige grundsätzliche Fragen zu stellen: Muss eine Klassik-CD eigentlich 30 Mark kosten? Braucht es Weltstars, um Brahms' Dritte Symphonie einzuspielen, wenn es überall auf der Welt, insbesondere auch in Osteuropa, hervorragend ausgebildete Musiker gibt? Braucht man Marketingbudgets im Gegenwert des Bruttosozialproduktes von Portugal, um Klassik zu verkaufen? Nein, war Heymanns Antwort. Es geht auch anders.

So schuf der Deutsche von Hongkong aus das Label Naxos. Von Anfang an hatten die CDs ein ebenso schlichtes wie unverwechselbares Design: Statt teurer Künstlerfotos zierten die Cover alte Stiche, die keine Lizenzgebühren kosteten. Statt Namen von Stars las man Interpreten wie eine Capella Istropolitana aus dem slowakischen Bratislava, das damals noch hinter dem Eisernen Vorhang lag. Aber vor allem: Jede CD kostete weniger als 10 Mark. Also nicht etwa 27 statt 30 Mark. Nein. 10 Mark. Ein Drittel des üblichen Preises.

Kaum waren die ersten CDs draußen, rannte der Handel Heymann die Bude ein. Das Interessante dabei: Naxos erschloss ganz neue Käufergruppen. Bei diesem Preis wurden auch eingefleischte Depeche-Mode-Fans neugierig, was dieser Beethoven so für einen Sound hat. Naxos legte nach und schuf CDs für Einsteiger. Klassik zum Träumen, Klassik für Verliebte oder Klassik zum Essen waren damals ein Kulturschock – und sensationell erfolgreich.

Und was machten die Wettbewerber? Die lachten ihn aus. Man nahm diesen Typen in Hongkong zunächst einfach nicht ernst und setzte darauf, dass er bald wieder von der Bildfläche verschwinden würde. Als das dann leider nicht geschah, versuchte man, Naxos auszubooten. Als auch das nichts half, ging die Musikindustrie dazu über, Naxos zu kopieren. Welch ein Kompliment! Universal, EMI & Co. lancierten ebenfalls Billiglabels. Aber der Vorsprung von Naxos, das temporäre Monopol, war ausreichend, um schon den nächsten Schritt nach vorne zu machen.

Während die Konkurrenz die Kunden im Billigsegment mit Uralt-Aufnahmen aus den Sechzigern beglückte, setzte Naxos in den Neunzigern immer mehr auf Qualität. Aktuelle Aufnahmen, spannende junge Künstler und ein immer breiteres Repertoire. Zu Bach und Brahms gesellten sich Ligeti und Henze – und fanden über den Preis Käufer, die früher niemals zeitgenössische ernste Musik gekauft hätten. 1995 wurde Naxos in Cannes zum Label des Jahres gewählt. Und heute gibt es im Berliner Kulturkaufhaus Dussmann ein eigenes Regal mit der Aufschrift »Naxos«, ähnlich wie »Oper« oder »Neuheiten«. Und inzwischen reißen sich nicht nur Künstler aus Bratislava um einen Plattenvertrag mit diesem Label. Naxos ist wie eine Blaupause für Business-Querdenken. Klaus Heymann war kein Brancheninsider – und genau das war sein Vorteil. Sein Motto: Niemals dem Beispiel hirntoter Vorstände folgen, die ehrfurchtsvoll bestehende Konventionen befolgen. Ganz im Gegenteil: Er kümmerte sich überhaupt nicht um die ungeschriebenen Regeln der Branche. Das war sein Erfolgsgeheimnis. Das und eine gehörige Portion Mut und Ausdauer.

Damit befindet er sich in bester Gesellschaft. Anita Roddick, die Erfinderin der Kosmetikshopkette »The Body Shop«, scherte sich auch nicht um die ehernen Gesetze der Kosmetikindustrie. Body Shop sollte nicht nur besser, sondern vor allem anders sein als die anderen. Und Richard Branson hatte auch keine Lust, British Airways zu kopieren, als er in die Luftfahrtbranche einstieg. Virgin Atlantic sollte einfach anders sein. Es sollte Rock 'n' Roll zum Abheben sein.

Gute Ideen sind super. Aber nur die halbe Miete.

Allen diesen Querdenkern war klar: Wenn den Etablierten das erste Lachen vergangen ist, werden sie versuchen, mich zu vernichten. Sie hatten aber keine Angst vor der Konfrontation! Wir können gar nicht dick genug unterstreichen, wie wichtig das ist. Gute Ideen sind super. Aber nur die halbe Miete. Wir müssen dann auch bereit sein, sie durchzusetzen und durchzuhalten. Und wir dürfen nicht beim ersten Einschüchterungsversuch der etablierten Konkurrenz schon wieder ängstlich einknicken. Der österreichische Nationalökonom Joseph Schumpeter hat diese Haltung sehr treffend beschrieben: »Ein Unternehmer wird eigentlich erst zum Unternehmer, weil er scheinbar gegen den Strich der Mehrheit, der scheinbar unverrückbaren ökonomischen und gesellschaftlichen ›Wahrheit‹ etwas unternimmt, weil er fast knorrig an seine Idee glaubt und sie durchsetzt. Dabei ist die Idee weniger wichtig als die Fähigkeit, an ihr festzuhalten.«

Klar, dass es Outsider und Newcomer hier erst mal leichter haben. Es gibt keine ungeschriebenen Gesetze einer Branche, die sie schon in ihrer Ausbildung eingetrichtert bekommen hätten. Und sie erstarren nicht in Ehrfurcht vor den fetten Platzhirschen eines Industriezweigs.

Auch Brancheninsider können sich bewegen – wenn es ihnen schlecht genug geht

Outsider haben es leichter – trotzdem gibt es auch Beispiele, bei denen der Impuls zur Veränderung von den Marktführern einer Branche ausging. Kennen Sie Zespri Gold? Für alle, die sich seltener an Obstständen aufhalten: Das ist eine Kiwifrucht mit gelbem Fruchtfleisch. Und dieses Obst ist patentiert. Ja genau, so wie in anderen Branchen Elektromotoren oder Dosenöffner patentiert sind. Patentiertes Obst? Das kann man völlig beknackt finden – oder genial. Und das kam so: Seit den Siebzigern beglücken uns die neuseeländischen Bauern mit der Kiwi. Die Frucht wurde in Europa und Nordamerika schnell so populär, dass auch italienische, spanische und südafrikanische Bauern Kiwis anbauten. Der Kunde sah keinen Grund, warum diese Frucht unbedingt aus Neuseeland kommen musste, und kaufte alles, was rund, braun, außen fusselig und innen grün war.

Nun hätten die neuseeländischen Bauern angesichts sinkender Marktanteile nach der Politik rufen und protektionistische Maßnahmen verlangen können. Stattdessen suchten sie nach einer Lösung, indem sie über den Tellerrand auf andere Branchen schauten. Und so hieß die Lösung Produktinnovation und – Patentierung von Obst! Alle 2500 neuseeländischen Kiwibauern schlossen sich zur Zespri International Ltd. zusammen und entwickelten mit dem staatlichen Fruit Science Institute eine neue Kiwifrucht, die im Jahr 2000 unter dem Namen »Zespri Gold« auf den Markt kam. Sie ist im Inneren goldgelb und hat einen süßen, an Tropenfrüchte erinnernden Geschmack. Auf dem Massenmarkt trifft das genau den Nerv. Im Jahr 2005 lag das Verkaufsvolumen bei knapp 150 Millionen Euro. Bis 2009 wollen die Neuseeländer, die im englischen Sprachraum selber den Spitznamen »Kiwis« haben, die Umsatzmarke von 650 Millionen Euro erreichen. Der Clou dabei: Kiwibauern aus anderen Ländern, die sich vom Erfolg der Zespri ein Scheibchen abschneiden wollen, müssen Lizenzgebühren an Neuseelands Landwirte zahlen. Zespri International Ltd. hat zwischenzeitlich gut dotierte Lizenzverträge mit Obstplantagen in Italien, Frankreich, Japan, Korea, Chile und den USA abgeschlossen.

Die cleveren »Kiwis« aus Neuseeland haben ihre Lektion gelernt: 6 Millionen Euro investieren sie jährlich in Qualitätsverbesserung, Forschung für neue Sorten und umweltfreundliche Produktionsmethoden. Eine neue patentrechtlich geschützte Frucht ist bereits in der Innovationspipeline: die Kiwi mit blutrotem Fruchtfleisch. Querdenker gibt es also immer auch in der eigenen Branche. Schade nur, dass dieses Beispiel wieder einmal zeigt, dass den meisten das Wasser erst bis zum Hals stehen muss, bevor sie sich bewegen.

Dabei kann Innovation Spaß machen. Neu denken, über den Tellerrand blicken und ungewöhnliche Konzepte entwickeln gehört zu dem Spannendsten, was man in seinem

Leben machen kann. Wir kennen keinen Querdenker und Innovator, der nicht leidenschaftlich für seine Sache brennt. Viele wollen nicht nur Geschäfte machen, sondern ein Stückchen weit auch die Welt verbessern. Und einigen gelingt das auch.

Dabei können Querdenker die Welt verbessern!

So wie dem indischen Augenarzt Govindappa Venkataswamy. In seinem Land leiden rund 21 Millionen Menschen am Grauen Star. Aber noch vor wenigen Jahrzehnten konnte sich kaum jemand eine Operation leisten. Doch dann blickte der heute 87-Jährige über den Brillenrand seiner Zunft. Und sein Blick fiel auf – McDonalds. Dabei hatten es ihm nicht so sehr die BigMacs und Fritten angetan, sondern vielmehr die Idee der Standardisierung und Lizenzierung. Wie wäre es, so dachte sich Dr. V., wie er von seinen Bewunderern genannt wird, wenn wir die Idee der standardisierten Prozesse übernehmen und dadurch in der Lage sind, Tausende Patienten im Jahr zu behandeln?

Heute operieren Dr. V. und seine Ärzte medizinisch perfekt und hocheffizient 230 000 Patienten im Jahr. Nur ein Drittel der Patienten muss dafür überhaupt bezahlen. Die meisten werden kostenlos behandelt, weil sie zu arm sind. Trotzdem macht die Klinikkette einen Umsatz von 10 Millionen US-Dollar pro Jahr. Aber die Zahlen sind sekundär. Venkataswamy hat mit seiner Idee einen kleinen Beitrag dazu geleistet, dass die Welt ein besserer Ort wird. Einen kleinen Kometenschweif im All hinterlassen.

Nicht in jedem von uns steckt ein Dr. V. Aber jeder von uns hat die Möglichkeit, es zumindest zu *versuchen*.

KAPITEL 4

SPIELFELDWECHSEL: NEUE MÄRKTE ZU SCHAFFEN IST LUKRATIVER ALS ALTE MÄRKTE AUSZUREIZEN

Jetzt geht es um *Kunststoff*. Auf die Plätze ... Wir haben einmal einen mittelständischen deutschen Kunststoffhersteller kennengelernt. Das Unternehmen produziert Kunststoffprofile. Kunststoffprofile werden von Herstellern von Kunststofffenstern gebraucht. Die setzen die Kunststoffprofile zu Kunststofffenstern zusammen. Deshalb sind Kunststofffensterhersteller die Kunden eines Kunststoffprofilherstellers. Dessen Wachstumsmöglichkeiten sind abhängig vom Markt für Kunststofffenster. Und die Konkurrenten eines Kunststoffprofilherstellers sind andere Kunststoffprofilhersteller, die wiederum Hersteller von Kunststofffenstern beliefern, die damit Kunststofffenster bauen. Sollte man meinen. Dachte man in dieser Firma auch viele Jahre lang.

Und jetzt geht es um *Innovation*. ... fertig, los! Eines Tages fiel dem Chef dieser Firma ein ihm bisher unbekannter Name in der Kundenkartei auf. Dieser Kunde nahm zwar keine Riesenmengen an Kunststoffprofilen ab, bestellte die Dinger offenbar seit einiger Zeit regelmäßig. Nach einem neuen Hersteller von Kunststofffenstern klang der Firmenname nicht. Der Chef beschloss, im Internet nach seinem neuen Kunden zu recherchieren. Er traute seinen Augen nicht, als er entdeckte, dass es sich um eine Werbeagentur handelte. Ist die Werbeflaute so schlimm, dass die jetzt ins Kunststofffenster-Business einsteigen?, fragte er sich. Schweißen die nebenberuflich Fenster zusammen?

Die Sache ließ den Chef nicht mehr los, und so beschloss er, bei der Werbeagentur nachzufragen, was die mit seinen Kunststoffprofilen eigentlich anstellen. Und es stellte sich heraus, dass die Werber die Profile in Stücke zersägen, verkanten und daraus Werbeflächen bauen. In der Agentur war man ganz begeistert von diesem Material: wetterfest, hochstabil, Gewichtsparend und immer wieder anders verwendbar.

Es ist leicht verdientes Geld, weil es dem Unternehmen gelungen ist, ein temporäres Monopol zu etablieren.

Moment mal, dachte sich der Chef. Wir könnten ihnen doch gleich die passenden Teile für ihre Werbeflächen liefern! Man setzte sich mit der Agentur zusammen und entwickelte die passenden Profile.

Der nächste Schritt war dann nur folgerichtig: Der Vertrieb des Kunststoffherstellers betrieb Kaltakquise bei anderen Werbeagenturen. Mit Erfolg. Immer mehr Agenturen begeisterten sich für die neuartigen flexiblen Bauteile für Werbeflächen. Mittlerweile sorgen Werbeagenturen bei diesem Kunststoffhersteller für 10 Prozent des Umsatzes. Das ist zwar nicht gigantisch, aber es ist leicht verdientes Geld, weil es dem Unternehmen gelungen ist, ein temporäres Monopol zu etablieren. Statt in einen Verdrängungs- und Preiswettbewerb mit anderen Herstellern von Profilen einzutreten, hat man sich einfach neue Kunden gesucht.

Überlasst den Kuchen den anderen, die Konditorei ist interessanter ...

Ein Erfolgsrezept wie vom Himmel gefallen: Wenn Unternehmen heute wachsen wollen, dann am besten, indem sie das zum Prinzip erheben, was diesem Kunststoffhersteller durch Zufall als Chance ins Haus geflattert ist. Wer Wachstum will, muss Grenzen überschreiten. Er muss aktiv ganz neue Kundengruppen erschließen. Dazu braucht er nicht die Ellenbogen ausfahren, sondern er muss cleverer sein. Er braucht nicht härter zu arbeiten, sondern sollte mehr nachdenken.

Wer Wachstum will, muss Grenzen überschreiten.

Leider stellen sich die meisten Unternehmen ihren Markt immer noch wie einen großen Kuchen vor. Einen Kuchen, bei dem täglich jeder darum kämpft, ein möglichst großes Stück abzubekommen. Aber weil das die anderen auch wollen, liefert man sich erbitterte Kämpfe um Kundensegmente, Wettbewerbsvorteile und Marktanteile. Aber jedem, der auch nur einen Teelöffel voll gesunden Menschenverstandes besitzt, ist klar, dass es blödsinnig ist, sich um etwas Vorhandenes zu prügeln, wenn man auch etwas Neues schaffen kann.

Eigentlich sollten Sie in Ihrem Unternehmen diese trügerischen Kuchendiagramme in Powerpoint-Präsentationen verbieten. Wir sagen: Verschleißt nicht eure gesamte Energie im Kampf um das größte Stück vom Kuchen. Sondern backt euch einfach einen eigenen Kuchen! Und wenn das nicht auf Anhieb funktioniert, dann wenigstens einen leckeren, saftigen Muffin. So wie besagter Kunststoffhersteller mit seinem lukrativen Nebengeschäft.

Um es noch einmal deutlich zu sagen: Klar sind Produkt- und Serviceinnovationen sehr wichtig. Aber das ist noch nicht alles. Mit den Produkten verändern sich automatisch die Kundenstrukturen. Wir müssen also auch immer wieder darüber nachdenken, wie wir neue Kundengruppen erschließen. Kunden, an die in der eigenen Branche bisher niemand gedacht hat. Kunden, denen man einzigartige Produkte und Leistungen auf einzigartige Weise verkaufen kann. In der Wirtschaftsgeschichte der letzten 20 Jahre finden sich immer wieder Unternehmen, die die Spielregeln ihrer Branche gebrochen und mit frischen Marktangeboten ganz neue Kundengruppen erschlossen haben. Deshalb möchten wir Ihnen an dieser Stelle körperlich einmal etwas näherrücken. Nachfolgend geht es um zwei Beispiele, die zeigen, dass es keine Ausreden mehr für den Status quo gibt – egal in welcher Branche.

Da wäre zum Ersten das Konzept des Schweizers Werner Kieser. Er fragte sich, wie man neue Kundengruppen für Fitnessstudios gewinnen könnte. Er verschmähte bewusst die Kunden, die in Panik geraten, weil sie sich trotz zahlreicher Besuche im Fitnessstudio immer noch keinen Waschbrettbauch antrainiert haben, der der ISO-9000-Norm von Men's Health entspricht. Kieser ersann ein komplett neues Konzept, das er »gesundheitsorientiertes Krafttraining« nannte. Und er setzte bei einer der verbreitetsten Volkskrankheiten an: »Ein starker Rücken kennt keinen Schmerz« wurde zum Claim von Kieser Training. Der Schweizer schuf eine ganz eigene Corporate Identity. Asketisch, reduziert, ja von geradezu protestantischer Strenge sind seine Fitnessstudios. Statt Musikberieselung gibt es ärztliche Betreuung und statt Laufbändern lediglich Geräte, die stützende Muskulatur aufbauen. Er wendet sich damit an eine Zielgruppe, die es so in anderen Studios nicht gibt. Der typische Kieser-Kunde ist 44 Jahre alt, nicht besonders sportlich und ohne entsprechende Erfahrungen im Fitnessbereich: 80 Prozent der Kunden waren vor Kieser Training noch nie in einem Fitnesscenter! Anders ausgedrückt: Diese Kunden wären niemals in ein Fitnessstudio des üblichen Zuschnitts gegangen.

Kieser Training ist erfolgreich. Weil es anders ist. Dank seiner einzigartigen Klientel steht Kieser praktisch überhaupt nicht in Konkurrenz zu anderen Studios. Es ist ihm gelungen, ein temporäres Monopol zu etablieren. Und zwar nicht, indem er das Fitnessstudio als solches neu erfunden hätte. Sondern indem er in Frage gestellt hat, wer die »typischen« Kunden eines Fitnessstudios sind und mit welchem Ambiente man diese anlockt. Er hat den Status quo konsequent hinterfragt und war mutig genug, neue Wege zu gehen.

Der erweiterte Wettbewerb: Die wahren Spielfelder überschreiten die Außenlinie

Der erste Schritt zu einer solchen Strategie ist immer, sich zu fragen, wer überhaupt die eigenen Wettbewerber sind. Die meisten Unternehmen definieren ihre Konkurrenz viel zu eng. Neulich war einer von uns bei der Verleihung eines Innovationspreises in Österreich zu Gast. Eine große Zahl von Mittelständlern war da, die sich alle ernsthaft Mühe geben, innovativ zu sein und neue Wege zu gehen. Im Plausch mit ebendiesen Unternehmern stellte sich allerdings sehr schnell heraus, dass sie fast ausnahmslos vergleichbare Unternehmen aus derselben Branche als Wettbewerber ansehen. Das ist aber nur die unmittelbare Konkurrenz. Es ist nicht der ausschließliche Wettbewerb.

Der Wettbewerb findet heute in erster Linie um Aufmerksamkeit und Zeit statt. Kunden schenken ihre Aufmerksamkeit dem Produkt und dem Unternehmen, das sie attraktiv finden. Emotionale Resonanz wird unmittelbar in Aufmerksamkeit umgemünzt. Und die meiste Zeit widmet der Kunde dem Anbieter, bei dem er sich am wohlsten fühlt. Auch wenn es viele Unternehmen nicht wahrhaben wollen: Kunden vergleichen dabei immer Äpfel mit Birnen! Die Unzufriedenheit mit der Hausbank wird an derselben Stelle im Hirn abgespeichert wie die Zufriedenheit mit einem Wellness-Hotel. Und worauf der Kunde seine Aufmerksamkeit lieber richtet – auf die Neuordnung der Altersvorsorge oder auf die Planung des nächsten Wochenendes –, das ist offen.

Neue Märkte abseits des Gewöhnlichen zu schaffen und neue Kunden in den Blick zu nehmen bedeutet zunächst einmal, eine möglichst dehnbare Definition für das eigene Geschäft zu finden. Doch die meisten Unternehmen, die wir kennen, folgen einem ziemlich engen Raster. Sie definieren sich nämlich ganz einfach durch das, was sie tun, also durch Produkt und Leistungen. Sie sagen: »Wir stellen Backwaren her.« Und dann führen sie das ins Feld, was ihnen dafür zur Verfügung steht. Also etwa: »Wir besitzen drei vollautomatisierte Backstraßen in Hannover, Nürnberg und Graz.« Stattdessen könnten sie sich aber auch von ihrer eigentlichen Kernkompetenz her definieren. Dann würde sich das ganz anders anhören: »Wir bieten Menschen die Möglichkeit, sich im Alltag hin und wieder einmal selbst zu belohnen.« Und schon sieht man, dass man mit seinen Streuselschnecken und Nougatringen nicht nur mit anderen Großbäckereien in Konkurrenz steht. Sondern auch mit Eisverkäufern oder Kaffeebars, kurz: mit allen, die es Kunden ermöglichen, sich zwischendurch für wenig Geld einen kleinen Genuss zu verschaffen. Und wenn es der einen oder anderen Kaffeebar gelingt, den Verkauf eines Espresso mit einer ganz besonderen Aufenthaltsqualität zu verbinden, könnte das die Bäckereikette mit ihrem tristen Shopdesign schon ins Grübeln bringen. Selbst wenn alle anderen Backstuben genauso aussehen und genau die gleichen Kunden anziehen.

Die Kunst, aus einem Hippiewohnwagen einen Zirkusnachtclub zu machen

Unser zweites Beispiel eines Unternehmens, das es wirklich verstanden hat, neue Kunden zu finden und zu begeistern, ist der Cirque du Soleil. Bei einer unserer letzten Reisen in unsere alte Heimat Phoenix, Arizona, durfte ein Abstecher nach Las Vegas nicht fehlen. Wir lieben diese Glitzermetropole in der Wüste Nevadas, die Welthauptstadt des Entertainments. Natürlich haben wir auch eine Show des Cirque du Soleil besucht. Und es war fantastisch! Kaum zu glauben, dass dieses Unternehmen mit seinen allabendlichen Shows der Superlative rund um den Globus von einer Handvoll kanadischer Hippies gegründet wurde. Und ein gewöhnliches Unternehmen ist der Cirque du Soleil heute immer noch nicht.

»Was werde ich heute anpacken, was eigentlich unmöglich zu sein scheint?«

Dazu passt, was Firmenchef Daniel Lamarre einmal in einem Interview sagte: »Ein typischer Bürotag von mir beginnt damit, dass ich mir die Frage stelle: Was werde ich heute anpacken, was eigentlich unmöglich zu sein scheint?« Starke Worte! Wir kennen leider viele Leute, die ihren Arbeitstag eher mit Sätzen wie »Wann ist endlich wieder Freitagnachmittag?« beginnen.

Beim Cirque du Soleil ist die Begeisterung fast mit Händen zu greifen und überträgt sich sofort auf den Besucher. Kanadas kultureller Exportschlager hat seine Wurzeln im Jahr 1984, als die besagten Hippies aus Quebec sich zusammenschlossen, um auf möglichst unspießige Weise genug Geld für einen bescheidenen Lebensunterhalt zu verdienen. Heute ist daraus eine weltumspannende Unterhaltungsmaschine mit einem Jahresumsatz von 600 Millionen Dollar geworden. Das wohlgemerkt in der rezessionsgeplagten Entertainment-Branche, in der andere über die sinkende Nachfrage und die hohe Preissensibilität der Zuschauer jammern.

Was hat der Cirque du Soleil eigentlich gemacht? Nicht weniger, als den Zirkus komplett neu zu erfinden. Und vor allem: Leute in eine Zirkusvorstellung zu locken, die eigentlich nicht im Traum daran denken würden. Wobei der Begriff »Zirkus« für den Cirque du Soleil etwa so passend ist, als würde man die Stones eine Tanzkapelle nennen. Miefige Zelte, staubige Böden, harte Sitzbänke, öde Tiernummern oder mäßig witzige Clowns – das alles gibt es im Cirque du Soleil nicht. Statt auf quengelnde Kinder und genervte Eltern zielt man auf anspruchsvolle Erwachsene und Firmenkunden. Der Cirque du Soleil konkurriert nicht mit anderen Zirkussen, sondern mit Theater, Oper, Kino, exklusivem Restaurant oder Nachtclub. Entsprechend hochkarätig sind sowohl die Show als auch das Ambiente. So gibt es auch keine einzelnen Zirkusnummern, sondern eine durchinszenierte Geschichte, genau wie im Schauspiel oder der Oper. Unternehmen, die hier Incentives veranstalten oder ihre besten Kunden belohnen, aber auch Privatkunden geben ein Vielfaches von dem für eine Eintrittskarte aus, das sie an einer herkömmlichen Zirkuskasse zu zahlen bereit wären.

Der eigentliche Coup des Unternehmens ist jedoch die Multiplikation. Jede Show wird von mehreren Ensembles einstudiert, damit diese gleichzeitig auf Tournee gehen können. Zwecks Recruiting reisen 20 Castingagenten permanent um die Welt. Da gehören dann am Ende olympische Goldmedaillengewinner wie der aserbaidschanische Bogenschütze aus der Show »O« genauso dazu wie das Schlangenmädchen aus dem indischen Bauernzirkus. Neben einer perfekten Ausbildung verlangt der Cirque du Soleil vor allem Ausdruck und Spontaneität. Wer das nicht kapiert, fliegt vor die Tür statt durch die Lüfte.

Positionierung: Ein Standpunkt, von dem aus Wachstum möglich wird

Der Cirque du Soleil hat es geschafft, eine globale Marke zu werden. Laut Interbrand rangiert sie auf Platz 22 und damit noch vor Disney. Nicht schlecht für ein paar Althippies. Gleichzeitig sinken in dem Unternehmen die Kosten, wenn auch niemals zu Lasten der Kreativität. 70 Prozent der Einnahmen fließen wiederum in neue Projekte. Noch einmal Daniel Lamarre: »Unsere Marke bedeutet Kreativität, und das dürfen wir nicht vernachlässigen.« Die Zuschauer in den Tourneezelten von New York bis Moskau und in der stets ausverkauften Show in Las Vegas lassen sich auf anspruchsvolle Art in Traumwelten entführen und zahlen dafür gern auch 150 Euro. Der Cirque du Soleil hat Zuschauer wieder neu verzaubert, die bisher mit dem Thema Zirkus bestenfalls ein paar nette Kindheitserinnerungen verbunden haben.

Volkswirte bezeichnen Monopole als »Marktversagen«.

Es geht also. Man kann dem ruinösen Kopf-an-Kopf-Wettbewerb entkommen, indem man neue Märkte schafft, die sich von den bisher bedienten deutlich unterscheiden. Indem man die bisherige Konkurrenz – zumindest zeitweise – hinter sich lässt. Und indem man sich als Querdenker ein Quasi-Monopol verschafft. Volkswirte bezeichnen Monopole als »Marktversagen«. Für Querdenker, die alles, außer gewöhnlich sind, bedeuten sie ein verdammt gutes Geschäftsmodell. Und in Las Vegas findet längst eine gigantische Wertschöpfung statt, ohne dass irgendetwas im klassischen Sinn produziert würde.

Menschen strömen in die Stadt, weil sie einzigartige Erlebnisse geboten bekommen.

Vor kurzem fiel auch hierzulande das Stichwort Las Vegas in einer öffentlichen Diskussion. Der Berliner Stararchitekt Hans Kollhoff hatte in einem Gespräch mit der Wochenzeitung *Die Zeit* Las Vegas als Vorbild für die wirtschaftliche Entwicklung der von Arbeitslosigkeit und Überschuldung geplagten deutschen Hauptstadt ins Spiel gebracht. Für diese Aussage wurde er in zahlreichen Medien mit Spott und Häme überzogen. Natürlich will Kollhoff weder Siegfried & Roy im Deutschen Bundestag auftreten lassen noch den Ku'damm mit Spielcasinos pflastern. Es ging ihm lediglich darum, zu verdeutlichen, dass eine fast völlig deindustrialisierte Großstadt in einer Insellage ohne bedeutenden Hafen oder Luftdrehkreuz und mit nur wenigen Konzernzentralen und Großbanken diese Situation auch als Chance begreifen kann. Las Vegas liegt sogar mitten in der Wüste – und boomt! Berlin könnte sich fragen, wie es mit seiner einzigartigen Mischung aus Geschichte, Politik, Kultur, Shopping und Szene seinen Besuchern einmalige Erlebnisse bieten kann. Denn eine zweite industrielle Revolution mit einem neuen Werner von Siemens und einem wieder auferstandenen Emil Rathenau wird kaum kommen.

Doch es gibt auch hierzulande positive Beispiele. Hans-Peter Wodarz etwa ist zwar noch nicht ganz so erfolgreich wie Daniel Lamarre, hat aber mit seinen Shows »Pomp, Duck and Circumstance« und seit neuestem »Belle et Fou« der Gastronomie neue Impulse gegeben. Im Grunde macht er nichts anderes, als Leuten ein Abendessen für über 100 Euro zu verkaufen, die wahrscheinlich niemals ein Sternelokal betreten würden. Weil er aber das Essen mit einer einzigartigen Show verbindet, strömt das Publikum zu ihm. Und das, während andere Köche und Restaurantbetreiber immer noch glauben, ihre Konkurrenz bestehe vor allem aus dem Lokal um die Ecke. Bevor aber jemand essen geht, hat er sich gegen Kino, DVD, Shopping, Theater, Selberkochen und vieles mehr entschieden. Wer sich das bewusst macht, dem gelingt im zweiten Schritt auch der Spielfeldwechsel.

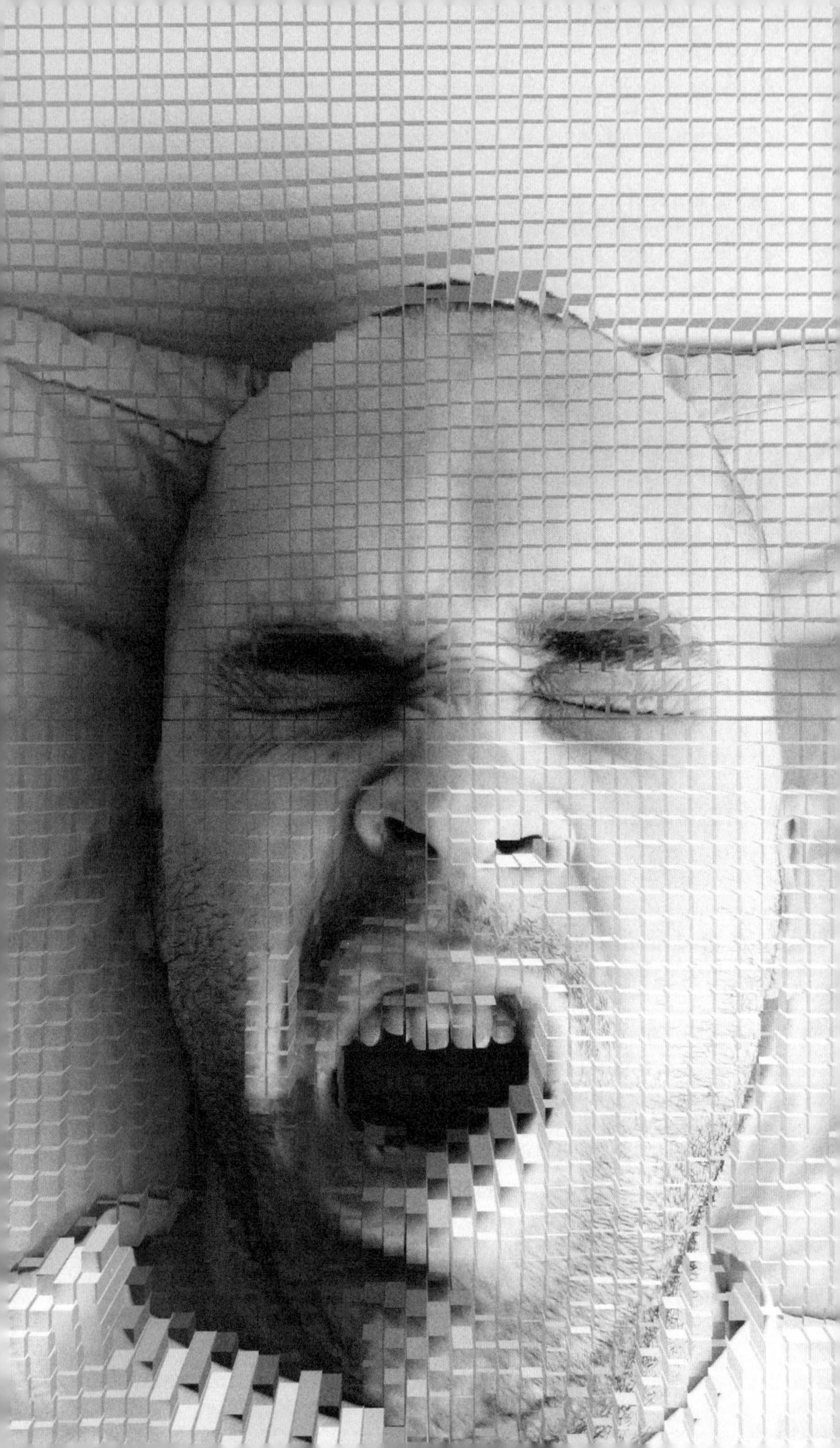

KAPITEL 5

GÄHN: DIE BESTEN KÖPFE ARBEITEN NICHT BEI DEN LANGWEILIGSTEN FIRMEN

Als einer von uns noch Internationales Management an der Wirtschaftsuniversität Wien unterrichtete, lud er regelmäßig Gastreferenten aus der Praxis ein, damit den Studenten schon mal dämmerte, was sie nach ihrem Examen da draußen erwarten würde. Einmal stand ein Vorstand eines großen Unternehmens, das soeben aus der Obhut des Staates entlassen worden war, vorne am Katheder. Der formvollendet auftretende ältere Herr im Maßanzug hatte schon über eine Stunde referiert und sein ehemaliges Staatskombinat aus allen Richtungen beweihräuchert, als er abschließend auf das – seiner Meinung nach – grandiose Trainee-Programm zu sprechen kam. Und dann überkam ihn die spontane Idee, die Studenten einfach direkt zu fragen: »Wer von Ihnen hätte denn Interesse, sich für unser Trainee-Programm zu bewerben?«

Schlagartig herrschte Totenstille im Raum. Die Studenten starrten auf ihre Notizen oder an die Decke und versuchten dem Blick des Topmanagers auszuweichen. Niemand bekundete auch nur einen Hauch von Interesse. Es war unsagbar peinlich. Derjenige von uns, der als Dozent und Gastgeber die Sache retten musste, brauchte selber einige quälend lange Sekunden, bis er die richtigen Worte fand, um den Manager vorsichtig hinauszukomplimentieren, ohne ihm das Gefühl zu geben, völlig aufgelaufen zu sein. Als der Mann wieder im Fond seiner Luxuslimousine saß und der Chauffeur ihn zurück in sein Büro kutschierte, meinten die Studenten, dass sie lieber sterben würden, als in dem Unternehmen zu arbeiten, das unser Gast repräsentiert hatte.

Aber warum eigentlich? Wie kam es zu dieser Reaktion?

Fairerweise muss man sagen, dass sich der Manager in seinem Vortrag keinerlei Patzer oder Peinlichkeiten geleistet hatte. Im Gegenteil: Von penetrantem Eigenlob einmal abgesehen, war es ein ganz anständiger Vortrag. Er hatte nichts Abschreckendes oder Furchterregendes über das Management oder die Mitarbeiter seiner Firma preisgegeben. Außerdem konnten die Studenten ja weder wissen, wie es in dem Laden wirklich aussah, noch ob das Trainee-Programm nun tatsächlich etwas taugte oder nicht. Trotzdem wollten sie auf gar keinen Fall für dieses Unternehmen arbeiten. Es war einfach ihr Bauchgefühl, das ihnen sagte: never ever!

Warum sollte eine Biene zu einer Blüte fliegen?

Rückblickend ist uns völlig klar, woran das lag. Der Vorstand hatte zwar nichts Schlechtes über seine Firma gesagt – aber auch nichts, was sein Unternehmen für die Stundenten attraktiv gemacht hätte. Er sprach zu begabten jungen Menschen, aber er sprach sie überhaupt nicht an. Die Vorstellung, in diesem Unternehmen ihr zukünftiges Berufsleben zu fristen, hatte für die Studis null Sex-Appeal. Der Mann hatte ihnen sein Unternehmen so schmackhaft gemacht wie ein lauwarmes alkoholfreies Bier in einer Teetasse. Dieser Manager der Old School mit Einstecktuch und Manschettenknöpfen war ein gutes Abbild seines Unternehmens – grundsolide, aber einfach nur langweilig. Von ihm gingen zwar keine Bad Vibrations aus, aber leider fehlten die Good Vibrations.

Und wissen Sie was? Die Studenten lagen richtig. Wir haben besagtes Unternehmen später näher kennengelernt: Die Hierarchieebenen waren in Beton gegossen und die Mitarbeiter hängten jeden Morgen ihre Kreativität, ihre Eigeninitiative und ihren Elan an die drei dafür vorgesehenen Kleiderhaken gleich hinter der Eingangstür. Eine wahre Wüste für Talente. Inzwischen hat sich dort eine Menge geändert. Aber damals fragten wir uns nur: Wer will hier schon arbeiten?

Wer *will*. Das ist genau der Punkt. Wollen. Nicht müssen!

Denn auf dem Arbeitsmarkt für Spitzenkräfte hat es in den letzten Jahren einen Turnaround um 180 Grad gegeben. Früher haben sich die Unternehmen ihre Mitarbeiter ausgesucht. Wer ein gutes Zeugnis hatte und im Vorstellungsgespräch brav und fügsam wirkte, der bekam gnädig einen Arbeitsplatz gewährt. Heute suchen sich die Mitarbeiter ihr Unternehmen aus. Wobei wir hier – um es noch einmal zu betonen – nicht über den Niedriglohnsektor oder über anspruchslose Routinejobs sprechen. Dort prügeln sich nach wie vor die Arbeitssuchenden um die viel zu spärlichen Angebote. Wir sprechen von den besten Köpfen, der neuen Creative Class, den Garanten der Wertschöpfung. Diese High Potentials haben es nicht mehr nötig, für die Stadtwerke Hinterwaldheim zu arbeiten, wenn sie auch einen Job bei Google oder BMW haben können!

Heute suchen sich die Mitarbeiter ihr Unternehmen aus.

Bevor Sie anfangen zu denken, wir hätten komisches Zeugs geraucht, lassen Sie uns einen Blick über den Ozean nach Kalifornien werfen. Das Silicon Valley macht es seit Jahren vor. Es ist ein Magnet für Menschen mit Talent und Leistungswillen. Zudem für kreative Querköpfe und hochintelligente Freaks aller Art. Die Unternehmenschefs wiederum tun alles, um diese Talente anzuziehen. Sie versuchen, den Status von Popstars zu erlangen und ihre potenziellen Mitarbeiter schon zu Fans zu machen, bevor diese ihre erste Bewerbung schreiben. Und die Unternehmen lassen sich einiges einfallen, um ihren besten Köpfen auch ein Top-Arbeitsklima zu bieten.

First things first – die Mitarbeiter!

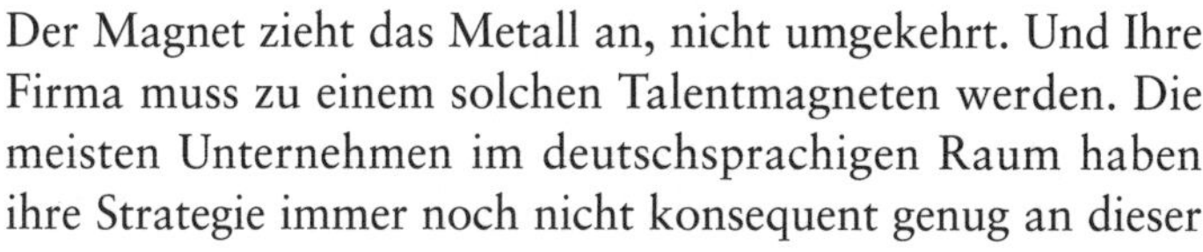
Der Magnet zieht das Metall an, nicht umgekehrt. Und Ihre Firma muss zu einem solchen Talentmagneten werden. Die meisten Unternehmen im deutschsprachigen Raum haben ihre Strategie immer noch nicht konsequent genug an dieser

Situation ausgerichtet. Aber die Entwicklung ist unaufhaltsam. Nicht nur im Silicon Valley, auch bei uns! Welchen Stellenwert haben die Mitarbeiter in der Unternehmensstrategie? Manchmal sind es ja die kleinen Dinge, die tief blicken lassen. So wie die ungeputzten Schuhe, die nicht zum teuren Anzug passen. Gehen Sie einmal auf die Website der Drogeriemarktkette Schlecker und rufen Sie die Seite »Unternehmensgrundsätze« auf. »Initiative und Mitdenken der Mitarbeiter zu mobilisieren« wird da als Ziel genannt. Schön und gut. Aber an welcher Stelle der Unternehmensleitlinien findet sich diese Aussage? Erst kommt die »Einkaufspolitik«, dann die »Absatzpolitik«, dann »Kundenpolitik«, dann »Öffentlichkeitsarbeit« und dann – nein, nicht die Mitarbeiter, sondern die »Personal- und Organisationspolitik«. Distanzierter geht es kaum noch. Von Menschen ist hier nicht die Rede, sondern von Personal: der gesichtslosen Masse, die sich an die Bedürfnisse des Unternehmens anpasst.

Personal: die gesichtslose Masse, die sich an die Bedürfnisse des Unternehmens anpasst.

Ganz anders die Website von dm-Drogeriemarkt, der fast die gleichen Produkte verkauft wie Schlecker. Der zweite von drei »Grundsätzen des Unternehmens« lautet: »zusammenarbeitenden Menschen Entwicklungsmöglichkeiten bieten«. Und nach den »dm-Kundengrundsätzen« kommen sofort die »dm-Mitarbeitergrundsätze«. Kann es sein, dass hier ein anderer Geist herrscht? Das Unternehmen dm-Drogeriemarkt ist sozial sehr engagiert, womit Schlecker in der Vergangenheit weniger auffiel. Bei dm lautet der Claim »Hier bin ich Mensch, hier kauf' ich ein«, während Schlecker sich »modern und preisberühmt« gibt. Tja, der Preis ist heiß. Und wie steht es um den Menschen?

Clevere Organisationen sind Magnete. Sie ziehen die besten Köpfe an. Menschen suchen sich Organisationen aus, in denen sie sich wohlfühlen und entfalten können. Schließlich verbringen sie einen satten Anteil ihrer Lebenszeit am Arbeitsplatz. Wenn Journalisten sie fragen, sagen Mitarbeiter von dm-Drogeriemarkt immer wieder, sie hätten schon viel im Handel gearbeitet, aber hier wollten sie nicht mehr weg.

Und, was hat die Firma davon? Der Kunde? Der Investor? A-l-l-e-s! Denn die Mitarbeiter *sind* die Firma. Wer innovativ sein und sich ständig weiterentwickeln will, braucht Mitarbeiter, die genauso denken und handeln. Die Lust auf Neues haben, weil es ihnen Spaß macht, ihr Umfeld zu gestalten. Wir müssen endlich kapieren, dass Mitarbeiter keine Zutat einer »Organisationspolitik« sind, sondern alles, was ein Unternehmen hat. A-b-s-o-l-u-t alles!

Gehen Sie zum Zahnarzt und erklären ihm, wo er den Bohrer ansetzen soll?

Es ist doch vollkommen unsinnig, intelligente Menschen einzustellen und ihnen dann zu sagen, was sie zu tun und zu lassen haben. Mit kreativen Köpfen holen sich Unternehmen Innovationskraft ins Haus. Aber diese Kraft muss sich dann auch entfalten dürfen. Menschen brauchen ein Umfeld, in dem sie »einfach mal machen können«, wenn sie zu Hochform auflaufen wollen. Für den Fall, dass nur ein reines Funktionieren gefragt ist, stehen Millionen Chinesen bereit, die gerne jede Schraube nach rechts drehen, wenn man ihnen sagt, dass sie die Schraube nach rechts drehen sollen. Und zwar für 50 Cent die Stunde.

Anziehungskräfte, nicht Ketten!

Nehmen Sie zum Vergleich eine Fußballmannschaft. Wir meinen jetzt nicht Regionalliga Nordost, sondern einen Top-Verein wie Chelsea oder Real Madrid. Nicht nur jeder Nachwuchskicker, sondern auch etablierte Profis bei Vereinen mit weniger Sex-Appeal träumen davon, bei einer solchen Mannschaft mitspielen zu dürfen. Aber würden die Manager von Bayern München oder Madrid von ihren Spielern als »Angestellte«, »Belegschaft«, »Beschäftigte« oder gar »Human Resources« sprechen? Nein! Sie werden vielmehr wertschätzend von »unseren Spielern« sprechen, von »Talenten«, von »Spielmachern«, von »Könnern«. Die Spieler könnten schließlich jederzeit auch anderswo einen Vertrag unterschreiben. Im Fußball ist längst klar, dass die Spieler die Mannschaft sind, dass sie alles sind, was einen Verein erfolgreich macht. Warum ist das im Business nicht längst genauso?

Oder: Stellen Sie sich vor, der Konzertmeister der Berliner Philharmoniker würde einen Vortrag an der Hochschule für Musik halten und die Studenten anschließend fragen: »Wer von Ihnen hätte Interesse, in unserem Orchester mitzuspielen?« – Wie bitte? Die Studenten würden das zu Recht für einen Witz halten. Denn natürlich ist es absolut keine Frage, ob ein Musikstudent Lust hätte, in einem der besten Orchester der Welt mitzuspielen. Die Berliner oder Wiener Philharmoniker, das Concertgebouworkest Amsterdam und andere Spitzenklangkörper üben eine solche Anziehungskraft auf Musiker aus, dass sie wahrlich nicht fürchten müssen, in den kommenden Jahren auf die Größe von Kammerensembles zusammenzuschrumpfen. Und das trotz aller Schwierigkeiten, die der Kulturbetrieb derzeit hat.

Die lebenslange Verurteilung zur Festeinstellung in Bürozellen im Tausch gegen Loyalität und Gehorsam ist keine Option mehr.

Noch ein dritter Vergleich. Als Buchautoren sind wir naturgemäß ab und zu mit der Frage konfrontiert, in welchem Verlag unser Buch erscheinen soll. Wir bewerben uns bei dem Verlag nicht um einen Angestelltenstatus, sondern suchen uns den Verlag aus, der am besten zu uns und dem aktuellen Buch passt. Wobei die Chemie selbstverständlich auch stimmen muss. Wir schauen uns dabei an, welche anderen Autoren bei einem Verlag publizieren. Möchten wir mit denen in einer Reihe stehen? Umgekehrt steht ein Verlag mit anderen Verlagen im Wettbewerb um die besten Köpfe. Die hätte dann mehr als ein Verlag gerne im Programm. Der springende Punkt ist: Bei jedem Buchprojekt werden die Karten neu gemischt. Dann kann wieder ein anderer Verlag für den Autor die bessere Wahl sein. (Oder ein anderer Autor für den Verlag ...)

Das Prinzip trifft auf alle Unternehmen zu: Die lebenslange Verurteilung zur Festeinstellung mit gemeinschaftlicher Unterbringung in Bürozellen im Tausch gegen Loyalität und Gehorsam ist keine Option mehr. Unternehmen, in denen die Arbeit eine graue Tätigkeit ist, die in grauen Gebäuden vor sich hin mäandert, und wo graue Manager ebenso graue Untergebene regieren – das funktioniert heute nicht mehr. Es ist ohnehin fraglich, ob das jemals ein guter Deal gewesen ist. Heute sehen wir, dass sich immer mehr Unternehmen um Projekte herum organisieren. Das bedeutet, dass sie für das jeweilige Projekt die jeweils besten Köpfe suchen und finden. Immer wieder neu. Unternehmen wie Cisco, SAP oder auch BMW sind bereits ganz stark von einer solchen Projektstruktur geprägt. Und bezeichnenderweise gehören sie auch zu den Unternehmen, die auf Talente eine riesige Anziehungskraft ausüben.

Potenzial schlägt Erfahrung

Im Grunde ist die Sache ganz einfach: Stars ziehen Stars an. Verlierer ziehen Verlierer an. Und Mittelmaß zieht Mittelmaß an. Das war schon immer so. Bloß war es früher nicht so entscheidend. Als die Mühlen der Wirtschaft noch langsamer mahlten und der Kuchen am Ende immer für alle zu reichen schien, war der gefühlte Abstand zwischen Spitze und Mittelmaß gar nicht so groß. Heute nimmt er dramatisch zu. Die Gewinner bauen ihren Vorsprung immer weiter aus. Und den Mittelmäßigen droht immer schneller der Abstieg in die Gruppe der Verlierer.

Wer den Abstieg verhindern will, muss schnell sein. Heute

ist keine Zeit mehr, sich erst dann für Menschen zu interessieren, wenn sie genügend »Erfahrung« haben. Ein Unternehmen, das so lange sucht, bis es die Mitarbeiter findet, die genau auf eine Stelle passen, weil sie in exakt dem Bereich jahrelange »Erfahrung« haben, wird immer seltener fündig werden. Erstens, weil Wissen und Erfahrung immer schneller veralten. Und zweitens, weil die besten Köpfe dann längst woanders sind. Nämlich dort, wo sie von Anfang an ihr Talent entfalten konnten, statt warten zu müssen, bis sie »erfahren« genug sind. Heute entscheidet Potenzial, nicht Erfahrung. Warum haben Fußballvereine Jugendmannschaften? Wieso fördern Klassiklabels Jugendorchester? Warum liegen Castingagenten vor Schauspielschulen auf der Lauer? Weil alle auf der Suche nach Talenten und nicht nach »Belegschaft« sind.

Glücklicherweise gibt es einige Unternehmen, die diese Kultur bereits leben. Die amerikanische Fluggesellschaft Southwest Airlines ist so ein Beispiel. Sie wird regelmäßig mit dem »Customer Service Award« ausgezeichnet. Ihre Devise im Umgang mit Mitarbeitern heißt: »Wir stellen Lebenseinstellungen ein.« Auch Google ist hier wieder beispielhaft: Das Unternehmen wächst und wächst und wächst. Jede Woche kommen derzeit 50 neue Mitarbeiter hinzu. Doch trotzdem macht Google null Einschränkungen bei der Qualität der Kandidaten. Es sind die Besten der Besten. Punkt. Sie haben einen Intelligenzquotienten jenseits der 130 und Interviews und Tests bis zum Umfallen überstanden. Und trotz dieses Bewerbungsmarathons gilt Google als der attraktivste Arbeitgeber der USA. Warum? Klar spielen die relaxte Arbeitsatmosphäre, die kostenfreie Kantine und die überdurchschnittlichen Gehälter eine Rolle. Doch das ist es nicht allein! Google ist deshalb ein attraktives Unternehmen, weil es seine Mitarbeiter nicht nur gut bezahlt, sondern weil sie dort fantastische Dinge verwirklichen können. Und weil sie Kollegen haben, die als die Besten der Besten gelten. Talent zieht wiederum Talent an. Und Mittelmaß … tut das auch.

In der Theorie ist vielen Unternehmen klar, wohin die Reise gehen muss. Die Praxis hinkt dann leider oft hinterher.

Weil man Querköpfe und junge Stürmer und Dränger auch aushalten muss und das anstrengend ist, holen sich viele Unternehmen im Zweifel dann doch lieber angepasste Jasager ins Boot. Eigeninitiative und Entschlossenheit sind dort ungefähr so beliebt wie Rauchen, und Risikobereitschaft wird jedem operativ entfernt, der ins mittlere Management aufsteigt – immerhin auf Kosten des Unternehmens.

Langweilige Mitarbeiter bedeuten langweilige Firmen bedeuten langweilige Marken.

Um Missverständnissen vorzubeugen: Es geht nicht darum, Mitarbeitern selbstlos etwas Gutes zu tun. Auch nicht darum, aus altruistischen Motiven die Jugend zu fördern, weil sie sonst verlottern würde. Unternehmen sind keine Sozialstationen. Es geht vielmehr um den Markt. Entscheidend ist letztlich, ob jemand vor seinen Kunden bestehen kann. Ob der Markt honoriert, was ein Unternehmen tut. Und da gilt: *Langweilige Mitarbeiter* bedeuten *langweilige Firmen* bedeuten *langweilige Marken*. Starke Marken dagegen sind für Mitarbeiter wie Kunden gleichermaßen attraktiv. Es sind zwei Seiten derselben Medaille.

Die *Wirtschaftswoche* hat 2006 eine Umfrage gemacht, welche Unternehmen/Marken Führungskräfte am faszinierendsten finden. Ergebnis: Porsche, Google, BMW, Ferrari, Microsoft. In dieser Reihenfolge. Wollen wir wetten, dass sich bei jeder dieser Firmen mehr Top-Leute bewerben als bei Hyundai, Lenovo und Nissan zusammen? Immer noch verstehen zu viele unter einer Marke das äußere Erscheinungsbild eines Unternehmens und seiner Produkte. Wir müssen aber kapieren, dass die Marke den Kern, das Herz, die Seele des Unternehmens betrifft. Wer das als Manager verstanden hat und zu leben bereit ist, der wird es auch bei jedem Vortrag, bei jedem öffentlichen Auftritt ausstrahlen. Und wenn er dann fragt: »Wer von Ihnen hätte denn Interesse, sich für unser Trainee-Programm zu bewerben?« – dann bricht ein Sturm los!

KAPITEL 6

BALLAST ABWERFEN: VOM TANKER ZUR SCHNELLBOOTFLOTTE

Früher war alles besser, sagen manche. Früher war ein Sommer noch ein Sommer, ein Winter noch ein Winter, die Schweineköpfe waren dicker und überhaupt. Natürlich bestreiten wir das. Doch wir leugnen nicht, dass früher vieles einfacher war. Da mussten Unternehmen nämlich nur eine geniale Idee für ein saumäßig gutes Produkt haben, dann konnten sie die Sektkorken knallen lassen und hatten die nächsten zehn Jahre Ruhe. Man musste sich mit einem Kraftakt eine richtig starke Marktposition erobern, dann konnte man sich auf absehbare Zeit darauf beschränken, in den Büros die Gummibäume zu gießen und die Konten zu verwalten.

So brachte Volkswagen einst den Käfer auf den Markt und beschränkte sich dann mehr als 30 Jahre lang darauf, das drollige Auto mit diesem typischen Motorknattern vom Band laufen zu lassen. Und ab und zu minimal zu verändern. Da wurde dann mal die Heckscheibe etwas größer, mal wurden die Scheibenwischer etwas länger. Das war's. »Er läuft und läuft und läuft« – dieser legendäre Werbespruch galt auch als Devise für das Management. Das waren noch Zeiten!

Die Hochnäsigkeit der Verkäufer gab es gratis dazu.

Oder Mercedes. Ende der Siebziger, Anfang der Achtziger war die Marktposition der Schwaben als Hersteller von Autos mit der besten Qualität und dem größten Prestige so stark, dass man die Karossen mit dem Stern im Stil eines realsozialistischen Intershops gnädig an die Kundschaft verteilte. Die Wartezeit auf einige Modelle betrug zwei Jahre – und das, obwohl die Autos auch für damalige Maßstäbe saftige Preise hatten. Die Hochnäsigkeit der Verkäufer gab es gratis dazu. Dabei konnte man sich im Prinzip auf drei Baureihen beschränken: Mittelklasse, S-Klasse und SL. Ein ursprünglich nur für die Bundeswehr entwickelter Geländewagen, der den Olivgrünen dann zu teuer war, wurde widerwillig ins Programm aufgenommen. Als dann 1982 der kompakte, modern gestylte 190er auf den Markt kam, war er eine Sensation.

... wie der Sand zerrinnt zwischen den Fingern

Früher war alles besser. Sagen manche. Doch die Zeiten haben sich geändert. Tempi passati. Radikal. Endgültig. Going, going, gone. Leider scheinen manche Manager immer noch in der alten Zeit zu leben. Sie unterliegen dem Irrglauben, sie müssten nur einmal eine gigantisch tolle Idee haben und hätten dann einen lebenslangen Wettbewerbsvorteil.

Wem die Globalisierung nicht gefällt, der soll sie anrufen und sich beschweren.

Doch wie wir in diesem Buch bereits gesehen haben, ist der nachhaltige, nicht kopierbare Wettbewerbsvorteil Schnee vor gestern. Wir leben im Zeitalter der Globalisierung. Wem die nicht gefällt, der soll sie anrufen und sich beschweren, hat Lothar Späth mal gesagt. Im heutigen Hyperwettbewerb gibt es keine nachhaltigen Wettbewerbsvorteile mehr. Richard d'Aveni, Professor am Dartmouth College, schreibt dazu: »Das Rittertum ist tot. Der neue Verhaltenskodex beinhaltet eine aktive Strategie zur Erschütterung des Status quo, die darauf abzielt, Zug um Zug temporäre Wettbewerbsvorteile auszubauen. Heute sind Gerissenheit, Schnelligkeit und Überraschungstaktiken gefragt.«

Wer wird also im Hyperwettbewerb bestehen? Nicht der träge Supertanker, sondern eine Flotte aus agilen, wendigen und von ihren Insassen individuell gesteuerten Schnellbooten. Das auf Bezugsschein ausgehändigte Einheitsprodukt ist out. Kunden sitzen heute überall auf der Welt und definieren ihre Ansprüche immer individueller, so dass Anbieter so schnell wie möglich jede sich neu ergebende Nische besetzen müssen.

Mercedes hat das begriffen. Selbst Kenner müssen einen Moment überlegen, wie viele Baureihen es inzwischen gibt: A, B, C, E, G, R, S, CL, CLK, CLS, SL, SLK, ML, GL – haben wir noch eine vergessen? Dabei werden auch die Modellzyklen immer kürzer. Statt nach knapp zehn Jahren, wie in der Achtzigern, ist mittlerweile nach gut sechs Jahren ein komplett neues Auto fällig.

Zipp-zapp. Wirtschaft funktioniert im MTV-Style.

Zipp-zapp. Wir haben heute einen Wettbewerb der schnellen Schnitte. Wirtschaft funktioniert im MTV-Style. Und die guten alten Zeiten sind unwiederbringlich dahin. Gemütlicher wird es nicht mehr, darauf können Sie sich verlassen. Warum ist das so? Was hat sich verändert? – Vernetzung. Es hat eine nie da gewesene Vernetzung zwischen den Menschen stattgefunden. Wir leben in einer Welt, in der es keine Geheimnisse mehr gibt. Zumindest keine Unternehmensgeheimnisse. Wenn irgendwo neues Wissen entsteht, verbreitet es sich sofort wie Blütenpollen im Frühjahr. Und entweder lassen Sie sich davon befruchten oder Sie bekommen Heuschnupfen. Sie haben die Wahl.

Wissen ist gleichzeitig fragil geworden und genügt nicht als Fundament für Unternehmenserfolg. Wenn die koreanischen Autobauer früher mies aussehende Kisten produzierten, deren Anblick Migräne auslöste, so greifen ebendiese Unternehmen heute richtig ins Geld, werben den Chefdesigner von BMW ab und attackieren die etablierte Konkurrenz. Die globalen Kapitalströme machen es möglich. Da kann es dann sogar passieren, dass ein innovatives Vorzeigeunternehmen wie SAP um ein Haar den Anschluss an die Internettechnologie verpasst. Oder eine Top-Firma wie Motorola innerhalb nur eines Jahrzehnts zweimal kurz davor ist zu kentern. Wer auf seinem Ozeanriesen stur den Kurs hält, gerät immer schneller in Seenot. Denken Sie nur an Kapitän Smith und seinen unsinkbaren Luxusliner namens Titanic …

Legt die Rucksäcke ab!

Was also ist zu tun? Vor allen Dingen eines: Ballast abwerfen! Denn er kann einem Unternehmen auf den unterschiedlichsten Decks die Zugänge zu den Rettungsschnellbooten versperren. Also: Weg mit der Bürokratie! Schluss mit dem Größenwahn! Und zurück auf dem Festland: die deutsche Gründlichkeit überdenken. Wo ist sie zum Selbstzweck geworden? Des Weiteren: Die Berliner Mauer um das Unternehmen einreißen. Und konformistische Strukturen à la Honecker gleich mit entsorgen. Wer das schafft, der entwickelt vor allem eine neue Geisteshaltung, nämlich das Vertrauen in die eigene Kraft und die am eigenen Leib erfahrene Erkenntnis, dass nichts ewig währt, und scheint es noch so unbezwingbar zu sein. Und die richtige Geisteshaltung ist heute das Allerwichtigste, um zu bestehen. Wichtiger als vermeintliche Größe und Marktmacht.

Aktenberge in der Höhe der Pyramiden von Gizeh.

Also noch mal: Wo ist der Ballast? An vier Stellen. Punkt eins: Bürokratie. Neulich waren wir in Wien zu Gast bei einer großen Bank. Kein Gespräch in Wien ohne die obligatorische

Melange und das Glas Wasser. So auch hier: Unser Gesprächspartner drückt auf den abgewetzten Knopf der Gegensprechanlage und ruft seine Sekretärin, um die Bestellung aufzugeben. Dann entschuldigt er sich, dass es etwas länger dauern werde, da man hierfür eine Cateringgesellschaft engagiert habe. Eine Minute später geht die Tür auf und die Sekretärin kommt herein. Aber nein, sie hat nicht die Getränke dabei, sondern ein Formblatt, das unser Gesprächspartner abzeichnet, damit die Bestellung ordnungsgemäß weitergeleitet werden kann. Zehn Minuten später steht das zweiköpfige Cateringkommando mit Melange und Wasser vor uns. Natürlich wieder mit Formular, das gegenzuzeichnen und mit detaillierten Angaben zum Gesprächsanlass zu ergänzen ist. Alles im Dienste der guten Ordnung und um sicherzustellen, dass dieser Kaffee rein dienstlich und nicht etwa privat getrunken wird. Preisfrage: Was stand in diesem Unternehmen der Innovation im Weg?

Na klar, sagt da jeder Manager, natürlich bin ich gegen Bürokratie. Ich kämpfe seit Jahren dagegen. Bürokratie gibt es in meinem Unternehmen schon lange nicht mehr! Wenn man bei Bürokratie an Lochen und Abheften, an Aktenberge in der Höhe der Pyramiden von Gizeh und an ellenlange Entscheidungswege denkt, mag das stimmen. Doch auch wenn heute alle elektronisch vernetzt, in Teams organisiert und auf kurzem Wege ansprechbar sind – hat die neue *Form* der Kommunikation die bürokratische *Struktur* wirklich aufgebrochen?

Da wäre beispielsweise die Manie, bei jeder E-Mail an den Projektleiter 36 Leute im Unternehmen auf »CC« zu setzen. Das CC-Syndrom ist dann eher schon ein CYA-Syndrom – kurz für »Cover your ass«. Damit wird vor allem eines erreicht: Die E-Mail-Posteingänge von Mitarbeitern sind ständig mit Nachrichten verstopft, die sie allenfalls peripher betreffen. So wird eine Informationsflut erzeugt, welche die Aktenordner der Vergangenheit wie niedliche Reclam-Heftchen aussehen lässt. Aber wehe, man löscht mal irgendwas unbesehen aus dem elektronischen Posteingang. Dann könnte es ja irgendwann heißen »Sie waren doch auf CC, warum wissen Sie das nicht?« Von dem Aberglauben vieler Unternehmen, dass erst eine ausgedruckte E-Mail ein valides Dokument ist, wollen wir hier gar nicht reden.

Überflüssige Meetings sind auch Bürokratie!

Oder was ist mit den ewigen Meetings der Arbeitskreise, Projektteams, Ausschüsse oder Komitees? In manchen Unternehmen, so unser Eindruck, wird pro Kopf mehr Zeit mit dem Abhocken von Meetings verbracht, als diese Menschen in Summe für ihren Universitätsabschluss aufgewendet haben. Allein das Quantum an Kaffee und Keksen, das dabei konsumiert wird, müsste den Hausärzten die Tränen in die Augen treiben. Wenn es bei einem Meeting vor allem darum geht, dass Verantwortung auf ein Kollektiv übertragen werden soll, weil niemand sie persönlich übernehmen will, gehört es gestrichen. Punkt. Wollen wir wetten, dass in den meisten Unternehmen die Hälfte aller Meetings ersatzlos aus den Terminkalendern gestrichen werden könnte, ohne dass irgendjemand irgendetwas verpassen würde?

Als einer von uns einmal für einen deutschen Pharmakonzern einen Vortrag in Amsterdam gehalten hat, ist ihm etwas Bemerkenswertes passiert. Eingeladen waren die internationalen Führungskräfte des Unternehmens. Derjenige von uns, der den Vortrag halten sollte, hatte sich eine nette Geschichte überlegt – dummerweise funktionierte sie aber nicht. Die Geschichte sollte die Notwendigkeit des Experimentierens verdeutlichen und zeigen, dass dies eigentlich dem urdeutschen Geist des Perfektionismus widerspricht.

Also, er redete schon eine ganze Weile und fragte dann: »Was ist typisch deutsch?« Er hoffte etwas in die Richtung von »Deutscher Ingenieurskunst« oder gar »Perfektionismus« zu hören, zumindest aber etwas unverfänglich Klischeehaftes wie »Bratwurst«, »Oktoberfest« oder »Kuckucksuhr«. Dummerweise brüllte aber der ganze Saal auf die Frage »Was ist typisch deutsch?« wie auf Kommando: »Bürokratie!«

Kill a stupid rule!

Also: An Einsicht mangelt es nicht unbedingt. Über Bürokratie zu klagen ist ja auch ein altes Vorrecht von Spitzenmanagern, so in dem Ton, wie sie auch sagen würden: »Es ist ja heutzutage so schwer, gute Hausangestellte zu finden.« Allein, wann folgen Taten? Und welche?

Bei der amerikanischen Commerce Bank gibt es eine Initiative namens »Kill a stupid rule«. Jeder, der eine überflüssige Regel findet, bekommt dafür als Belohnung 50 Dollar.

Das ist viel einfacher und effektiver als das Komitee zum Abbau von Bürokratie, das monatelang tagt und letzten Endes noch mehr Bürokratie verursacht, als es abbaut. Die einfachen Dinge sind es, die uns hier tatsächlich weiterbringen: Zeig uns die drei Zeilen im Formular, die man weglassen kann, und du hast 50 Dollar mehr für deinen Einkauf heute Abend.

Ein Blick zu Hewlett Packard. Als der neue Vorstandsvorsitzende Mark Hurd im Jahr 2005 sein Amt von Carly Fiorina übernahm, war er völlig baff, dass rund ein Dutzend Führungsebenen zwischen ihm und seinen Kunden standen! Stolze 10 000 von insgesamt 17 000 Mitarbeitern im Vertrieb hatten Jobs in der Verwaltung – ohne jeglichen Kontakt zum Kunden und ohne irgendetwas zu verkaufen.

Mark Hurd schüttelte sich und packte an: Er strich die Hierarchieebenen zusammen und organisierte den Vertrieb völlig neu. Er hatte begriffen, dass sich heute niemand mehr überflüssige Hierarchieebenen und die damit zwangsläufig einhergehende Bürokratie erlauben kann. Das ist so, als ob ein Leistungsschwimmer im Ballettröckchen antreten wollte. Je größer das Unternehmen, desto mehr Gedanken muss es sich naturgemäß über Bürokratieabbau machen.

Groß. Größer. Größenwahn.

Das bringt uns zu Punkt zwei: Größenwahn. Wer seine Probleme durch permanente Zukäufe lösen will, aus denen dicke und aufgeblähte Apparate entstehen, wird im entfesselten Wettbewerb verlieren. Zwei Dinosaurier planen ihre Hochzeit in der Hoffnung, zu einem ganz, ganz großen Dinosaurier zu werden, der dann möglicherweise die nächste Eiszeit überleben könnte. Absolut keine Chance!

Ex-BDI-Chef Hans Olaf Henkel hat mal gesagt: »Mit Größe verbinden sich oft Arroganz und Selbstzufriedenheit. Vertreter der Großen werden dermaßen von der Presse oder ihren Nachbarn hofiert, dass sie sich irgendwann für unfehlbar halten. Was natürlich Quatsch ist. Und wenn dann zur Selbstzufriedenheit auch noch das Mittelmaß kommt, ist der Abstieg eigentlich schon programmiert.«

Henkel hat Recht. Das Muster ist immer dasselbe. Wird eine Fusion angekündigt, macht der Aktienkurs Luftsprünge, weil man ja so viel effizienter werden wird. Doch leider stellt es sich als ziemlich schwieriges Unterfangen heraus, sich zu paaren und gleichzeitig zu rennen. Stellen Sie es sich einfach mal bildlich vor. Tatsächlich sieht die nüchterne Realität anders aus: Nichts spricht dafür, dass ein Unternehmen allein schon durch seine Größe rentabler wird. Nach der Fusion herrscht dann großflächige Ernüchterung. Mangelnde Flexibilität, interne Rangeleien und hohe Integrationskosten machen fast jeden vorher errechneten Vorteil zunichte. Wenn wenigstens die Unternehmenskulturen kompatibel wären! Aber das sind sie fast nie. Und während die Dinosaurier noch mit ihrer Fusion beschäftigt sind, haben sich die Senkrechtstarter auf den Weg gemacht, neue Sonnensysteme zu erobern.

Ein schwieriges Unterfangen: sich zu paaren und gleichzeitig zu rennen.

Deshalb gilt es umzudenken. Das Dominanzstreben durch Fusionen lässt sich durch temporäre Allianzen nach innen und außen ersetzen. Je flexibler das Netzwerk, desto größer die Fitness. Gleichzeitig sollten Identität und Kernwerte gestärkt werden, statt sie in einem Kompromiss mit dem Fusionspartner zu verwässern. Das US-Unternehmen Gore macht es vor: Hier ist keine Einheit mehr größer als 200 Mitarbeiter. So kann man schnell und flexibel auf Marktveränderungen reagieren. Und dass es keinen Heiratszwang gibt, zeigen auch die Fluglinien Air Berlin und Niki. Sie kooperieren umfassend, betreiben eine gemeinsame Buchungs-Website, bleiben aber selbstständige Unternehmen.

Gründlich daneben ist auch daneben ...

Punkt eins: Bürokratie. Punkt zwei: Größenwahn. Punkt drei: die deutsche Gründlichkeit. Das, worauf wir bei dem Vortrag in Amsterdam hinauswollten. Damit wir uns hier nicht missverstehen: Auch wir wollen nach der Einnahme einer Kopfschmerztablette nicht unsere Berufsunfähigkeitsversicherung in Anspruch nehmen müssen oder nach dem Einstieg in den neuen Airbus gleich ins nächste Feld stürzen. Mit anderen Worten: In der Pharmabranche oder der Flugzeugindustrie ist extreme Gründlichkeit sicherlich angebracht. Die Frage ist bloß: In wie vielen Wirtschaftszweigen ist Sicherheit ein so großer Faktor, dass von technischer Perfektion Menschenleben abhängen?

Wir haben schlichtweg nicht mehr die Zeit, jede Neuerung tausendfach zu Tode zu testen, in Paneldiskussionen und Fokusgruppen endlos zu durchleuchten und im anschließenden Markttest jedes mögliche Restrisiko herauszubügeln. Es gilt nicht mehr die alte Abfolge von der Konzepterstellung über den Test, den nochmaligen Test und dann, ja erst dann, die vorsichtige Markteinführung. Heute heißt es: Versuch und Anpassung, Versuch und Anpassung. Und noch mal: Versuch und Anpassung. Microsoft oder Google schicken ihre Neuerungen einfach als Beta-Versionen auf den Markt und korrigieren, durch Rückmeldungen der Kunden, die Fehler beim Laufen. Solange man fair bleibt und eine Beta-Version auch als solche kenntlich macht, lässt sich dagegen nichts einwenden. Dahinter steht eine simple Wahrheit: Unternehmen können nur dann überleben, wenn ihre Anpassungsgeschwindigkeit mindestens so groß ist wie die Änderungsgeschwindigkeit ihres Umfeldes, in dem sie agieren und existieren.

Du darfst Cäsar zu mir sagen, Untertan!

Eins, zwei drei. Punkt vier: Absolutismus und Mauerbau. Manager, die vor allem deutlich machen: »Das alles ist mein. Über dieses Imperium herrsche ich. Du darfst Cäsar zu mir sagen, Untertan!«, diese Manager werden in Zukunft auf dem absteigenden Ast sitzen. Und wer die Kompetenz nur im eigenen Haus sucht, wird in einer vernetzten Wissensgesellschaft immer weniger fündig werden. Wie es anders funktionieren kann, zeigt das Beispiel Procter & Gamble.

CEO Lafley will erreichen, dass innerhalb der nächsten Jahre 50 Prozent (!) der Innovationen von außerhalb des Unternehmens kommen. Lafleys Initiative steht unter dem Motto »Entwicklung heißt sich vernetzen«. Seinen Mitarbeitern in der Produktentwicklung signalisiert Lafley: Ihr braucht nicht mehr das Reagenzglas zu schütteln, wenn es andere längst tun. Schaut lieber, wie ihr euch mit denen vernetzen könnt. Um diese Vernetzung zu fördern, hat Procter & Gamble Strukturen wie die »Global Networks« geschaffen. Ziel ist es, Externe wie Lieferanten, Universitäten, Forschungsinstitute oder Innovationsplattformen wie NineSigma oder Innocentive aktiv anzuzapfen.

Das Beispiel Procter & Gamble illustriert einen Umbruch, der in den letzten Jahrzehnten das Innovationsmanagement vieler Industriezweige erfasst hat: Das klassische Pipeline-Modell hat ausgedient. Neuerungen entstehen mittels Arbeitsteilung über Unternehmergrenzen hinweg. Wie in der industriellen Herstellung gibt es Lieferanten, Abnehmer und

Händler für Ideen. Lafley bricht so radikal mit einer Tradition, die auch hierzulande zahlreiche Anhänger hat: Misstraue jeder neuen, von außerhalb kommenden Idee, weil sie neu ist und zudem nicht von uns erfunden wurde. Das bedeutet: Mauerbau! Wir aber sagen: Das Wesen der Innovation ist heute grundlegend anders als in der Vergangenheit. Innovation ist fachübergreifend. Innovation ist global. Und Innovation basiert auf Netzwerken. Weg mit den Mauern um das Unternehmen! Was es bringt, sich abzuschotten, hat man bei Honecker & Co. gesehen.

KAPITEL 7

PERSPEKTIVENWECHSEL: VON »DIE WARE IST GUT« ZU »DAS GEFÜHL IST SUPER«

Vor einiger Zeit waren wir geschäftlich in London. Abends liefen wir noch durch die Straßen dieser faszinierenden Stadt. Irgendwann an einer U-Bahn-Station: Wir drehen uns um und stehen plötzlich vor einem riesigen, grell erleuchteten Werbeplakat. BMW Z4 Coupé. Wow. Der silbergraue Sportwagen rast genau auf uns zu. Geniales Design. Irre Perspektive. Und darüber in großen weißen Buchstaben auf blauem Grund nur zwei Wörter: »Radically thrilling.«

Das, dachten wir beide im selben Moment, das ist es, genau das drückt aus, was Produkte heute sein müssen: kompromisslos aufregend. Keine Rede mehr von Beschleunigungswerten. Auch nicht von der Anzahl der Airbags oder der Garantie gegen Durchrostung. Von einem BMW erwartet ohnehin jeder, dass diese Dinge tipptopp sind, dass er technisch auf der Höhe der Zeit ist. Hier geht es um etwas ganz anderes: um starke Gefühle, um das Versprechen eines einzigartigen Erlebnisses. Hier verwandelt sich der optische Reiz unmittelbar in pures Adrenalin.

Hier verwandelt sich der optische Reiz unmittelbar in pures Adrenalin.

Radically thrilling! Moment mal, ist das nicht mal wieder so eine verbale Ecstasypille, die von überbezahlten Werbefuzzis mit Gelfrisur und violett getönten Brillengläsern erfunden wurde? Ganz und gar nicht! Bei BMW weiß man in Sachen

Markenführung ganz genau, was man tut. Die Strategie der Münchner lässt sich sogar in ganz altmodischen Begriffen beschreiben: klare Werte, Substanz und Verzicht. BMW hat sich erfolgreich als eine Premiummarke im Markt positioniert, die für drei Kernwerte steht: Dynamik, Herausforderung und Kultur. Diese Werte sind absolut bestimmend für das, was BMW in seiner Fahrzeugentwicklung macht.

Thrilling nach Plan – wie man eine starke Marke schafft

Bei jedem Entwicklungsschritt – und nicht erst bei der Vermarktung! – lauten die Leitfragen dieses Autobauers: Ist das Produkt wirklich dynamisch? Kann es herausfordern, etwa weil es starke Emotionen birgt? Und passt es auch zu einem anspruchsvollen, kultivierten Lifestyle? Worin besteht der ästhetische Reiz, der das neue Produkt als BMW-typisch definiert? Entscheidend ist: Das einzigartige Erlebnis BMW basiert weder auf Zufall noch auf suggestiver Werbung, sondern wird in jedem Prozessschritt der Produktentwicklung minutiös geplant. Jeder Ingenieur, jeder technische Zeichner, ja selbst jeder Sachbearbeiter weiß, dass er seinen Teil zu dieser Substanz beitragen muss. Und zwar nicht einmal im Jahr auf einem Workshop, sondern täglich. Was auf diese Weise und mit derart vereinten Kräften entsteht, hat Hand und Fuß. Das ist kein Hirngespinst, sondern Fakt. Und es wird von den Kunden honoriert. Dabei ist klar, dass die Marke nicht endlos wachsen kann. Sie ist wie eine Persönlichkeit mit klaren Grenzen und nicht endlos skalierbar. Und sie sucht sich gewissermaßen ihre Kunden. Das heißt, sie zieht die Menschen an, die zu ihr passen.

Das genaue Gegenteil haben wir einmal bei einer Bank erlebt. Nun eilt Banken ja nicht gerade der Ruf voraus, das Charisma der Rolling Stones zu besitzen. Was eigentlich völlig unverständlich ist, denn Bankgeschäfte beruhen doch auf Emotionen pur! An erster Stelle steht natürlich Vertrauen – Sie wissen ja, Vertrauen ist der Anfang von allem …

Wie auch immer. Wir nahmen also vor einiger Zeit an der Strategietagung dieses Finanzinstitutes teil. Nachdem die Begrüßungsformalitäten erledigt waren, stellte uns der Bankvorstand seinen Kollegen vor. Mann, war das ein aufregender Typ! Eine Frisur, bei der kein Haar aus der Reihe tanzte – vermutlich konnte er jedes einzelne durch seinen Willen kontrollieren. Dreiteiliger Anzug, mausgrau. Auch seine Kollegen hielten sich perfekt an die herrschende Doktrin der Anzugfarben: mausgrau, steingrau, fahlgrau und aschgrau. Die Anzüge wurden ziemlich wahrscheinlich vom Zentraleinkauf für alle Führungskräfte per Sammelbestellung beschafft – anders konnten wir uns diese unglaubliche Homogenität der Kleiderordnung nicht erklären.

Vermutlich konnte er jedes einzelne Haar durch seinen Willen kontrollieren.

Dieser Vorstand stellte uns in einem Kurzreferat seinen Kollegen vor. Dafür benutzte er eine Vorlage, die offenbar seine Assistentin erstellt hatte und in der unter anderem die folgenden Sätze vorkamen: »Sie kämpfen mit – *Leidenschaft* für den sprichwörtlichen Blick über den Tellerrand und die Befreiung aus dem Kopf-an-Kopf-Wettbewerb. Ihr jüngstes Buch heißt *Different Thinking*. So erschließen sie Marktchancen mit – *coolen* Produktideen.« Ein kleiner Schauder ging durch seinen Körper, bevor er die Wörter »Leidenschaft« und »cool« in den Mund nahm, und er sprach sie so gedehnt aus, als hielte er sie mit einer Isolierzange in der Luft.

Damit gab er uns natürlich genau die richtige Steilvorlage. Mit kindlicher Freude wiederholten wir: »Ja, L-e-i-d-e-n-s-c-h-a-f-t! Ja, c-o-o-l! Phantastisch, aufregend, gewagt. Wie häufig verwenden Sie solche Begriffe im Geschäftsalltag?«

Wir wurden angestarrt, als hätten wir gefragt, warum die Banker ihre Kunden nicht nackt und im Handstand in ihren Filialen empfangen würden. Dann machten wir klar, worum es uns geht. Je mehr die immateriellen Aspekte ihres Wertschöpfungsversprechens an Bedeutung gewinnen (und was außer der Schalterhalle und den Mitarbeitern, die dort arbeiten, ist bei einer Bank materiell?), desto relevanter, nützlicher und bedeutender wird es, Wörter zu verwenden, die Emotionen in sich tragen und einen Wert jenseits der bloßen Dienstleistung transportieren.

Das kann man auch weniger abstrakt ausdrücken: Früher, als Klementine, die resolute Frau in weißer Latzhose, immer zufällig an der Waschmaschine stand und der Mutter der kleinen Dreckschweinchen gute Ratschläge erteilte, ja da ging es darum, mit einem Produkt ein bestimmtes, genau abgrenzbares Kundenbedürfnis zu befriedigen. In einer konformistischen Gesellschaft wiederholten sich diese Bedürfnisse Millionen Mal auf exakt dieselbe Art und Weise. Die Antwort darauf war das industriell hergestellte Massenprodukt. Ariel Color, Ariel Sanft&Rein, Ariel Compact, Ariel Color & Style, Ariel Pure Frische? Fehlanzeige! Bei dieser Übervielfalt, der wir uns heute gegenübersehen, wäre die gute alte Klementine vermutlich völlig durcheinandergekommen.

Das war gestern. Heute will der Kunde neben einem phantastischen und passgenauen Produkt in erster Linie ein Gesamterlebnis. Und damit meinen wir nicht nur Erlebnisse wie wir sie in den Disney Parks oder im Kino haben. Stattdessen müssen wir in allen Unternehmen darüber nachdenken, wie wir für Kunden emotionale Berührungen schaffen. Bei Procter&Gamble. Bei Siemens. Bei IBM. Bei Lufthansa. Oder eben auch bei einer Bank. Und das gilt für jedes Unternehmen, für jede Abteilung und für jedes Projekt.

Ein Becher Kaffee als Happening

Erlebnisse sprechen mehrere Sinne an, und sie wirken nach, weil man sich an sie erinnern kann, verknüpft mit einem positiven Gefühl. Es geht um ein Happening, um etwas, das die eigene Biografie erweitert, das Emotionen weckt, Gesprächsstoff unter Freunden und Kollegen bietet.

So beginnt das Erlebnis Starbucks schon mit der Vorfreude. Der Kunde fährt in die Stadt – einem guten Kaffee entgegen. Nicht irgendwo in einem steifen Plüschsalon, sondern dort, wo ihn eine moderne, relaxte Atmosphäre erwartet. Bei der Auswahl der Produkte wird er von den Angestellten dann schon wie ein Freund empfangen. Der Umgang ist locker. Mit seinem Kaffee kann der Gast dann in obergemütlichen Ohrensesseln oder in kuscheligen Sofaecken entspannen.

Und natürlich gibt es bei Starbucks auch Wireless LAN. Denn in Zeiten, in denen Arbeit den Rang eines Statussymbols besitzt, kann es sich niemand leisten, einfach nur so im Café herumzusitzen, von den Preisen mal ganz abgesehen. Starbucks verschafft seinen Gästen daher die Möglichkeit, drahtlos ins Internet zu gehen und sitzend Geschäftigkeit zu demonstrieren. Das Beste daran ist, das man dann sogar den *Latte Macchiato* oder den *Half Double Decaffeinated Half Caff with a Twist of Lemon* online beim Barrista bestellen kann. Das beugt unliebsamen Betonungs- und Intonationsfehlern sowie sonstigen peinlichen Zwischenfällen bei der Bestellung vor.

Das Erlebnis Starbucks beginnt schon mit der Vorfreude.

Inzwischen gibt es überall auf der Welt Starbucks-Fans. Nie würden sie ihren Freunden erzählen, sie hätten in der Stadt einen Kaffee getrunken. Nein, sie waren bei Starbucks. »Wir haben einen ›dritten Ort‹ geschaffen«, erzählte Managerin Nancy Orsolini in einem Fernsehinterview. »Und das, glaube ich, unterscheidet uns. Dieser ›dritte Ort‹ ist ein Ort, der abseits von Arbeit und Zuhause liegt. Es ist ein Ort, an dem unsere Kunden Zuflucht finden.« Man könnte es auch so übersetzen: Starbucks verkauft keinen Kaffee, sondern neue Ich-Welten.

In unseren Augen erklärt genau das, warum ausgerechnet die Amerikaner, die in der Geschichte bisher – sagen wir es freundlich – nicht unbedingt mit einer ausgeprägten Kaffeekultur aufgefallen waren, nun die ganze Welt mit solchen Kaffeebars überziehen. Obwohl die Italiener oder die Österreicher dazu viel prädestinierter gewesen wären. Allerdings nur vom Produkt her gedacht. Den Amerikanern ist es gelungen, aus einer unschuldigen Tasse Kaffee ein Lebensgefühl zu machen. Und noch etwas fällt auf: Selbstverständlich ist sie bei Starbucks von herausragender Qualität. Denn sonst würde die ganze Erlebniswelt nicht lange funktionieren. So aber ist das Produkt premium, die Preise ebenfalls – und entsprechend üppig sind auch die Gewinnmargen.

Die Seifenschalen, Klobürsten und Saftgläser sind keine profanen Objekte, sondern designte Träume.

Alberto Alessi, auf dessen Nachnamen ein jedem Designfan geläufiges Unternehmen hört, hat einmal gesagt: »Menschen haben ein enormes Bedürfnis nach Kunst und Poesie, das die Industrie noch nicht verstanden hat.« Alessis Credo: Die Seifenschalen, Klobürsten und Saftgläser sind keine profanen Objekte, sondern designte Träume. Nun, neben Alessi haben das auch noch einige andere Unternehmen verstanden. Nokia, Nike oder Virgin sind allesamt Meister der Vermarktung von Produkten mit einer starken Erlebniskomponente. Oder nehmen wir Apple. Die Computermarke mit dem angebissenen Apfel hat es geschafft, dass ihre Fans trotz schneller Produktzyklen jedes Produkt sofort als typisch erkennen. Dabei spielt Design eine entscheidende Rolle. Apple-Boss Steve Jobs sagte einmal auf die Frage eines Journalisten, was denn eigentlich das Besondere am Apple-Betriebssystem Mac OS sein soll: »Wir haben die Buttons auf dem Bildschirm so genial gestaltet, dass Sie sie am liebsten ablecken würden.«

Waswirwollenwaswirsind

Doch wie viele Manager, deren Unternehmen keine Global Player sind, nehmen sich ein Beispiel an diesen Erfolgsstorys? Unserer Überzeugung nach sind es viel zu wenige. Dabei müssen wir noch mal betonen, dass es den meisten gar nicht am guten Willen fehlt. Neulich waren wir zu Gast bei einer Krankenversicherung. Vor unserer Präsentation zeigten uns die Manager voller Stolz die Ergebnisse der vorangegangenen Workshops. Sie schienen überwältigend: eine neue Verkaufsoffensive, eine frische Werbeaktion, ein Freundlichkeitstraining für die Mitarbeiter, neue Möbel in den Filialen samt längerer Öffnungszeiten. Dann: ein Motivationswochenende für die Mitarbeiter und ein brandneuer Ansatz für das Ideenmanagement. Keine Frage, man war nicht faul.

Aber irgendwie überkam uns ein Unwohlsein angesichts dieser Flut von Maßnahmen. Sicher, das waren alles für sich genommen sehr schöne Initiativen, die wir auch gar nicht rückgängig machen würden. Was uns fehlte, war aber die Antwort auf die wichtigste aller Fragen: Wer seid ihr und wo wollt ihr hin? Was macht euch e-i-n-z-i-g-a-r-t-i-g? Welches Erlebnis bietet ihr euren Kunden? Nicht nur in der Filiale selbst, sondern auch auf dem Weg dorthin, vom Parkplatz, von der Bushaltestelle, auf dem Rückweg? Wie könnt ihr eure Tätigkeiten neu erfinden, mit einer Kombination von Serviceangeboten und mit neuesten Technologien, die für den Kunden von morgen einen echten Nutzen stiften?

Wer seid ihr und wo wollt ihr hin?

Hoppla, da lag der Finger in der Wunde. Dabei gäbe es so viele Ansätze. Gesundheit ist ein Meta-Trend, der in den nächsten Jahren immer wichtiger werden wird. Früher ging man zum Arzt, wenn man krank war. Heute möchten Menschen einfach gesund leben. Aber wer zeigt, wie das geht, solange sich Arztpraxen immer noch viel zu sehr als Reparaturbetriebe verstehen? Könnte eine Krankenversicherung hier eine neue Rolle finden? Könnte sie eine Art »Health Consultant« sein? Falls ja, wäre zu überlegen, was das für den Kunden konkret bedeuten würde. Wo und wie kann ihm seine Krankenversicherung zu einem super Gefühl verhelfen?

Emotionen überall. Ja, überall!

Nun sehen wir vor unserem geistigen Auge schon einige Leser mit verschränkten Armen dasitzen und sagen: Für Dienstleister mag das ja alles stimmen mit dem super Gefühl. Internationale Luxus- und Lifestyle-Marken haben es leicht, ihre Produkte zu emotionalisieren. Und vielleicht noch kleine Nischenanbieter, die ihren Kunden ein ganz besonderes Produkt verkaufen. Aber ich bin im Business-to-Business-Bereich tätig! Oder: Ich bin Netzwerkanbieter. Oder: Ich verkaufe Schrauben. Da hat dieses ganze weichgespülte Gerede von Leidenschaft und Emotion keinen Sinn. Bei uns funktioniert so etwas nicht. Da zählen nur Fakten.

Wir sagen darauf: Es gibt keinen, wirklich *keinen* Industriezweig, für den das Thema Emotion & Erlebnis keine Rolle spielte. Auch im Business-to-Business-Bereich reicht es heute nicht mehr, nur ein gutes Produkt anzubieten. Auch hier werden sich Kunden in Zukunft für den Anbieter entscheiden, bei dem sie das beste Gefühl haben, sich verstanden fühlen, der zu ihrer Welt passt. Die Hirnforschung hat wissenschaftlich eindeutig nachgewiesen, dass es keine Entscheidung gibt, die nicht wesentlich von Emotionen gesteuert wäre. Unser Gehirn funktioniert auf dieselbe Art und Weise, ob wir nun in einem Prada-Shop sind oder uns gerade in Verhandlungen mit einem Zulieferer für unser Unternehmen befinden.

Es gibt längst wunderbare Beispiele dafür, wie man im Business-to-Business-Bereich über clevere Markenführung und Emotionalisierung seine Kunden zu Fans macht. Besonders gut gefällt uns hier der amerikanische Land- und Baumaschinenhersteller John Deere. Die Firma wurde 1837 gegründet und ist damit eines der ältesten Industrieunternehmen in den USA. Ein richtiger Dinosaurier also. Aber einer, der es geschafft hat, sich neu zu erfinden. Wer jetzt glaubt, John Deere hätte Designer von Porsche angeheuert, um seine Trecker zu tunen, liegt weit daneben.

Vielmehr wurde ergänzend zum eigentlichen Produkt eine Wissensplattform für die Kunden geschaffen. Wer eine Land- oder Baumaschine von John Deere erwirbt, wird damit Mitglied einer Wissenscommunity, die ihm intensiven fachlichen Austausch ermöglicht. Deere macht den Landwirten das Leben leichter und ihre Arbeit produktiver, indem das Unternehmen ihnen Zugang zu wichtigen Informationen über ein interaktives System anbietet. Und da kommt die Emotion ins Spiel. Das System stellt eine Verbindung zu Farmern mit ähnlichen Problemen her und legt so den Grundstein für die Bildung von Themengemeinschaften, in denen ein aktiver Wissensaustausch stattfinden kann. Für das System steht der einzelne Farmer, dessen Produktivität und seine einzigartigen Erfahrungen im Mittelpunkt. Es gibt hunderte andere Anbieter von Landwirtschaftsgeräten – aber wo fühlt man sich unter seinesgleichen, verstanden und in jeder denkbaren Weise unterstützt?

Ein Freund, ein guter Freund ...

Ebenfalls sehr konsequent setzt der amerikanische Logistikmulti UPS auf Emotionen im Business-to-Business-Bereich. Pakete zuverlässig und schnell an jeden Ort der Welt zu transportieren wird heute von niemandem mehr als große Kunst angesehen. Obwohl es natürlich eine ist! Aber die reibungslose Logistik findet geräuschlos im Hintergrund statt und ist nichts, was den Kunden begeistern könnte. Der neue Claim von UPS in den USA lautet deshalb: »What can BROWN do for you?« Das zeugt von einem gesunden Selbstbewusstsein. Man muss eine verdammt starke Marke sein, wenn Leute bei der Farbe Braun sofort an einen UPS-Wagen denken, so wie Gelb und Postauto zusammengehören. Doch geht es hier nicht um Selbstbeweihräucherung. Entscheidend ist vielmehr das »Für-Sie-Tun«.

UPS ist angetreten, Menschen in Unternehmen das Leben leichter zu machen. Wie ein guter Freund, an den man sich immer wieder gern wendet, wenn man Hilfe braucht. Dieses Gefühl, einen zuverlässigen Gefährten zu haben, ist es, was UPS heute *eigentlich* verkauft. Klickt man auf der Website von UPS auf »What can BROWN do for you?«, findet sich nicht bloß eine langweilige Produktübersicht, sondern ein cooles Tool namens »solution finder«. Bei dem Lösungsfinder beantworten Sie zunächst ein paar Fragen. Etwa, was Ihre Aufgabe im Unternehmen ist, in welcher Branche Sie tätig sind und wo gerade der Schuh drückt. Auf diese Weise können Sie zum Beispiel eingeben, dass Sie als Kleinunternehmer gerne in den internationalen Handel einsteigen würden, aber die Spielregeln nicht kennen. Dann werden Sie zum »Global Advisor« geleitet, einem Teil der Website, der Ihnen systematisch erklärt, was beim internationalen Warenaustausch zu beachten ist. Es geht also keineswegs direkt zu einem UPS-Produkt. Haben Sie aber einmal über die Wissensdatenbank von UPS das Handwerkszeug gelernt, dann steigt selbstverständlich Ihre Neigung, mit dem Versand Ihrer ersten Artikel nach Südamerika UPS zu beauftragen. Sie spüren eben, dass Ihr guter Freund immer für Sie da ist.

Frauen, die anderen Frauen etwas verkaufen wollen, behandeln diese nicht wie Barbiepuppen.

Uns ist aufgefallen, dass Frauen dieses neue Denken offenbar viel schneller verstanden haben als Männer. Als einer von uns vor einiger Zeit bei einem Führungskräftemeeting des Handelskonzerns Douglas war, fiel ihm auf, dass von den rund 140 anwesenden Managern gut die Hälfte Managerinnen waren. Douglas hat es verstanden! Dabei geht es uns nicht um irgendein Quoten-Vehikel oder um »Political Correctness«. Unser Thema ist Wirtschaft, nicht soziale Gerechtigkeit. Trotzdem applaudieren wir Douglas. Warum? Douglas hat im Gegensatz zu den allermeisten seiner Konkurrenten verstanden, dass wir es uns nicht länger leisten können, auf die Hälfte unserer potenziellen Talente zu verzichten.

Und noch etwas: Douglas ist ein Lifestyle-Unternehmen, und die Mehrzahl der Kunden ist weiblich. Das ist die zweite wichtige Erkenntnis: Frauen, die anderen Frauen etwas verkaufen wollen, behandeln diese nicht wie Barbiepuppen, sondern nehmen sie mit ihren Wünschen und Bedürfnissen ernst. Mehr noch: Man will nicht nur Düfte und Make-up verkaufen, sondern die Träume der Kunden erfüllen. Ein hoher Anspruch? Sicher! Aber auch einer, der sich lohnt.

Wünsche, Wandlung, neue Ich-Welten ... Das alles können Sie live erleben im neuen Wiener »House of Beauty«, das Douglas im letzten Jahr eröffnet hat. Statt sich dem Preiswettbewerb zu unterwerfen, fährt das Unternehmen eine Hochpreis-Strategie und baut seine Parfümerien zu Erlebniswelten mit exzellentem Service aus. Die Kundinnen wissen, dass sie dort gute Produkte vorfinden. Sie würden nichts anderes erwarten. Aber wesentlich geht es darum, den Kunden dabei zu helfen, das zu werden, was sie sein wollen.

KAPITEL 8

WIR KÖNNEN AUCH ANDERS: VOM PROZESSOPTIMIERER ZUM TRÄUMEVERWIRKLICHER

In Deutschland gibt es einen Betriebsratsvorsitzenden, der Porsche fährt. Einen silbernen 911 Carrera S 4. Listenpreis rund 90 000 Euro. Nehmen seine Werker ihm das übel? Nein. Wird ihm Verrat an der Sache der Arbeiterklasse vorgeworfen? Auch nicht. Und warum nicht? Weil er der Betriebsratsvorsitzende von Porsche ist. Seien wir ehrlich: Es gibt bessere Cabrios als den Porsche Boxter, bessere Geländewagen als den Porsche Cayenne und wahrscheinlich bessere Sportwagen als den Porsche 911. Na ja, Letzteres ist nicht ganz sicher. Auf jeden Fall gibt es deutlich preisgünstigere Alternativen. Doch der Porschefahrer kauft ausgerechnet dieses Auto. Warum? Um einen Traum zu leben. Das allein zählt!

Das Spannende daran ist, dass auch die Mitarbeiter diesen Traum leben, selbst wenn sie keinen Porsche fahren. Sie erzählen allen ihren neuen Freunden und Bekannten begeistert, dass sie bei diesem Autobauer arbeiten. Und sie gönnen Betriebsratschef Uwe Hück seinen 911 Carrera.

It's always the sun. Always. Always. Always the sun!

Auch bei der Deutschen Post/Bahn/Bank wird es Mitarbeiter geben, die stolz auf ihren Job und begeistert von ihrer Firma sind. Das möchten wir nicht abstreiten, zumal wir uns vorstellen können, dass es begeisterte Straßenkehrer geben kann – es kommt nämlich einzig auf die Einstellung an. Der Vergleich zwischen Porsche und den deutschen Banken, Bahnen und Postdiensten macht aber schnell klar, wo die Vergangenheit der Wirtschaft liegt und wo ihre Zukunft. Einen Porsche zu fahren oder bei Porsche zu arbeiten, das, da wird uns jeder zustimmen, ist schon etwas Außergewöhnliches.

Was für die Mitarbeiter gilt, trifft ebenso auf Zulieferer, Logistikpartner und andere zu: Man (und frau auch) ist stolz, Anteil am Mythos Porsche zu haben. Und wo möchte ein Stuttgarter BWL-Student gern ein Praktikum machen? Klar, in Zuffenhausen. Und wer sich noch keinen Porsche leisten kann, kauft sich vielleicht erst mal eine schicke Porsche-Sonnenbrille, damit das Warten leichter fällt. Wie gesagt: Die Sportwagenschmiede ist zu einem Träumeverwirklicher geworden.

Wo möchte ein Stuttgarter BWL-Student gern ein Praktikum machen? Klar, in Zuffenhausen.

Uwe Hück, der Betriebsratsvorsitzende von Porsche, kann also eigentlich gar kein anderes Auto fahren als einen Porsche. Und das, obwohl das Auto zwei große Nachteile hat: einen stolzen Anschaffungspreis und einen Spritverbrauch, bei dem die halben Erdölreserven Norwegens schon auf dem Weg zum Bäcker verbrannt werden. Aber das ist dem Porschefahrer egal. Dieses Unternehmen hat es in den letzten Jahren geschafft, sein Produkt vollständig zu emotionalisieren. Es ist der Fixstern eines eigenen Sonnensystems und zieht Himmelskörper magisch an, die durch sein Licht sichtbar werden, glänzen und glitzern wollen. Es besitzt Strahlkraft weit über die eigene Branche hinaus und leuchtet von innen.

Welche Träume verwirklicht eine Bank?

Auch bei den Banken und Sparkassen hat man in den vergangenen Jahren nicht gerade auf der faulen Haut gelegen. Allerdings hat man sich weniger damit beschäftigt, zum Magneten für Kunden, Mitarbeiter und Partner zu werden, sondern sich um die handfesten Dinge gekümmert: schlankere Prozesse, Kosteneinsparungen und Verbesserung der Umsatzrendite. Im Zuge dieser Arbeiten passierte ein hässliches kleines Malheur: Kunden und Mitarbeiter verschwanden zeitweise vom Radarschirm des Managements. So wurde Ende der Neunziger aus der Palisanderetage eines Frankfurter Bankenturms der Spruch kolportiert, an Privatkunden mit weniger als 200 000 Mark Einlage sei man mangels Profitabilität gar nicht interessiert.

Das tat weh. Vor allem den langjährigen kleinen Privatkunden. Die Mitarbeiter in ebendiesen Finanzinstituten erfuhren derweil kaum mehr Wertschätzung. Sie wurden häufig als lästige Kostentreiber angesehen, und in so mancher Abteilung einer Großbank fühlten sich die Mitarbeiter denn auch bald wie eines der »zehn kleinen Negerlein«. Mal sehen, wen sie als Nächstes abschießen. Dann sind wir nur noch neun, acht, sieben, sechs ... Kein Wunder, dass *Dilbert* zu den bestverkauften Business-Büchern aller Zeiten gehört. Humor dient in einer solchen Situation als Mittel, die Angst zu verdrängen, und auf die Verhältnisse mit Zynismus zu reagieren ist immerhin noch eine Möglichkeit, die Wut und die Enttäuschung irgendwie äußern zu können ...

Mittlerweile gibt es aber deutliche Zeichen dafür, dass Bewegung in die Bankenszene gekommen ist. Die Kosten sind gesenkt, die Prozesse verschlankt, das überflüssige Fett ist weggeschnitten ... Was also bleibt noch zu tun? Zu einem Zeitpunkt, an dem die Unternehmen die letzten 10 Prozent an Effizienz aus dem *Wie* herausgepresst haben, müssen sie sich jetzt schleunigst Gedanken über das neue *Was* machen. Prozessoptimierung, Kostensenkung und Effizienzsteigerung dienten letztendlich doch vor allem dazu, die Fehler der Vergangenheit zu beseitigen und den Status quo zu optimieren.

Aber jetzt müssen wir uns nicht weiter optimieren, sondern uns neu erfinden. Und genau das versuchen auch die Banken. Und vielleicht gelingt es. Auch wenn das Image der Branche in der Öffentlichkeit durch Stellenstreichungen und siegesgewisse Ackermänner derzeit etwas ramponiert ist.

Sichtbares Zeichen für das Neue ist eine Filiale der Deutschen Bank in der Friedrichstraße, der granitkühlen Nobelmeile in Berlin-Mitte. Unter dem Motto »Die Deutsche Bank der Zukunft« setzt man dort ganz klar auf Emotionen. Es ist eben nicht mehr »nur« eine nüchterne Bank, sondern eine Erlebnislandschaft, bestehend aus Café, einer Lounge, einem Trendshop und einer Kinderbetreuungsecke.

Nun ist es aus unserer Sicht schon sehr positiv, dass jemand, der die Worte »Emotion« und »Erlebnis« im Zusammenhang mit einer Bank in den Mund nimmt, nicht gleich Gefahr läuft, in der Kassenhalle entmündigt zu werden. Aber Unternehmen werden sich noch deutlich radikaler wandeln müssen. Wir haben gesagt, Porsche strahlt von innen heraus. Es genügt nicht, eine Bankfiliale zu eröffnen, in der man einen Espresso trinken oder im Trendshop einen silbernen Klobürstenhalter von Alessi kaufen kann. Für beides braucht niemand eine Bank. Es genügt auch nicht, neben einer blauen EC-Karte noch sechs quietschbunte zur Auswahl anzubieten. Zumindest, solange die Bank nicht auch als quietschbunt wahrgenommen wird. Es geht vielmehr um die Identität des gesamten Unternehmens, der gesamten Marke.

Erfolgsrezept Gesundschrumpeln?

Jahrelang haben Unternehmen sich darauf konzentriert, das tayloristische System möglichst rationaler und effizienter Prozesse immer mehr zu perfektionieren. Kostenkontrolle, Qualitätssicherung und Prozessoptimierung lauteten die Stichwörter. Aber irgendwann gelangt das Ganze an eine natürliche Grenze. Auch ein Sprinter kann nicht immer noch schneller laufen, bis er statt neunkommanochwas schließlich nur noch eine Sekunde bis zum Ziel braucht. Die Weltrekorde lassen sich heute selbst durch noch so gutes Hightech-Schuhwerk, noch so hartes Höchstleistungstraining und noch so perfektes Doping nicht mehr signifikant verbessern.

Heute wird Wertschöpfung ganz neu definiert. Aus Kundensicht ist sie umso höher, je mehr ein Produkt oder ein

Service in der Lage ist, die eigenen Träume und Fantasien Wirklichkeit werden zu lassen. Das ist neu. Ein Harley-Davidson-Insider hat das eigentliche Angebot des Motorradherstellers einmal so beschrieben: »Wir verkaufen einem 43-jährigen Buchhalter die Möglichkeit, sich in schwarzes Leder zu kleiden, durch kleine Nester zu fahren und den Leuten Angst einzujagen.« Eine Harley ist kein Fortbewegungsmittel. Sie ist ein Vehikel, um einen Traum von Freiheit und Rebellion zu verwirklichen. Der typische Harley-Kunde ist daher auch kein Alt-Revoluzzer mit Wolfgang-Thierse-Bart, sondern ein wohlsituierter Herr, der sich nach Freiheit und Abenteuer sehnt und nach einer anstrengenden Woche im Büro auf seinem bandscheibenfreundlichen Chopper durch die Landschaft brummt. Die Harley ist seine Lizenz zum Träumen. Und genau das unterscheidet eine starke Marke wie Harley von schwachen Marken, die nur solide Qualität und günstige Preise bieten. Das muss nicht nur die Marketingabteilung verstehen, sondern jeder einzelne Mitarbeiter.

Heute wird Wertschöpfung ganz neu definiert.

Die besten Unternehmen sind heute Partner bei der Umsetzung von Lebensentwürfen. Sie helfen Menschen dabei, sich selbst zu verwirklichen und ihre Persönlichkeit auszudrücken. Dabei geht es um Erlebnis und Emotion. Aber es geht um noch mehr. Nach der »Erlebnisgesellschaft« kommt jetzt das Zeitalter der persönlichen Veränderung. Als Chef von Ferrari Nordamerika hat Gian Luigi Longinotti-Buitoni einmal etwas gesagt, was vorhin bereits bei Douglas anklang. Es gehe seinem Unternehmen darum, den Kunden zu helfen, das zu werden, was sie sein wollen. Und wir möchten ergänzen: nicht nur den Kunden, sondern auch allen Mitarbeitern, Partnern und Stakeholdern. Zeitschriften wie *Cosmopolitan* oder *Men's Health* verdienen längst ihr Geld damit, dass sie ihren Leserinnen und Lesern immer wieder Wege zeigen, das eigene Ich neu zu erfinden und unverwechselbar zu gestalten.

Das ist die Zukunft. Immer schon waren es Angebote neuer Lebensentwürfe, die Menschen begeistert und die Welt ein Stück verändert haben. Waren Sie schon einmal in Belgien oder in Holland? Überall in den alten Städten dieser im Mittelalter so wohlhabenden Region finden sich so genannte Beginenhöfe. Besonders schön ist der Beginenhof in Brügge.

Die Beginen waren eine christliche Gemeinschaft von Frauen, aber keine Nonnen. Sie lebten zusammen, verdienten mit handwerklichen Tätigkeiten ihr eigenes Geld und konnten die Gemeinschaft jederzeit wieder verlassen. Ausgedacht hatte sich das ein Lütticher Priester im Jahr 1180. Heute würde man seine Idee vielleicht als ein »Geschäftsmodell« bezeichnen. Er baute auf einer großen Wiese vor den Toren der Stadt putzige kleine Häuser, die im Kreis gruppiert waren, setzte in die Mitte eine Kapelle und bot dann ledigen Frauen jeden Alters und sozialen Standes an, hier zu wohnen und zu arbeiten. Einige Historiker sprechen von den Beginen als einer »mittelalterlichen Frauenbewegung«. Und tatsächlich war das Außergewöhnliche an dieser Idee das Angebot eines ganz neuen Lebensentwurfs. Hier konnten Frauen auf eine Weise selbstbestimmt leben, wie sonst nirgends zu dieser Zeit. Hier konnten sie ihre Träume verwirklichen.

Produkte sind Emotionen. Oder wenig erfolgreich.

Und was können wir heute daraus lernen? Dass zunächst einmal ein *Produkt* hermuss, damit ein Lebensentwurf Wirklichkeit werden kann. Der Wunsch der Frauen nach mehr Freiheit und Selbstbestimmung, nach einer Alternative zum allein von Männern bestimmten Leben war schon vorher da. Aber es musste erst jemand hingehen und auf einer Streuobstwiese Häuschen errichten und diese den Frauen anbieten, damit der Wunsch zur Realität wurde. Träume, Bedürfnisse, Wünsche – die sind schon da, das war schon immer so. Erfolgreich wird der, der ein Produkt anbietet, das die Menschen dort abholt, wo sie gerade stehen, und ihnen verspricht, dass man mit ihm Träume leben, Bedürfnisse stillen und Wünsche erfüllen kann. Produkte sind Emotionen. Oder wenig erfolgreich.

Wer will Sinnstifter sein?

Nun mag es Führungskräfte geben, die »Träume verwirklichen« als zu dick aufgetragen empfinden. Sie wollen sich nicht als Sinnstifter betätigen und mit ihren Produkten auch keine neuen Horizonte eröffnen. Sie wollen einfach nur irgendwie durchkommen. Na gut, sollen sie es versuchen. Wir haben gar nichts dagegen. Aber für solche Leute haben wir dieses Buch nicht geschrieben.

Es ist für die Menschen, die wir jeden Tag bei unserer Arbeit treffen und die es leid sind, immer nur auf Sicherheit zu setzen. Die ihre Träume nicht auf dem Altar allgemein akzeptierter Weisheiten opfern wollen. Solche Leute wollen wirklich etwas verändern. Dieses Festhalten am Status quo, dieses Das-haben-wir-schon-immer-so-gemacht nervt sie total. Sie sind irgendwann einmal in sich gegangen und zu der Einsicht gekommen, dass es viel mehr Spaß macht, dem eigenen Stern zu folgen, als immer nur dem hinterherzurennen, was andere als richtig definieren.

Dieses Festhalten am Status quo, dieses Das-haben-wir-schon-immer-so-gemacht nervt sie total.

Und wie sähe denn die Alternative aus? Gibt es sie überhaupt noch? In diesem ersten Teil unseres Buches war häufig davon die Rede, wie sich Unternehmen auf ausgetretenen Erfolgspfaden bewegen und wie schwer es ihnen fällt, diese zu verlassen. Die meisten sehen sich erst nach neuen Wegen um, wenn es bereits zum lebensbedrohlichen Stau gekommen ist: Vorn surrt ein angriffslustiger Moskitoschwarm, und von hinten nähert sich im trompetenden Galopp eine Elefantenherde. So erging es dem Bekleidungsunternehmen C&A.

Man sollte meinen, dass man in der Modebranche mehr als anderswo ein Ohr am Puls der Zeit hat. Doch für das um 1860 von der Familie Brenninkmeyer gegründete Bekleidungsunternehmen schien die Zeit lange Jahre stehen geblieben zu sein. Den Damen bot C&A auf viel Fläche in bester Innenstadtlage farbenfrohe Polyesterpullover an, und die Herren sahen in den typischen Sportiv-Blousons immer ein bisschen aus wie die Leute vom Wachschutz. Das Geschäftsmodell funktionierte gut und die weit verzweigte Familie Brenninkmeyer wurde damit ziemlich reich. Alles bestens.

C&A – Cool & Attraktiv ... oder?

Die Krise kam in den Achtzigern. Man expandierte immer noch, aber der Konzern wurde zunehmend selbstgefälliger. Die Controller gaben jetzt den Ton an. Statt das Geschäftsmodell weiterzuentwickeln, wollte man das Letzte aus ihm herausquetschen. Doch das funktionierte nicht mehr, denn die Menschen wurden modebewusster, konsumbereiter und experimentierfreudiger. C&A blieb billig und sah auch so aus.

Zur selben Zeit drangen Lifestyle-Marken massiv in den Markt ein, die junge, frische Mode zu ebenso günstigen Preisen anboten wie bislang nur C&A. Esprit, S. Oliver und vor allem H&M eroberten sich mit starken Markenidentitäten einen Platz in den Köpfen und Portemonnaies von Jugendlichen und jungen Erwachsenen. C&A war mega-out. Den Brenninkmeyers blieben als Kunden vor allem Rentner, Migranten und – Ostdeutsche. Der Nachholbedarf der Ex-DDR-Bürger entfachte ein letztes Strohfeuer in den Bilanzen, sorgte aber auch dafür, dass die Lösung der längst augenfälligen Probleme vertagt wurde.

Als die Krise dann nicht mehr zu leugnen war, der Umsatz fast um die Hälfte einbrach und der Konzern tiefrote Zahlen schrieb, suchte das Management hektisch nach einer Umpositionierung – doch mit wenig Erfolg. McDonald's bei C&A? Da roch es im Laden bloß nach Frittenfett. Designerkleidung? Kauft man dort, wo auch die Atmosphäre danach ist.

Hippes Design für Jugendliche und für Leute, die sich dazu zählen? Da kann keiner H&M das Wasser reichen. Am Ende versuchte es C&A damit, die alte Kundschaft einfach wieder mehr zu umwerben. Keine Experimente. Gute Qualität, günstige Preise. Die Läden wurden freundlicher, die Verkäufer auch. Zaghaft kehrte das Kundeninteresse zurück. Wirtschaftskrise und »Geiz ist geil«-Welle taten ein Übriges.

Doch wird das reichen für die Zukunft? In Deutschland gibt es viele Unternehmen wie C&A. Sie stehen für eine Qualität, die ganz okay ist, und für günstige Preise. Doch das reicht nicht. Jesper Kunde, der dänische Marketingexperte, bringt es auf den Punkt: »Sie können sich nicht mehr allein vom Strom der Gezeiten tragen lassen und dabei lediglich die Konkurrenz beobachten und die Kunden nach ihren Wünschen fragen. Was wollen Sie selbst? Was wollen Sie der Welt in Zukunft erzählen? Was hat Ihr Unternehmen, das die Welt bereichern wird? Sie müssen daran glauben. So sehr, dass Sie einzigartig sind in dem, was Sie tun.«

Was wollen Sie? Das, was Ihre Kunden wollen? Hat sich Jürgen Klinsmann im Frühjahr 2006 gefragt, wie er die Erwartungen der deutschen Fußballfans befriedigen kann? Nein, hat er nicht. Er hat sein eigenes Ding gemacht. Und dabei einfach bestehende Regeln gebrochen. Und sich damit erst mal nur Feinde gemacht. Einige Politiker wollten Klinsmann sogar vor den Sportausschuss des Deutschen Bundestages zitieren. Sie wollten sehen, ob er den Erwartungen auch genügen würde.

Wow, war das ein geiler Sommer!

Und heute? Sagt irgendjemand Sachen wie: Hm, die WM 2006 hat unsere Erwartungen befriedigt. Nein. Wir brüllen: Wow, war das ein geiler Sommer! Wir haben auf der Straße getanzt, und ganz Deutschland war eine Party! Eben. Wir lebten einen Traum, den wir vorher nicht einmal zu träumen wagten.

TEIL 2

VOM FÜHRUNGSAMT ZUR FÜHRUNGSPERSÖNLICHKEIT

KAPITEL 9

SPIEGELBLICK: ES GIBT KEINE STAGNIERENDEN BRANCHEN, NUR STAGNIERENDE MANAGER

Bei der Vorbereitung einer Kundenveranstaltung fiel uns vor einigen Wochen die Informationsbroschüre eines Optikerverbandes in die Hände. Das Papier war so düster wie der Wiener Zentralfriedhof nach Mitternacht. Sinngemäß hieß es darin etwa: »Die unsoziale und unverantwortliche Gesundheitsreform der Bundesregierung hat massive Umsatzeinbrüche ausgelöst. Unsere gesamte Branche fühlt sich verraten und verkauft und wird sich nur noch mühsam erholen können. Die Anzahl der Beschäftigten in unseren Betrieben ist seit Jahren rückläufig. Immer weniger Mitglieder können es sich leisten, junge Menschen auszubilden und ihnen eine Zukunftsperspektive zu geben. In diesem für unsere Branche immer schwierigeren Umfeld ist eine positive Trendwende auf absehbare Zeit nicht vorhersehbar ...« In einem Satz: Gute Nacht, Deutschland!

Die Welt durch eine andere Brille sehen

Wir dachten einen Augenblick über diese vom Schicksal so gebeutelte Branche nach, schauten uns an und hatten dann beide denselben Gedanken: »Brille: Fielmann.« Würden bei der als so expansionsfreudig geltenden Optikerkette aus Hamburg jetzt also auch bald die Lichter ausgehen? Wir recherchierten daraufhin ein wenig und stellten Erstaunliches fest. Fielmann ist bis jetzt noch aus jeder Gesundheitsreform gestärkt hervorgegangen. Deshalb wird bei dem Unternehmen auch über die aktuelle Reform, die kaum die letzte bleiben dürfte, nicht gejammert. Fielmann ist innerhalb weniger Jahre zu Deutschlands führender Optikerkette geworden und hat diese Position auch in jüngster Zeit ausgebaut. Das Unternehmen hat bereits 15 Millionen Bundesbürger – das ist fast jeder Fünfte! – mit einer Brille versorgt und nimmt jetzt die übrigen Europäer ins Visier. Fielmann ist der größte Ausbilder seiner Branche und schafft permanent neue Arbeitsplätze. Kurz: Fielmann ist eine Erfolgsgeschichte, die gerade erst richtig in Fahrt kommt.

Fielmann ist eine Erfolgsgeschichte, die gerade erst richtig in Fahrt kommt.

Woran das liegt? Die Antwort darauf heißt Günther Fielmann! Hier hat eine Unternehmerpersönlichkeit den Mut gehabt, neue Wege zu gehen. Hier hat ein Manager konsequent mit den ungeschriebenen Regeln seiner Branche gebrochen. Hier hat ein Mensch die Auseinandersetzung mit Betonköpfen und Jammerlappen nicht gescheut und sich durchgesetzt. Günther Fielmann ist alles, außer gewöhnlich!

Am Anfang war der Preis. Vor der Ära Fielmann hieß das ungeschriebene Grundgesetz der Optikerbranche: Brillen, Kontaktlinsen und Pflegemittel so billig wie möglich einkaufen und so teuer wie möglich an den Kunden abgeben. Klar, das ist clever gedacht. Die Gewinnspannen lagen bei bis zu 300 Prozent. In den Geschäften verbreiteten streng blickende Weißkittel die keinen Widerspruch duldende Atmosphäre einer Arztpraxis. Und wenn es ein Kunde wagte, nur mit dem Rezept der Krankenkasse anzukommen, und sich weigerte, selbst ins Portemonnaie zu greifen, traf ihn die bittere Rache der Zunft. Das berüchtigte »Kassengestell« verwandelte hübsche Arbeiterkinder in glupschäugige Monster.

Günther Fielmann zettelte die Revolution an. Bei ihm gab es formschöne Kassenbrillen! Bisher war das ein echtes Oxymoron, ein Widerspruch in sich, gewesen. Jetzt bekam der Kunde Mode und Chic ohne Zuzahlung. Aber auch Markengestelle und -gläser bot Fielmann zu viel günstigeren Preisen an als alle anderen. Er demokratisierte gutes Design, ähnlich wie Ikea es in der Möbelbranche tat. Bald nannte man ihn auch den »Robin Hood der Fehlsichtigen«.

Von Unternehmen wie Ikea oder Aldi lernte Fielmann, wie man auch mit kleineren Gewinnspannen gut leben kann. Voraussetzung dafür waren ein großes Filialnetz, minimale Bürokratie und ein klarer Expansionskurs. Günther Fielmann setzte sich in kürzester Zeit an die Spitze. Und handelte sich einen Riesenärger ein. »Unethisch« sei das, was er da mache, ließen die Lobbyisten der Zunft über die Medien streuen. Fielmann wurde mit Prozessen überzogen. Das Unternehmen betreibe »Preisdumping«, hieß es. Schließlich musste die Konkurrenz aber einsehen, dass Fielmann lediglich die Gewinnspannen auf ein Maß reduziert hatte, das in anderen Branchen längst normal war.

Doch der Preis war nur der Anfang. Durch den aggressiven Preiswettbewerb schuf sich Günther Fielmann seine Handlungsmöglichkeiten. Jetzt galt es, nicht nur der günstigste, sondern auch der innovativste Optiker zu werden. Für Furore sorgte der Unternehmer, als er 1981 einen Sondervertrag mit Deutschlands größter Krankenkasse, der AOK, abschloss. Die dort Versicherten bekamen daraufhin modische Brillengestelle in 640 Varianten angeboten. »Zum Nulltarif«, wie Fielmann sein Angebot auf Kassenrezept inzwischen werbewirksam deklarierte. Dann schockte er die Wettbewerber mit seiner »Geld-zurück-Garantie«. Wer eine Brille innerhalb eines bestimmten Zeitraums bei einem anderen Optiker günstiger sah, bekam sein Geld zurück. Danach führte er die Drei-Jahres-Garantie ein. Ein weiterer Affront gegen eine Branche, bei der Reparaturen manchmal fast so teuer waren wie ein Neukauf. Schließlich kooperierte Fielmann mit Versicherungsunternehmen und bot eine innovative Brillenversicherung an. Und trotz des Billigimages verstand er es immer, zu verkaufen. Wer tatsächlich den festen Vorsatz hatte, wirklich nur eine Brille für 20 Mark zu erwerben, musste während eines Verkaufsgesprächs mehrfach deutlich »Nein, danke« zu den anderen Angeboten sagen können.

Wie viel Günther Fielmann steckt in Ihnen?

Sein Erfolg ist Günther Fielmann nicht in den Schoß gefallen. Vielmehr gehörten Mut, Risikobereitschaft, Kreativität, Flexibilität, ständiges Lernen und persönliche Verantwortung dazu. Wir fragen es uns selbst und wir fragen auch Sie: Wie viel Günther Fielmann steckt in Ihnen? Akzeptieren wir in geduckter Demutshaltung die ungeschriebenen Regeln unserer Branche, oder sind ebendiese Regeln für uns eine Aufforderung zum Kampf? Haben wir tatsächlich revolutionäre Ideen und wollen diese auch mit Leben füllen, oder schielen wir doch lieber auf das, was alle machen? Glauben wir, dass wir die Welt verändern können, oder halten wir »das System«, »die Gesetze«, »die Globalisierung« oder »den Sachzwang« für allesbestimmend?

Wüstenblumen – Wachstum gegen den Trend

Erinnern Sie sich noch an die Überschrift dieses Kapitels? Sie brauchen nicht zurückzublättern, hier ist sie noch mal: Es gibt keine stagnierenden Branchen, nur stagnierende Manager. Unternehmen, die gegen den allgemeinen Trend wachsen und auch in stagnierenden Märkten sehr erfolgreich sind, gibt es in allen Größen. Sie kommen in allen Branchen vor, und häufig müssen sie die Traditionen und Branchenregeln gründlich abstreifen, die wie Kaugummi an ihren Sohlen kleben.

Unternehmen wie Fielmann wurden nicht erfolgreich, weil sie stets darauf bedacht waren, Regeln zu befolgen, jedes noch so kleine Risiko sorgsam abzuwägen und sich im Zweifelsfall dagegen zu entscheiden. Hoch hinaus zu kommen erfordert Mut – meistens gegen die herrschende Meinung. Kritik ist Bestätigung. Widerstand ist Lob. Feindschaft adelt.

Routine und Glaubenssätze sind dagegen die größten Feinde jedes Unternehmers und jeder Führungskraft. Sie verführen dazu, sich gedankenlos zu eigen zu machen, was andere für eine ausgemachte Sache halten. Aber wenn wir in unseren Workshops sagen, es gebe keine stagnierenden Branchen, nur stagnierende Manager, werden sofort aus allen Rohren die Einwände abgefeuert. So könne man das nicht sagen, heißt es dann. Vielmehr (bitte hier a bis c beliebig kombinieren) sind (a) die Politik, (b) die Kunden und (c) der Wettbewerb an allem schuld.

Die Konjunktur ist schlecht? Bestens! Das ist Ihre Chance!

Wir halten immer dagegen und bleiben auch in diesem Buch dabei: Jeder kann Dinge verändern, j-e-d-e-r! Klar, es ist herrlich bequem, die äußeren Umstände für die eigene Misere verantwortlich zu machen. Wie soll man denn beispielsweise im deutschen Einzelhandel noch Geld verdienen, wenn die Kunden nur noch geizgeil nach den billigsten Angeboten fahnden? Antwort: Zum Beispiel so wie Douglas, wo das Management die glasklare Entscheidung getroffen hat, den Billigtrend nicht mitzumachen und sich als Lifestyle-Marke zu positionieren. Das Ergebnis: tiefschwarze Zahlen und beständige Umsatz- und Gewinnzuwächse. Völlig entgegen dem Branchentrend. Die Konjunktur ist schlecht? Bestens! Das ist Ihre Chance: Machen Sie einfach Ihre eigene Konjunktur!

Obwohl es so viele eindrucksvolle Beispiele für Wachstum gegen den Trend gibt, klammern sich Manager an Ausreden, um nicht mit der Tatsache konfrontiert zu werden, dass sie selbst es sind, die den Lauf der Dinge ändern könnten. Wenn sie nur den Mut dazu hätten. Hier sind unsere Top Ten der beliebtesten Manager-Ausreden:

1. Daran ist die Globalisierung schuld, das können wir gar nicht beeinflussen.
2. Die politischen Rahmenbedingungen müssen sich erst ändern, wir brauchen niedrigere Lohnnebenkosten und weniger Gesetze.

3. Wir haben momentan eine Konsumflaute, die Leute wollen einfach kein Geld mehr ausgeben.
4. Unsere Branche ist Zyklen unterworfen, gerade geht es nun mal bei allen bergab.
5. Unsere Kunden haben unsere neue Strategie noch nicht verstanden.
6. Sie werden in unserer Branche niemanden finden, der es grundsätzlich anders macht.
7. Wir müssen uns in unserer Branche streng an die Vorschriften der EU halten.
8. Wer heute noch Wachstum vorweisen kann, hat doch nur auf Kosten anderer von der Krise profitiert.
9. Die Zeiten sind schlecht.
10. Die Menschen sind schlecht.

Okay, das musste mal gesagt werden. Jetzt ist es raus. Doch jetzt schauen wir uns lieber wieder an, wie es auch anders geht. Denn es gibt sie ja, die mutigen Unternehmer und revolutionären Manager. Sie machen vor, dass es immer, immer auch vorwärts geht. Dass man in jeder Branche wachsen und Erfolg haben kann. Und sie zeigen das vor allen Dingen dadurch, dass sie ihre Strategie verinnerlicht haben. Sie sind Führungspersönlichkeiten, die ein Unternehmen nicht nur leiten, sondern auch verkörpern. Und was ihren Erfolg ausmacht, lässt sich am besten mit einem so altmodischen Wort wie »Tugenden« beschreiben. Welche sind die Tugenden der Gewinner? Drei gefallen uns besonders: gelenkte Wut, gesunder Größenwahn und die Bereitschaft, Grenzen zu überschreiten. Das müssen wir aber jetzt erklären, sagen Sie? Tun wir auch.

Die Drei Tugenden

Erstens: *Wut*. Das klingt zunächst ungewöhnlich, ja bedrohlich. Aber uns fällt immer wieder auf: Unternehmer und Manager, die ihre Branche revolutionieren, die eine Mission verfolgen, die haben auch eine gehörige Wut im Bauch. Sie sagen sich: »Ich kann nicht glauben, was für ein Saftladen diese Branche hier ist. Aber ich will den Versuch wagen – solange ich eine realistische Chance bekomme, etwas zu verändern.« Daraus ziehen sie ihre Energie. Und die lenken sie dann in die richtigen Bahnen. Günther Fielmann war wütend über die unmöglichen »Kassengestelle«, mit denen Geringverdiener beim Optiker abgespeist wurden. Und je mehr er angefeindet wurde, desto höher stieg sein Wutpegel. Irgendwann hat er einmal gesagt: »Wenn ich nicht so viel Ärger gehabt hätte, dann wäre ich nicht da, wo ich heute bin.«

Noch mehr Beispiele gefällig? Bitte sehr: Ryanair-Boss Michael O'Leary fand die Preissysteme der etablierten Airlines angesichts des dürftigen Service eine Frechheit und griff die Konkurrenz mit aggressiven Werbeanzeigen wie »744 Euro: Die teuerste Tasse Kaffee« an. Joachim Hunold, ebenfalls Chef einer Billig-Airline, ist berüchtigt für seine Tiraden gegen die Gewerkschaften im Editorial des Bordmagazins von Air Berlin. Man kann trefflich streiten, ob es klug ist, so zu polarisieren, aber der Mann hat eine riesige Wut im Bauch – und ist als Unternehmer extrem erfolgreich.

Treten Sie Yin und Yang in den Hintern!

Anita Roddick wurde einmal nach ihrer Motivation gefragt, Body Shop zu gründen. Ihre Antwort: Wut auf eine Kosmetikindustrie, die von Männern dominiert wird, die Frauen wie Barbiepuppen behandeln, und ökologisch bedenkliche Produkte zu überhöhten Preisen anbietet, für die auch noch Tiere in Laborversuchen herhalten mussten.

Oder nehmen wir Götz Werner, den Chef der in diesem Buch bereits vorgestellten dm-Drogeriemarktkette. Er will sich nicht damit abfinden, dass es in unserer Gesellschaft Menschen gibt, die keinen Zugang zu gesunder Ernährung oder vernünftiger Körperpflege haben. Deshalb verkauft er nicht nur in seinen Läden Bioprodukte und Naturkosmetik zu günstigen Preisen, sondern engagiert sich auch politisch für ein voraussetzungsloses Mindesteinkommen. Er ist »a man on a mission.«

Spitzensportler haben längst begriffen, dass zum Erfolg die »angry mission« gehört. Jürgen Klinsmann hat während der Fußball-WM 2006 in der Kabine nicht nur Streicheleinheiten verteilt. Er war ein Einpeitscher. Er hatte Wut. In der Managementliteratur liest man selten davon. Wut ist negativ. Wut ist Aggression. Wut ist Gewalt. Wut stört die Harmonie. Wut ist unkontrolliert. Genau wie Leidenschaft. Wut ist schlecht, ist böse, ist bah, meinen ja auch die NLP-Trainer, die Lieblingseinflüsterer deutscher Manager. Die Balance-Prediger sagen: Sei im Einklang mit der Welt, in Harmonie, im Flow, im Swing, denk an Yin und Yang ... Ach was! Treten Sie Yin und Yang in den Hintern. Wut ist pure Energie! Um wirklich nachhaltig etwas zu verändern, müssen Sie schon eine gewaltige Wut im Bauch haben.

Tugend Nummer zwei: *Größenwahn*. Nein, wir meinen damit nicht Machtbesessenheit. Wir reden keinen Mega-Mergern das Wort und wollen nicht die Alles-meins-Mentalität von Managern rechtfertigen. Uns geht es um etwas anderes, nämlich um Ziele. Wie groß sind Ihre? Wir sagen: Sie können gar nicht größenwahnsinnig genug sein. Unternehmer und Manager, die überdurchschnittlich erfolgreich sind, haben sich typischerweise Ziele gesetzt, die auf den ersten Blick vollkommen unrealistisch sind. Mehr noch: Mit ihren knapp unter der Decke aufgehängten Zielen erscheinen sie Außenstehenden vollkommen verrückt, irrsinnig, bekloppt.

Mohammed Yunus zum Beispiel wurde ausgelacht, als er anfing, in Bangladesch Kredite an die Ärmsten der Armen zu vergeben, ja sogar – in einer muslimischen Gesellschaft! – an mittellose Frauen. An Frauen, die keinerlei Sicherheiten bieten konnten außer dem Versprechen, nach dem erfolgreichen Aufbau einer bescheidenen Existenz alles zurückzuzahlen. Heute hat Yunus für die Idee, die seine Grameen-Bank in die Tat umsetzt, den Friedensnobelpreis bekommen!

Dussmann wurde als »König der Putzfrauen« verspottet.

In den frühen Achtzigern erkannte Peter Dussmann den Trend zur Dienstleistungsgesellschaft. Als sein Unternehmen Pedus in Krankenhäusern sauber zu machen begann, wurde Dussmann als »König der Putzfrauen« oder »Staubsauger-General« verspottet. Heute herrscht er über ein milliardenschweres, internationales Dienstleistungsimperium, betreibt in Berlin ein »Kulturkaufhaus« in bester Innenstadtlage und gehört zu den großzügigsten Mäzenen der Deutschen Staatsoper Unter den Linden. Der Schwabe und gelernte Buchhändler besitzt Schlösser bei Berlin und in Bayern sowie eine Villa im amerikanischen Malibu.

Es ist ein alter und dennoch wahrer Spruch: Kein Unternehmen übertrifft seine eigenen Erwartungen. Wenn Manager meinen, dass ihre Firma 5 bis 10 Prozent Wachstum erwirtschaften kann, dann wird auch genau das der Fall sein. Maximal. Wenn Manager der Meinung sind, dass die Branche stagniert, dann werden sie auch ihr Unternehmen nicht vorwärts bewegen. Die eigenen Überzeugungen und Glaubenssätze bestimmen immer die Obergrenze der Möglichkeiten. Sie sind selbsterfüllende Prophezeiungen. Radikale Innovatoren setzen sich deshalb auch maßlose, ja tollkühne Ziele. Das ist gesunder Größenwahn.

Dazu gehört auch eine große Portion positiven Denkens. Damit meinen wir nicht die Heilsversprechen der Du-kannst-alles-schaffen-Erfolgstrainer, die mit einem Mix aus simplen Botschaften und New-Age-Esoterik ihren Jüngern suggerieren, dass Hühner zu Adlern werden können – vorausgesetzt, die geborgte Euphorie überdauert das Ende des Motivationsseminars. Uns geht es um eine positive Grundhaltung und ehrgeizige Ziele. Henry Ford wird die Erkenntnis zugeschrieben, dass nur derjenige Erfolg haben wird, der fest daran glaubt. Genauso gilt umgekehrt: Wer die eigenen Erfolgsaussichten von vornherein anzweifelt, wird scheitern. Wenn Sie sich also entschlossen haben sollten, an den Erfolg Ihrer

Pläne zu glauben, dann sollten Sie schleunigst auch alle anderen davon überzeugen, dass die Idee auf jeden Fall ein voller Erfolg wird, wenn sie mit der entsprechenden Entschlossenheit verfolgt wird.

Positives Denken bedeutet nicht, Rückschläge zu ignorieren oder zu verleugnen. Es geht darum, sie als vorübergehende Ereignisse zu betrachten, aus denen wichtige Lehren für den zukünftigen Erfolg gezogen werden können.

Schließlich die dritte Tugend: die *Bereitschaft, Grenzen zu überschreiten*. Wie wir gesehen haben, scheren sich wirklich erfolgreiche Unternehmer und Manager nicht um die Grenzen ihrer Branche. Steve Jobs hatte nirgendwo ein Post-it kleben, auf dem stand: Wir sind ein Computerunternehmen, kein Musikunternehmen. Walter Huber, CEO des Schweizer Unternehmens Emmi, hat niemals gesagt: »Wir sind eine Molkerei, deshalb bieten wir keine Schönheitsprodukte an.« Sonst hätte er auch kaum den Schönheits-Drink Lacto Tab mit dem Coenzym Q10 erfinden können.

Oder erinnern Sie sich noch an diesen Fernsehspot aus den frühen Neunzigern? Die Mattscheibe ist dunkel. Da sagt eine Männerstimme ernst und trocken und mit hörbar hanseatischem Akzent: »In Deutschland ist kein Platz für ein zweites Nachrichtenmagazin.« Dann wird der Bildschirm bunt, und eine andere Männerstimme sagt: »Doch!« So frech trat *Focus* einst auf die Bildfläche. Inzwischen hat er nicht nur das jahrzehntelange Monopol des Hamburger Magazins *Der Spiegel* gebrochen, sondern ist auch aus der Medienlandschaft nicht mehr wegzudenken.

Hinter dem Launch von *Focus* stand einst das kongeniale Duo Hubert Burda und Helmut Markwort. Der Verleger und der Journalist wollten sich nicht mit dem Dogma abfinden, dass es in Deutschland nur ein »news magazine« in nur einer politischen Geschmacksrichtung geben könnte. Das Monopol des *Spiegel* brechen – das hatten schon andere versucht und waren gescheitert. Doch ausgerechnet die bis dahin eher für Mode-, Unterhaltungs- und Programmzeitschriften bekannte Offenburger Burda-Gruppe trat nun an, diese Grenze zu überschreiten.

Burda und Markwort brauchten keine Marktforschung.

Burda und Markwort brauchten keine Marktforschung. Der erfahrene Journalist Markwort verließ sich ganz auf sein Bauchgefühl. Er wagte etwas Neues, und das in einer Branche, die auch heute noch nicht in dem Ruf überragender Innovation steht. Zu dem Mut des »just do it« kam dann in der Folge noch eine ganze Portion Sturheit. Es gab Dutzende gute Gründe, warum *Focus* scheitern »musste«. Hubert Burda und Helmut Markwort zogen die Sache trotzdem durch und hatten Erfolg. Von diesem Unternehmergeist brauchen wir heute mehr denn je. Guten Morgen, Deutschland!

KAPITEL 10

GLEICHER: BENCHMARKING FÜHRT IN DIE ABWÄRTSSPIRALE

Alle reden von Benchmarking. Manager, Berater, und BWL-Profis sind geradezu besessen von diesem Wort. Aber wir haben mit diesem Hype ein Problem. Gewiss, die Idee, die dem zugrunde liegt, ist durchaus vernünftig: Es geht darum, von den Besten zu lernen. Nur: In den allermeisten Fällen vergleicht man sich dabei mit den Besten der eigenen Branche.

Wer sich ständig mit anderen vergleicht, wird vor allem eines: gleicher.

Und genau dagegen sträuben wir uns: Wer sein Unternehmen ständig mit anderen aus der gleichen Branche vergleicht oder seinen Bereich ständig mit anderen Abteilungen des Unternehmens, der wird vor allem eines: *gleicher.*

Aber wenn es darum geht, die Welt zu verändern, ist Anpassung ein schlechter Rat. Wenn es um persönlichen Erfolg geht, reicht es nicht, um 6 Uhr aufzustehen, Müsli zu essen und sich dreimal am rechten Ohr zu kratzen. Und wenn es gilt, neue Werte zu schaffen, damit Ihr Unternehmen auch morgen noch profitabel ist, dann hilft Benchmarking nicht weiter.

Benchmarking und seine bösen Schwestern, die Best Practices, gehören aus dem Wortschatz gestrichen. Diese Wörter sind eigentlich nur Synonyme für einen Begriff: *copy & paste.* Alle kopieren sich gegenseitig in der Hoffnung, nach vorne zu kommen. Tatsächlich hilft es nur den Hundsmiserablen, so dass sie wenigstens mittelmäßig werden. Aber Sie können sich nicht an die Spitze kopieren. Es gilt, die Spielregeln zu verändern. Und das geht nur, indem man sich Benchmarks außerhalb der eigenen Branche sucht.

Wenn es darum geht, die Welt zu verändern, ist Anpassung ein schlechter Rat.

Wir sind viel unterwegs und übernachten häufig in Hotels. Sie erinnern sich: Moses' Gesetzestafeln, die 12-Uhr-Manie beim Auschecken statt 24-Stunden-Zimmern ... Nun wundern wir uns auch immer wieder darüber, wie sehr ein Businesshotel die exakte Kopie des anderen zu sein scheint. Man kann irgendwo auf der Welt aufwachen und sich leicht verwirrt fragen: »Wo zum Teufel bin ich eigentlich heute?« Das liegt dann nicht unbedingt daran, dass wir am Vorabend an der Hotelbar zu tief ins Rotweinglas geschaut hätten. Vielmehr ist es so, dass sich nicht nur die Zimmer, sondern auch die übrigen Leistungen der Hotels seit Jahren mittels eines geheimnisvollen unternehmens- und länderübergreifenden Standardisierungsprogramms einander anzugleichen scheinen. Deshalb haben Hotelführer kleine Piktogramme entwickelt, mit denen sich jede Herberge umfassend beschreiben lässt. Hotel A und Hotel B sind dann in der gleichen Kategorie, wenn sie exakt vergleichbare Leistungen bieten.

Dass es auch anders geht, haben wir vor einiger Zeit im Four Points Sheraton am Flughafen von Los Angeles erlebt. Dieses Hotel hat erkannt, dass es den Markt nicht beeindrucken wird, indem es Selbstverständlichkeiten zelebriert, die Sie so auch in jedem anderen Businesshotel der Welt finden. Man hat auch, und das fanden wir besonders erfreulich, von Marketingmasturbation abgesehen. Das Sheraton hat lieber auf eine Methode gesetzt, die in unseren Augen sehr viel erfolgreicher ist: Innovationen entwickeln, die für den Kunden neu sind und ihm einen Wert bieten.

Stichwort Check-out: Das Zimmer ist für 24 Stunden gemietet, egal, um welche Uhrzeit man eincheckt. Hurra! Und das Hotel hat neben weiteren Innovationen auch ein »Gourmet takeout before takeoff«. Noch mal Hurra! Denn wer häufiger auf inneramerikanischen Flügen unterwegs ist, weiß, dass die Bordverpflegung oft zwischen Beleidigung und Körperverletzung oszilliert. Das Problem scheint allgemein bekannt zu sein – und so öffnet sich für das Four Points Sheraton eine geniale Marktlücke. Beim Roomservice können kurz vor dem Abflug wirklich leckere Snacks wie Grilled Chicken Breast Sandwich, Fresh Fruit Medley oder Shrimp Louis Salad bestellt werden. Das Ganze wird so praktisch verpackt, dass man es an Bord des Flugzeugs kinderleicht verzehren und die Stewardess freundlich lächelnd mit einem »No, thank you« zum nächsten Platz schicken kann. Warum haben das eigentlich so wenige Hotels für sich entdeckt? Hier klafft eine Marktlücke von der Dimension einer Gletscherspalte.

Malen nach Zahlen oder Picasso?

Natürlich werden mit ein, zwei solchen Ideen die Umsätze einer Hotelkette nicht explodieren. Aber mit einer ganzen Fülle solcher Ideen vielleicht schon. Es gilt, eine fortlaufende Ideenpipeline zu installieren und alte Gewohnheiten immer wieder in Frage zu stellen. Auch hier sind es die Manager, die den Unterschied machen! Was möchten Sie sein: Musterschüler oder Innovator? Wenn Musterschüler, dann versuchen Sie ruhig weiter Malen nach Zahlen. Betreiben Sie externes Benchmarking in Ihrer Branche und holen Sie sich von anderen immer die neueste Kopiervorlage. Betreiben Sie internes Benchmarking und sagen Sie dem Vertriebsleiter im Saarland, er solle es genauso machen wie sein Kollege in Oberbayern, der die besseren Zahlen hat.

Bloß hat Picasso nie bei Matisse abgemalt. Mit Ausnahme von Konrad Kujau ist noch nie ein Kopist berühmt geworden. Und die Verhältnisse im Saarland sind immer, immer, immer anders als in Oberbayern. Nur Technokraten, Erbsenzähler und Feiglinge sagen: »Lasst es uns exakt so machen wie die anderen.« Echte Führungspersönlichkeiten suchen ihren eigenen Weg. Und sie gehen ihn auch dann, wenn sie klar erkennen, dass es der steinigere sein wird.

Picasso hat nie bei Matisse abgemalt.

In unseren Workshops versuchen wir immer, die Führungskräfte dazu zu bringen, über das Gewohnte hinaus zu denken und wirklich radikal neue Ideen zu entwickeln. Das ist nicht immer einfach – was aber nicht so sehr daran liegt, dass diese Manager nicht die Notwendigkeit einsähen, neue innovative Gedanken in ihren Kopf hineinzubekommen – ihr Problem ist es vielmehr, die alten Ideen wieder loszuwerden. Es ist für sie nämlich oft gar nicht mehr leicht einzuschätzen, in welchem Ausmaß ihre eigenen Ideen und Standpunkte nach all dem Benchmarking in der eigenen Branche, nach all den Jahren innerhalb der Branchenkonventionen und diesseits der traditionellen Regeln mit den Ideen und Standpunkten aller anderen im Markt verwechselbar geworden sind. Branchenblindheit kann man aber nur ablegen, wenn man sich umdreht und aus der Branche hinaus nach draußen schaut.

Vor einigen Jahren hatte einer von uns einmal mit einem großen Forschungsprojekt zu tun, das auch den Besuch bei einigen Großbanken notwendig machte. Als er abends im Bett lag, wusste er ehrlich nicht mehr, bei welchen Banken er im Laufe des Tages eigentlich gewesen war! Hätte man nachts, wenn alles schläft, wahllos 50 Topmanager jeder dieser Banken gegen die Führungskräfte ihrer Konkurrenten ausgetauscht, dann wäre es am nächsten Morgen wohl niemandem aufgefallen. Weder den Mitarbeitern in der Zentrale noch denen vor Ort in den Filialen noch den Kunden. Denn es hätte sich an der Strategie absolut nichts geändert.

Tragisch war bloß, dass jedes dieser Finanzinstitute felsenfest davon überzeugt war, ganz anders als die anderen zu sein. Auf die Ähnlichkeit angesprochen, war die Reaktion immer Entrüstung: »Aber nein, wo denken Sie hin, mit der

Deutschen Commerzdresdnerhypovereinsvolksbank können Sie uns nun wirklich nicht vergleichen. Wir sind in jeder Hinsicht absolut anders.« Und auf die Nachfrage, ob denn die Kunden das genauso sehen würden, hieß es dann im Brustton der Überzeugung: »Natürlich verwechseln uns unsere Kunden n-i-c-h-t mit der Deutschen Commerzdresdnerhypovereinsvolksbank.« In den empörten Gesichtern stand zu lesen: »Nur ein Vollidiot, der keine Ahnung von unserer Branche hat, könnte annehmen, dass wir wie die Deutsche Commerzdresdnerhypovereinsvolksbank sind!«

Spreu und Weizen oder Woran man erfolgreiche Manager erkennt

Um dieser Wahrnehmungslücke zwischen Selbst- und Fremdbild ein wenig auf die Spur zu kommen, stellen wir in unseren Workshops ein paar Fragen:

Frage 1: Werden Sie von Ihren Wettbewerbern eher als Regelbefolger oder als Regelbrecher eingeschätzt?

Frage 2: Hat sich Ihre Strategie in den letzten zwei bis drei Jahren deutlich verändert? Haben Sie ein neues Kundensegment gewonnen, einen neuen Markt erobert, neue Kompetenzen aufgebaut? Hat sich in der Folge die Zusammensetzung Ihrer Umsätze und Gewinne verändert – oder ist alles irgendwie gleich geblieben?

Frage 3: Ist es schwieriger für Sie geworden, Top-Führungskräfte zu gewinnen? Wollen die besten Leute für Sie arbeiten oder bekommen die einen Lachkrampf, wenn Sie ihnen ein Jobangebot machen?

Die Antworten auf diese letzte Frage sind ein simples, aber immer wunderbar treffendes Indiz. Die Fähigkeit, die besten Köpfe für sein Unternehmen zu gewinnen, zeigt sehr schön, wie man da draußen gesehen wird.

Wollen die besten Leute für Sie arbeiten oder bekommen die einen Lachkrampf, wenn Sie ihnen ein Jobangebot machen?

Oftmals ist die ernüchternde Erkenntnis nach dieser ersten Fragerunde: »We do business as usual.« Bitte verstehen Sie uns nicht falsch. Es geht weder um einen erhobenen Zeigefinger noch um einen Vorwurf. Im Gegenteil: Wer es schafft, sich einzugestehen, dass er bislang einfach alles so macht, wie alle es machen, ist ja schon mittendrin und voll dabei, den ausgetretenen Pfad zu verlassen. Unsere Denkmuster orientieren sich dummerweise an dem, was in der jeweiligen Branche als üblich und erfolgreich gilt. Und genau das wurde auch den meisten von uns im Laufe ihrer Karrieren gründlich eingebimst. Aber es gibt Auswege. Dafür müssen sich Manager zunächst darüber klar werden, wo sie eigentlich mit ihrer Firma stehen. Wir fragen sie deshalb, welche Werte des Unternehmens vom Kunden honoriert werden. Da gibt es dann in einer Gruppe typischerweise erst einmal Streit, weil jeder den Bereich, für den er verantwortlich ist, für den größten Werttreiber hält.

Um die Sache zu veranschaulichen, erstellen wir dann eine Matrix mit den einzelnen Werttreibern. Nehmen wir einmal an, wir hätten es mit einer Fluggesellschaft zu tun. Die Werttreiber aus Kundensicht könnten dann etwa sein: Sicherheit, Freundlichkeit der Mitarbeiter, Anzahl der Ziele, Qualität des Essens an Bord, Pünktlichkeit und so weiter. Dann bitten wir die Workshopteilnehmer einzuschätzen, wie sehr ihr Unternehmen bei jedem dieser Werttreiber vom Branchendurchschnitt abweicht. Wenn wir alle Punkte abgearbeitet haben, ist das Ergebnis fast immer gleich. Die Kurve weist kaum Ausschläge auf. Es ist die Wertekurve der gesamten Branche, das perfekte Benchmark.

Manchmal sagen einige dann spontan: »Wir müssen wohl in allen Punkten besser werden.« Und wir sagen: Nö. Müsst ihr nicht. Es gibt vielmehr drei Optionen: Entweder an einem

Punkt *radikal anders* und damit *extrem besser* werden. Oder an einem Punkt völlig auf diesen Wert *verzichten* beziehungsweise ihn auf ein Minimum *absenken*, weil er aus Kundensicht keinen Unterschied macht. Oder, dritte Möglichkeit, einen komplett neuen Wert *hinzufügen*.

So könnte sich zum Beispiel eine Fluggesellschaft radikal von anderen unterscheiden, indem sie mit der extremen Unflexibilität von Flugtickets Schluss machte. Heute lässt sich etwa Lufthansa ein voll flexibles Ticket im innerdeutschen Flugverkehr mit einem Fantasiepreis vergolden, den Geschäftskunden dann zähneknirschend bezahlen. Bei dba geht man mit dem »Flextarif« schon in eine andere Richtung, bei Austrian Airlines gibt es vier bis fünf Ticketarten mit unterschiedlicher Flexibilität. Aber richtig gut wäre eine Airline, die ihre Preise so kalkuliert und ihre Logistik so im Griff hat, dass sie sagen kann: Ein Ticket Frankfurt-London kostet soundso viel Euro – und es kann grundsätzlich jederzeit umgebucht werden. Da hätte Reisen plötzlich wieder etwas mit Freiheit zu tun. Und vielleicht würden dann weniger Maschinen halb leer durch die Gegend fliegen.

Weniger ist hier Mehrwert.

Warum es Sinn machen kann, auf einen Wert zu verzichten, hat Ryanair vorgemacht. Es gibt dort keine Bordverpflegung mehr. Dafür zahlt der Kunde weniger für sein Ticket. Und die Zielgruppe von Ryanair honoriert genau das. Weniger ist hier Mehrwert. Besonders anspruchsvoll ist natürlich, gänzlich neue Werttreiber zu finden und hinzuzufügen. Dazu braucht man schon etwas Fantasie. Einen besonders witzigen Einfall hatte Virgin Atlantic für seine Flüge von London in die USA. Die Passagiere der Business Class werden mit dem Motorrad in der City abgeholt. Etwas unbequem? Vielleicht. Aber so düst man an jedem Stau vorbei und ist so schnell wie noch nie in Heathrow.

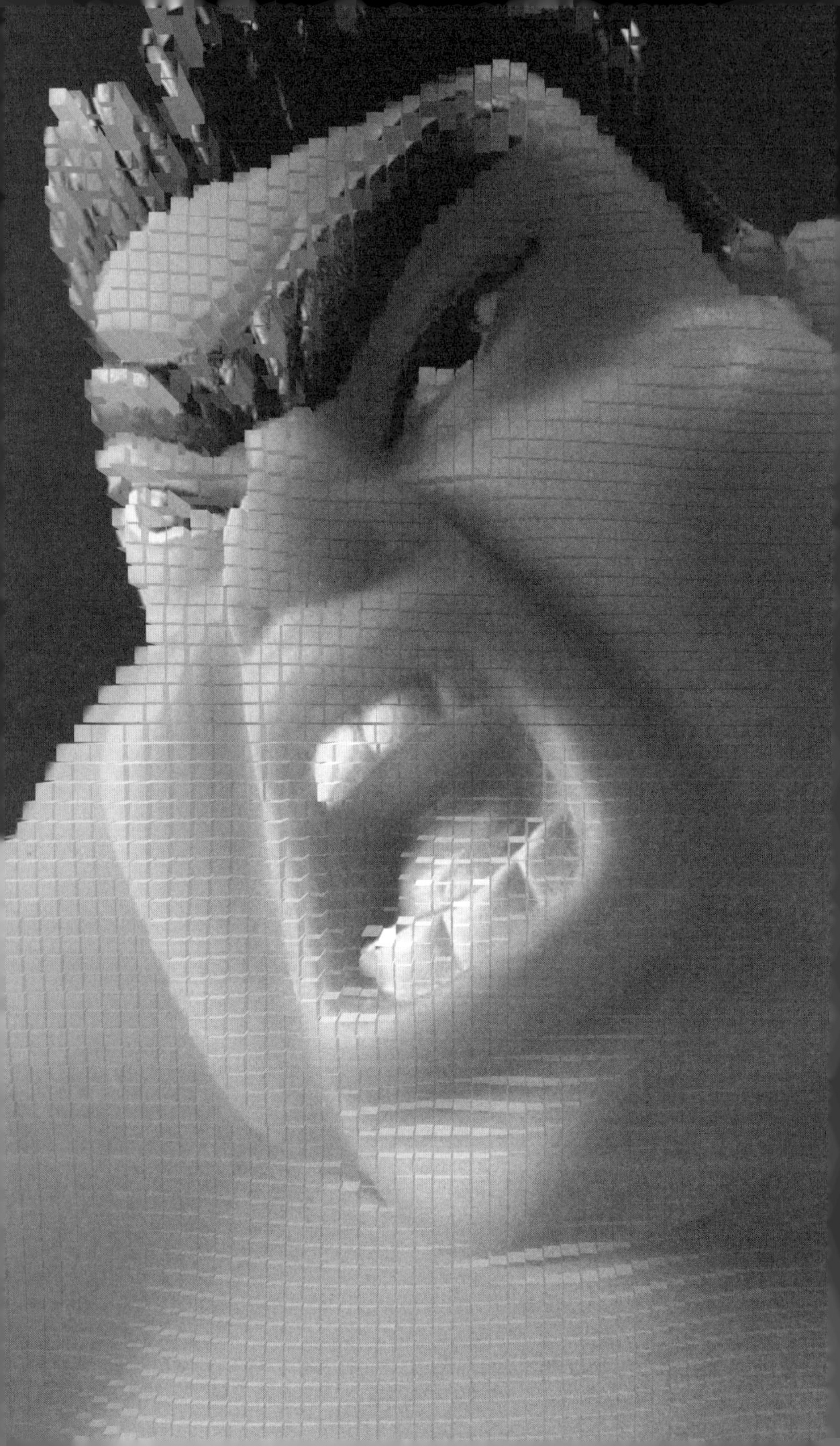

KAPITEL 11

UNSEXY: MANAGEMENT-TOOLS SIND IMMER VON GESTERN

Unser Buch *Marketing Trends* ist inzwischen schon seit ein paar Jahren auf dem Markt. Damals hatten wir, um das Manuskript fachlich wasserdicht zu machen, 550 Top-Manager gefragt: Was sind derzeit die wichtigsten Methoden und Werkzeuge im Marketing? Die Ergebnisse hatten wir dann zusammengefasst, daraus Trends destilliert und in das Buch abgefüllt, angereichert mit Tipps und Hinweisen. Seit es das Buch gibt, kann man die zugehörige Studie kostenlos auf unserer Website herunterladen. Und was sollen wir sagen? Das Ding wird nach all den Jahren immer noch heruntergesaugt wie Sangria aus Fünf-Liter-Eimern.

Was die Studie so sexy macht, ist uns klar: Jeder will wissen, was der heißeste Trend ist. Jeder will die Wunderdroge des Marketings besitzen, das Zauber-Tool, das jede verklemmte Schraube in der Kundenbeziehung löst. Und wenn die Mehrheit der Befragten sagt, dass Customer Relationship Management das wichtigste Werkzeug sei, dann wollen natürlich alle, aber auch wirklich alle CRM machen. Und was auf den Plätzen zwei und drei steht, darf natürlich auch niemand auslassen. Danach ist die Aufmerksamkeitsspanne aber schon erschöpft. Steht Erlebnismarketing nur auf Platz sieben, interessiert das im Prinzip niemanden mehr.

Für jedes Problem gibt es eben eine Lösung in dreikommafünf einfachen Schritten. – Ähem. Sollte es geben. – Gibt es vielleicht. – Wäre doch schön, wenn es die gäbe. – Womöglich gibt es sie ja doch? – Schade, dass es sie nicht gibt. – Gut, es gibt sie nicht. Trotzdem: Wir alle suchen nach etwas, das uns Orientierung und Inspiration gibt, etwas, das uns Antworten liefert, etwas, das leicht verdaulich ist, etwas Einfaches, Praktisches, das man wunderbar auf dem Flur oder im Meeting präsentieren kann.

Der Zaubertrank des Druiden, mit dem mein müder Laden zur unbezwingbaren Festung wird.

Dieser Markt für Lösungen in dreikommafünf einfachen Schritten ist ein Wachstumsmarkt. Es sind nicht nur die amerikanischen Fernsehprediger, die mit Heilsversprechen die Massen begeistern. Das tun auch selbsternannte Business-Experten. Und typischerweise läuft die Sache immer so: Die von Selbstzweifeln geplagte Führungskraft liest in einem Wirtschaftsmagazin oder einem allseits gepriesenen Management-Bestseller über ein revolutionäres Programm mit einem so elektrisierenden Namen wie »Total Quality Management« oder »Six Sigma« oder »Matrix Management« oder »Liberation Management« oder »Reengineering«. Schon nach den ersten Zeilen der Beschreibung prickelt es dem Manager im Kopf. Könnte es das nicht endlich sein, der lang erhoffte Zaubertrank des Druiden, mit dem mein müder Laden zur unbezwingbaren Festung wird? Klingt doch fantastisch ... Wollen wir doch mal sehen, ob ich das nicht auch hinkriege ...

Kaum zurück im Büro, wird ein Termin mit einer Unternehmensberatung arrangiert, die bei der Implementierung des neuen Tools gern behilflich ist. Die Berater präsentieren dem staunenden Publikum Zahlenkolonnen, bunte Charts und intonieren hoffnungsschwangere Worte, bis sich die Manschettenknöpfe biegen und die Softdrinks in den Gläsern zu köcheln beginnen. Sie können ihren Enthusiasmus kaum zügeln: »Reengineering-Six-Sigma-Total-Quality-Tarzan-Management wird, nein, *muss* die Lösung aller Probleme der westlichen Welt sein.« Jetzt gilt es, keine Zeit mehr zu verlieren. Hektisch werden Projektteams ins Leben gerufen, Berichte verfasst und die Terminkalender mit Meetings verstopft.

Nach einiger Zeit stellt sich dann allerdings heraus, dass

der gewünschte Turnaround einfach hartnäckig den Gehorsam verweigert. Damit ist die nächste Projektphase erreicht. Jetzt geht es darum, den Schuldigen zu finden. Und der ist schnell ausgemacht. Es ist dieser amerikanische Blödsinn, den die Berater ins Unternehmen geschleift haben. »Alles Blutsauger, die bloß unverschämte Tagessätze einstreichen und nichts bringen«, lautet die aus Gründen des Jugendschutzes von uns zensierte Schlussfolgerung des Managements. Die Geschäftsführung erklärt das Projekt für gescheitert, und man geht wieder zur Tagesordnung über. Bis zum nächsten Branchenkongress, auf dem ein euphorisierter Speaker eine radikal neue Lösung für alle unternehmerischen Probleme ... (fade out).

Doch wer ist eigentlich schuld daran? Die Berater? Die Managementgurus? Der American Dream? Christoph Kolumbus? Formulieren wir die Frage mal so: Wer kauft denn die Berater ein? Wer will die Tools haben? Wer erzeugt die enorme Nachfrage nach immer neuen Wunderheilmitteln für den Hausgebrauch im Management? Na?

Auch an klassischen Werkzeugen können Sie sich ganz übel die Finger quetschen.

Dabei sind es beileibe nicht nur die schnelllebigen Managementmethoden mit den so klang- wie geheimnisvollen Namen, bei denen Vorsicht geboten ist. Auch an klassischen Werkzeugen können Sie sich ganz übel die Finger quetschen. Tools, Werkzeuge, Methoden – das alles sind Denkanstöße, nicht mehr und nicht weniger. Sie können die eigene Kreativität und Aktivität nicht ersetzen. Sie sind nützlich, solange man sie in Maßen einsetzt, immer auch eigenständig denkt, die nötige Verantwortung übernimmt, zu seinen Fehlern steht und daraus lernt.

Schauen Sie doch mal durch die Windschutzscheibe!

Gerade die klassischen Managementwerkzeuge verleiten Führungskräfte dazu, ihr Hirn auf Stand-by zu schalten. Ein Beispiel? Die Diktatur der Marktforschung! Sich für strategische Entscheidungen und Produktinnovationen auf Marktforschung zu verlassen, das ist so, als würde man beim Autofahren immer nur in den Rückspiegel sehen. Wohlgemerkt: nicht beim Einparken, sondern im fünften Gang und auf der Autobahn. Marktforschung ist immer eine Autolänge hinterher, denn sie ermittelt die Ergebnisse der Entscheidungen von gestern. Damit suggeriert sie aber auch, dass die Lösungen von gestern für die Probleme von morgen taugen – nur tun sie das nicht!

Marktforschung ist immer eine Autolänge hinterher.

Apropos Autobahn. Hören Sie ab und zu mal Radio, zum Beispiel auf längeren Fahrten? Das Schöne dabei: Man braucht eigentlich keinen Lieblingssender suchen. Einfach anschalten, und dann ist es völlig egal, welchen Sender man gerade hört, es ist ja doch überall der gleiche Sound. Völlig einheitlicher Geräuschbrei. »Die größten Hits der Achtziger, Neunziger und das Beste von heute«, preisen Moderatoren von Flensburg bis Garmisch ihr Programm an. Zehn Stunden auf der A 7, und alles, was wechselt, ist der Schriftzug auf dem Radiodisplay. Die Klangtapete aus Mainstream-Pop der letzten 30 Jahre bleibt dieselbe. Angereichert wird das Ganze mit ein bisschen Nachrichten, Informationen, Wetter und Verkehrsmeldungen. Zu guter Letzt kommt noch die akustische Vergewaltigung durch die Werbespots obendrauf, denn von irgendwas muss der Sender ja leben.

Keine Frage: Der Konkurrenzkampf unter den Radiosendern ist brutal. Umso fataler, dass fast alle davon überzeugt sind, diesen Wettbewerb mit immer mehr des Gleichen gewinnen zu können. In einem Workshop, den wir für einen Radiosender gemacht haben, wurde deutlich, wovon sich das Management leiten lässt. Marktforschung, Marktforschung und nochmals Marktforschung. Sie bestimmt das Programm in all seinen Bestandteilen. Um nur nicht programmtechnisch danebenzuliegen, werden Hörer permanent nach ihren Präferenzen befragt. Die Hörerzahlen werden mit der Akribie professioneller Seismologen gemessen. Bei der kleinsten Bewegung nach unten bricht Panik aus, und es wird an der Programmgestaltung hektisch herumgeschraubt.

In einer solchen Unternehmenskultur ist die Aufforderung, doch mal innovativ zu sein, ungefähr genauso effektiv wie ein Verbot des Nasebohrens vor roten Ampeln. Das Management starrt mit Tunnelblick auf die aktuellen Ergebnisse der Marktforschung, und jeder Ansatz von Kreativität und Innovation wird im Keim erstickt. Dabei ist der Schlüssel zu einem Programm, das wirklich e-i-n-z-i-g-a-r-t-i-g ist, nicht die Frage »Was will der Hörer?«. Verstehen Sie uns nicht falsch. Natürlich sollten Sie Ihren Kunden zuhören. Aber darum müssen Sie ja noch nicht gleich alles haarklein reproduzieren, was der Kunde gesagt hat. Denn was der Ihnen erzählt, ist die Zeitung von gestern, nicht die von heute.

Die Aufforderung, doch mal innovativ zu sein, ist so effektiv wie ein Verbot des Nasebohrens vor roten Ampeln.

Die Ideen und Konzepte, die wir vom Management brauchen, sind jene, an die der Kunde von heute noch gar nicht denkt, die er heute noch gar nicht wollen kann, weil er sie noch nicht kennt. Der britische Architekt Sir Denys Lasdun sagte: »Unsere Aufgabe ist es, dem Kunden innerhalb des Zeit- und Kostenrahmens nicht das zu geben, was er will, sondern etwas, wovon er niemals auch nur geträumt hätte, es überhaupt zu wollen. Und wenn er es dann bekommt, erkennt er es als das, was er eigentlich schon immer wollte.«

Wir versuchten, den anwesenden Managern des Radiosenders klarzumachen, dass genau diese Obsession mit Hörerwünschen das größte Problem der Branche geworden sei. Solange man sich sklavisch an das Diktat der Marktforschung hält und jede Unternehmensentscheidung vom unmittelbaren Einfluss auf die Quote abhängig macht, braucht man sich nicht zu wundern, wenn man kein Alleinstellungsmerkmal hat. Es ist ein Teufelskreis: Das Radio spielt das, was die Hörer »wollen«, und die Hörer »wollen« das, was sie gewohnt sind. Das Problem dabei ist, dass das Gewohnte auch das Selbstverständliche ist und irgendwann keine besondere Aufmerksamkeit mehr erfährt.

Dass man sich auf dem privaten Radiomarkt auch vom Diktat der Marktforschung lösen und damit sehr erfolgreich sein kann, beweist Tim Renner mit Motor FM. Der in Berlin sowie im Raum Stuttgart terrestrisch und ansonsten über Internet und Kabel zu empfangende Sender ist im Vergleich zu seinen Wettbewerbern wirklich alles, außer gewöhnlich. Das beginnt mit der Musikauswahl, die einen ganz eigenen Sound schafft, der noch am ehesten in die Schublade »Alternativ« passt – gitarrenlastig und mit Ecken und Kanten. Die Musik ist klar der Identifikationsanker für die Hörer.

Aber Motor FM fragt seine Hörer nicht ständig nach ihren Lieblingssongs, sondern bietet ihnen das, was die Redaktion für gut befindet. Das muss dann nicht immer von Bands kommen, die schon Kultstatus haben, sondern kann auch mal in einem Keller in Berlin-Friedrichshain improvisiert worden sein. Allerdings unterscheidet sich der Sender nicht nur durch seine Musik, sondern auch und gerade durch sein Geschäftsmodell von der Konkurrenz. Zu der Musikauswahl würde permanente Werbung für Möbelhäuser oder die neuesten Küchenrollen wohl auch kaum passen. Also hat Motor FM andere Geldquellen erschlossen.

Der Sender setzt auf Live-Events, kostenpflichtige Downloads im Internet sowie auf Kooperationen mit Industrie und Handel. So gibt es etwa im Berliner Kulturkaufhaus Dussmann, einem der größten CD-Händler der Hauptstadt, ein eigenes Regal »Motor FM«, wo der Kunde die aktuell von dem Sender gespielte Musik findet. Und die wird gekauft wie geschnitten Brot. Hätte Tim Renner dagegen Marktforschung betrieben, wäre er wahrscheinlich zu der Erkenntnis gelangt, dass die Leute »Die größten Hits der Achtziger, Neunziger und das Beste von heute« hören wollen.

Lieber den Kunden kennen als die Studien über die Kunden

Wozu also überhaupt Marktforschung? Sie brauchen nicht gleich das Kind mit dem Bade auszuschütten. Erwarten Sie einfach nur nicht zu viel davon. Sie ist eben nur das, was sie ist: ein Blick in den Rückspiegel. Wenn Sie ansonsten hauptsächlich durch die Windschutzscheibe nach vorne schauen, macht es durchaus Sinn, ab und zu mal einen Blick nach hinten zu werfen. Nämlich beispielsweise dann, wenn Sie die Reaktionen von Kunden auf Innovationen beobachten und daraus für weitere Innovationen lernen oder Kurs und Angebot nachjustieren wollen. Wichtig ist dabei allerdings, dass die Analyse nicht das Handeln ersetzt.

Noch etwas: Feldforschung ist besser als Marktforschung. Wenn Sie Ihr Terrain kennen, brauchen Sie keinen Landvermesser. Wenn alle Mitarbeiter im Unternehmen den Kunden einfach nur zuhören und mit ihnen im Dialog sind, dann ist das mehr wert als jede Marktforschung. Es bringt weitaus weniger, einen Kunden zu fragen »Würden Sie das kaufen?«, als einfach Zeit mit ihm zu verbringen, sei es in Projektteams oder bei Besuchen vor Ort, wo sich die Zielgruppe befindet, um ihn kennenzulernen. Feldforschung bedeutet auch, eigene Methoden zu entwickeln, um näher am Kunden zu sein.

Ex-Aldi-Manager Dieter Brandes berichtet, wie Aldi sein Sortiment festlegte, als der deutsche Handelsriese in den türkischen Markt eintrat. Die örtlichen Manager baten einfach möglichst viele befreundete Familien, die Kassenzettel ihres Wocheneinkaufes aufzubewahren. Nach den so gewonnenen Informationen stellte man dann die Produkte zusammen und war auf Anhieb erfolgreich. Das war zwar noch nicht innovativ, aber zumindest clever. Unternehmen, die sich konsequent als innovativ verstehen, wie etwa die kalifornische Design- und Ideenschmiede Ideo, betreiben typischerweise gar keine Marktforschung. »Wenn man den Kunden fragt, wird er uns wesentliche Informationen vorenthalten«, sagte Ideo-Chef David Kelley einmal.

Möglicherweise fehlt den Kunden einfach das Vokabular oder das Gespür, um sagen zu können, was an dem Angebot nicht stimmt, insbesondere, was daran *fehlt*. Deshalb gilt: Wer ein Produkt verbessern oder ein radikal neues Angebot entwickeln will, muss unbedingt mit eigenen Augen, sozusagen als »Anthropologe« die Menschen beobachten. Dabei versucht man herauszufinden, welche Bedürfnisse die potenziellen Käufer tatsächlich haben. Leon Segal, der Experte für Human Factors von Ideo, erklärt: »Die Innovation beginnt immer mit einem unvoreingenommenen Blick.«

Wer sich von der Marktforschung emanzipiert, hat den ersten Schritt getan, sich auch von dem Glauben an all die anderen Management-Tools zu befreien, die Führungskräfte nur scheinbar aus der eigenen Verantwortung entlassen. Nötig ist der Abschied von der Vorstellung, im Management-Cockpit einen Autopiloten installieren zu können. Diesen wird es niemals geben. Niemals.

Allein schon der Begriff strategische Planung ist ein Widerspruch in sich.

Wir schreiben hier seitenweise über Innovation und darüber, wie man mit frischen und cleveren Ideen den Wettbewerb ausmanövrieren kann. Vielleicht haben Sie sich beim Lesen schon gefragt: Woher sollen denn diese frischen und cleveren Ideen kommen? Entstehen sie im Rahmen des jährlich stattfindenden Planungsprozesses in Ihrem Unternehmen? Ja, vielleicht? Möglicherweise? Nun, die strategische Planung ist, ebenso wie die Marktforschung, ein sehr beliebtes Management-Tool. Doch wir behaupten: *Mit zentraler Planung kann man keine Innovation herbeiführen.* Punkt. Wenn zentrale Planung mit all ihren »Instrumenten« je etwas Innovatives zustande gebracht hätte, dann läge das Silicon Valley näher bei Moskau als bei San Francisco.

Allein schon der Begriff strategische Planung ist ein Widerspruch in sich, denn er unterstellt, dass Wirtschaft eine planbare Größe ist, die von Führungskräften gemanagt wird. Die klassische strategische Planung geht davon aus, dass sich mit Hilfe existierender Heuristiken, Algorithmen und Prämissen Entwicklungen am Markt vorhersagen lassen. Doch die heutige Geschäftswelt ist absolut unberechenbar. Wenn man den strategischen Planern die Verantwortung für die »Planung« der Zukunft überlässt, dann ist das so, als würde man einen Maurer vor einem Steinhaufen bitten, mit der Kelle in der einen und dem Mörteleimer in der andern Hand Michelangelos David zu erschaffen. Strategische Planung ist im Umgang mit der Zukunft ein ungeeignetes Werkzeug.

Und morgen? Keine Ahnung. Jedenfalls völlig anders!

Der Grund dafür ist einfach: Jeder Planungsprozess baut auf gewissen Voraussetzungen auf – Technologien, Kapitalmarkt, Kunden, Cash Flow, Inflation, Marktwert, Umsatz, Geopolitik und so weiter. All diese Parameter sind heute so, wie sie gerade eben sind. Und morgen? Keine Ahnung. Jedenfalls völlig anders! Was heute die Voraussetzung für ein gesundes Business ist, dürfte morgen schon komplett irrelevant sein.

Das bedeutet nicht, dass man überhaupt nicht planen und stattdessen lässig in den Tag hinein wirtschaften sollte. Planen Sie! Der Punkt ist, dass strategische Planung eine trügerische Sicherheit vorgaukelt. Planer gehen davon aus, dass sich in etwa die gleiche Menge von Menschen, die sich im Vorjahr für ihr Produkt entschieden haben, auch in diesem und im kommenden Jahr dafür entscheiden werden – plus/minus ein paar Prozent vielleicht. Man denkt also, dass sich ein Vorgang, der Vorjahr heißt, einfach wiederholt. Diese Naivität kann sich niemand leisten.

KAPITEL 12

MUT: MANAGER, DIE FEHLER MACHEN (UND SIE BEI IHREN MITARBEITERN ZULASSEN), SIND ERFOLGREICHER

Im Spätsommer 2006 recherchierte die Redaktion der *Wirtschaftswoche* zum Thema »Fehlerkultur im Management«. In dem Beitrag sollte es um den Umgang mit Misserfolgen gehen und die Bereitschaft, aus ihnen zu lernen. Dazu hätte man gerne Geschichten von Top-Managern nach dem Muster »Mein größter Fehler und was ich daraus gelernt habe« präsentiert. Doch es kam, wie es kommen musste: Keine einzige deutsche Führungskraft wollte öffentlich zugeben, einmal so richtig volle Kraft voraus ins falsche Meer gefahren zu sein.

Stattdessen versuchten die Manager, der *Wirtschaftswoche* ihre neuesten Großtaten als vermeintliche »Fehler« zu verkaufen, die sich durch ihre eigenen magischen Hände in sprudelnde Geldquellen verwandelt hätten. Den Vogel schoss der Inhaber einer Wurstfabrik ab, der mit stolzgeschwellter Brust seine neueste Innovation pries: eine Streichwurst, die statt im Naturdarm in einem Plastikbecher verkauft wird. Was das mit Fehlerkultur zu tun hat? Nun, seiner Meinung nach hatte er den »Fehler« begangen, auf diese sensationelle Idee nicht früher gekommen zu sein! Und so erschien denn schließlich in dem Wochenmagazin ein Artikel über Fehlerkultur, gespickt mit den Erfolgsstorys deutscher Manager. Wie grotesk!

Fehler? Schaffen wir einfach ab!

Die Sache erinnert uns fatal an die Vorstellungsgespräche in großen Organisationen, die wir zu Anfang unserer Karriere erlebt und in äußerst zwiespältiger Erinnerung haben. Da kam dann immer die Standardfrage: »Was sehen Sie als Ihre größte Schwäche an?« Beziehungsweise: »Haben Sie schon einmal einen richtigen Fehler gemacht?« Es ist völlig klar, dass jeder Mensch Schwächen hat und hin und wieder Fehler begeht. Wer das für die eigene Person ernsthaft leugnet, ist reif für die Zwangsjacke.

Niemals, auch nicht unter Androhung von Waffengewalt ehrlich auf diese Fragen antworten.

Aber natürlich kennen wir alle die ungeschriebene Spielregel im Bewerbungsgespräch, die da lautet: niemals, unter gar keinen Umständen, auch nicht unter Androhung von Waffengewalt e-h-r-l-i-c-h auf diese Fragen zu antworten. Wer jetzt beispielsweise sagt »Ich kann mich manchmal den ganzen Vormittag einfach nicht konzentrieren« oder »Ich habe schon mal zigtausend Euro für eine komplett idiotische Idee verbrannt«, kann gleich wieder heimgehen und hat umsonst vier Stunden mit quietschenden Kindern in einem überfüllten ICE verbracht. Er ist selbst dann durchgefallen, wenn ihm regelmäßig nobelpreisverdächtige Einfälle kommen und er neben den ehrlich bilanzierten Fehlern auch bereits Werte in Millionenhöhe für seinen früheren Arbeitgeber geschaffen hat.

Was der Fragesteller im Vorstellungsgespräch hören will, sind vermeintliche Schwächen, die eigentlich Stärken sind. »Fehler«, die sich bei Licht betrachtet als Heldentaten entpuppen. Also etwa: »Meine Arbeit fasziniert mich derart, dass ich abends oft gar kein Ende finde und bis drei Uhr früh im Büro bleibe.« Für einen mies bezahlten abhängig Beschäftigten ist dieses Verhalten ziemlich krank. Aber bei potenziellen Chefs sehr beliebt. Besonders geschickt ist es auch, sich selbst der »Ungeduld« zu bezichtigen. Motto: Ich bin so dynamisch, ich kann gar nicht stillsitzen, manchmal überwältigt es mich einfach. Als die *FAZ* noch jeden Freitag Promis den Fragebogen von Marcel Proust ausfüllen ließ, schrieben neun von zehn Managern und Politikern auf die Frage nach ihrem größten Fehler: Ungeduld. Respekt! Welch todesmutige öffentliche Selbstgeißelung!

Dass es auch anders geht, erleben wir immer wieder in den USA. Sicher haben auch die Amis ihre Neurosen, aber sie zeichnen sich durch eine sehr pragmatische Haltung zu den Niederlagen im Geschäftsleben aus. Wir treffen dort immer wieder Leute, die voller Stolz von ihren Pleiten erzählen. Sie sagen Dinge wie: »Ich war mal ganz unten, aber ich habe aus meinen Fehlern gelernt, und jetzt bin ich wieder oben.« Und was, wenn sie wieder auf die Nase fallen? Egal, es geht immer irgendwie weiter.

Typischerweise sind es hochkreative Köpfe, die so denken. Es sind Angehörige der neuen Creative Class. Sie haben die Pleite der New Economy erlebt, sie haben Geld verloren, aber sie haben sich die Laune nicht verderben lassen. Lessons learned. Und: Ja, sie würden dasselbe Risiko heute jederzeit wieder eingehen.

Liegt das Silicon Valley vielleicht deshalb in Kalifornien und nicht in Rheinland-Pfalz? Tatsache ist, dass in den USA auch die Kapitalgeber nicht nur an Investments nach dem Motto »Sicherheit mit Dividende« interessiert sind, sondern mit Fehlern, Rückschlägen und sogar Totalausfällen fest rechnen. Die Portfolios werden einfach entsprechend breit angelegt. Ein amerikanischer Seed-Capital-Geber sagte uns, wenn aus zehn Investments nur eines ein Hit würde, dann fände er das ganz wunderbar. Die neun anderen muss man eben in Kauf nehmen, weil niemand die Gesetze der Wahrscheinlichkeit außer Kraft setzen kann. Dafür kann ein Volltreffer blitzschnell zum Welterfolg werden und die Misserfolge mehr als wettmachen.

Erfrischend! Und auf unserer Seite des Globus gehört das eitle Gehabe von Managern, sich als fehlerlos darzustellen, zum guten Ton. Ganz schön neurotisch. Schlimmer noch: Fehler zu machen wird hierzulande mit Scheitern gleichgesetzt. Jeder ist paranoid, als fürchte er, ein »V« für Versager auf der Stirn zu tragen. In einer solchen Kultur wird Risikobereitschaft jedem operativ entfernt, der ins mittlere Management aufsteigt – immerhin auf Kosten des Unternehmens.

Untätigkeit ist der schlimmste Fehler – und der einzige, der bestraft werden sollte.

Eine solche Grundeinstellung führt zu Untätigkeit und schließlich Erstarrung. Erst erstarrt der Mitarbeiter, dann die Abteilung, dann die Firma, dann die Wirtschaft eines ganzen Landes.

Doch in einem Unternehmen, das innovativ sein will, ist Untätigkeit der schlimmste Fehler – und der einzige, der bestraft werden sollte. Untätigkeit ist wie eine schleichende Seuche, bei der diejenigen, die aus Risikoscheu auf ihren Hintern hocken bleiben und folglich auch gar keine Fehler machen können, belohnt werden. Nötig ist ein intelligentes Fehler-Handling, durch das man lernt, von ihnen zu profitieren.

Fehltritt für Fehltritt in die goldene Zukunft

Tom Peters erzählt in einem seiner Bücher eine aufschlussreiche Anekdote über den Gründer des amerikanischen Handelsriesen Wal-Mart, Sam Walton. Immer wenn irgendeine Idee überhaupt nicht funktioniert hatte, kam Walton am nächsten Morgen kichernd wie ein kleiner Junge ins Büro und sagte: »Na, diese blödsinnige Idee ist jetzt wenigstens vom Tisch. Wo waren wir stehengeblieben?« Das galt offenbar selbst dann, wenn die Firma gerade Millionen in den Sand gesetzt hatte. Dabei hasste Walton Schludrigkeit und Faulheit wie die Pest. Aber sein Motto war eben, jede Idee sofort mit Nachdruck zu testen. Und wenn es schiefgeht, sofort die nächste, mit noch mehr Nachdruck.

Bekanntermaßen ist Wal-Mart in Deutschland gerade grandios gescheitert. Und genau deshalb erzählen wir Ihnen diese Geschichte. Wäre Lidl oder Metro in den USA Ähnliches passiert, dann hätte das diese Firmen sicherlich bis ins Mark erschüttert. Köpfe würden rollen, die Strategien würden in Frage gestellt und die Presseabteilung müsste im Auftrag der Top-Manager öffentlich die Schuldigen brandmarken: unfähige Politiker, unlautere Wettbewerber, verunsicherte Verbraucher. Wal-Mart sagt sich in solch einer Situation: »Wo waren wir stehen geblieben?« Wer wagt, verliert eben auch mal. Der nächste kühne Versuch kann ja schon wieder ein Volltreffer sein.

Doch in vielen Organisationen würde das Top-Management eher nackt über Glasscherben kriechen, als etwas wirklich Neues zu riskieren. Das führt zu einer ungeheuren Absicherungsmentalität, die allen Innovationswillen lähmt. Dabei weiß auch in unseren Breiten jeder, dass er nicht unfehlbar ist. In der Theorie haben die meisten auch eingesehen, dass sie experimentierfreudiger und wagemutiger und nicht etwa noch perfekter werden müssen. Und doch verschwenden sie einen Großteil ihrer Energie darauf, alle Entscheidungen möglichst als Handeln eines Kollektivs hinzustellen. Sollte irgendetwas schiefgehen, dann ist es niemand gewesen. Hegel und Marx sind in deutschen Führungsetagen überraschend lebendig – geht der Laden langsam den Bach herunter, ist garantiert »der Weltgeist« oder »die Geschichte« schuld. Jedenfalls kein menschliches Wesen. Gelingt aber mal was, dann hält man es als Manager lieber mit Nietzsche und erklärt sich zum Übermenschen. Bis das nächste Risiko auftaucht, das penibel abgesichert werden will.

In vielen Organisationen würde das Top-Management eher nackt über Glasscherben kriechen, als etwas wirklich Neues zu riskieren.

Die Alternative dazu lautet: Mut. Neues zu wagen und Innovationen voranzutreiben bedeutet Aufbruch zu unberührten Ufern, und zwar notabene ohne Erfolgsgarantie. Das schaffen naturgemäß nur Führungskräfte, die an sich selbst glauben, die Mut, Zuversicht und Vertrauen in die eigenen Stärken besitzen. Und dazu gehört, Mitarbeitern nicht permanent

Angst vor dem Versagen einzujagen, sondern sie ebenfalls experimentieren zu lassen. Fehler zu vertuschen ist ein Zeichen von Angst und Schwäche. Jack Welch hat einmal gesagt: »Belohnen Sie nicht mittelmäßige Erfolge, sondern grandiose Fehlschläge!«

Die nächste Tugend heißt: Vertrauen. Das bedeutet, auf seine Ideen und sein Team zu bauen und Dinge auszuprobieren, auch wenn alle selbsternannten Experten das Scheitern des Experiments prophezeien. Vertrauen heißt nicht Starrköpfigkeit um jeden Preis. Aber es bedeutet ein gesundes Festhalten an den eigenen Überzeugungen. An Überzeugungen, mit denen man auch mal auf der Nase landen kann. Aber genau hierin zeigt sich die Stärke von Führungspersönlichkeiten: nach Niederlagen ganz schnell wieder aufstehen und weitermachen – immer und immer wieder. Fehler sind letztlich nichts anderes als ein notwendiger, integraler Bestandteil jedes Fortschritts, jeder Innovation, jeder neuen Form von Wertschöpfung. Man kann die Fehlerquote bei Innovationen nur dadurch auf null senken, indem man sie verhindert. Von Thomas Watson, dem Gründer und ehemaligen CEO von IBM, stammt die Aussage: »Wenn Sie erfolgreich sein wollen, verdoppeln Sie Ihre Misserfolgsrate.«

Genau das ist der Punkt. Empirische Untersuchungen haben gezeigt, dass Kreativität vor allem das Ergebnis hoher Produktivität ist. Dieses Gesetz bestätigt sich überall, ob es sich nun um Manager, Erfinder, Wissenschaftler, Dichter oder Maler handelt. Thomas Edison, Leonardo da Vinci, Albert Einstein oder Pablo Picasso. Sie alle waren Genies auf ihrem Gebiet. Aber sie verbindet noch etwas: Sie waren sehr viel produktiver als ihre Zeitgenossen. Sie waren auch deshalb erfolgreich, weil sie ihre Misserfolgsrate dramatisch erhöhten. So lieferte sich Einstein jahrelang Wortgefechte mit dem dänischen Physiker Niels Bohr. Einstein wollte unbedingt die Quantenmechanik widerlegen. Letztlich scheiterte er bei diesem Versuch, weil er seine eigene Relativitätstheorie nicht berücksichtigte. Vielleicht war es dieses Malheur, das Einstein zu dem Schluss brachte: »Es gibt nur einen Weg, um Fehler zu vermeiden: Keine Ideen mehr zu haben!«

Wenn Sie erfolgreich sein wollen, verdoppeln Sie Ihre Misserfolgsrate.

In der Theorie werden das viele abnicken. Es gilt aber, diese Erkenntnis als Führungskraft auch zu leben und nach außen zu verkörpern. Es gilt, endlich bewusst danach zu handeln. Selbst wenn Sie 98 Prozent aller Informationen haben, die Sie für eine Entscheidung brauchen, sind es oftmals die restlichen 2 Prozent, die über Gewinn oder Verlust entscheiden.

Wir müssen experimentieren, um innovativen und begeisternden Lösungen auf die Spur zu kommen. Und wir müssen lernen, Fehler und Fehlentscheidungen als Anstoß für das nächste Experiment zu begreifen. Uns eben »etwas einfallen zu lassen«. Natürlich gibt es keine Garantie, dass die Experimente gleich im ersten Versuch den gewünschten Erfolg bringen. Es gibt auch keine Garantie für den zweiten Versuch. Es gibt überhaupt keine Garantie für Erfolg.

Deshalb braucht man für eine einzige gute Idee lauter dumme, schlechte und zu verrückte Ideen. Niemand kann vorher genau wissen, welche davon Zeitverschwendung ist und aus welcher der nächste iPod hervorgeht. Thomas Edison, der vielleicht größte Erfinder aller Zeiten, machte über 9000 Experimente, bevor er auf die Glühbirne kam. Waren die ersten 8999 Versuche also Fehlschläge? Nein. Sie waren der Weg zum Erfolg. Wer erfolgreich sein will, muss einfach nur genügend Fehler machen.

Immer aufs Tor schießen!

Früher war Management wie Golf. Jeden Schlag in aller Ruhe vorbereiten, sich konzentrieren, Haltung bewahren. Und vor allem: Immer das Handicap niedrig halten! Heute ist Management wie Fußball. Aufs Tor schießen, wann immer sich die Gelegenheit bietet. Ein einziges Tor in der 89. Minute kann reichen, um das Spiel für sich zu entscheiden.

Aber dafür muss man es oft genug versuchen. Nein, nicht einmal Quälix Magath würde Lukas Podolski sagen, er solle nur dann aufs Tor zielen, wenn er absolut sicher sein könne, auch zu treffen. Das Motto für Stürmer lautet: immer feste druff.

Richard Branson ist so ein Stürmer unter den Managern. In den letzten Jahren und Jahrzehnten hat sich seine Virgin Group, deren Anfänge als kleiner Londoner Plattenversand in das Jahr 1972 zurückreichen, zu einer echten Multimarke entwickelt – man könnte auch vom ersten multinationalen Straßenkiosk der Welt sprechen: Neben dem Stammgeschäft Musik (Virgin Records, Virgin Megastores) und dem Luftverkehr (Virgin Atlantic, Virgin Express) ist die Gruppe mittlerweile in mehr als 15 weiteren Produktkategorien vertreten.

Die wichtigste Verbindung der weitverstreuten Provinzen des Virgin-Imperiums bildet Richard Branson selbst. Als eine Art moderner Robin Hood bricht er seit Jahren die Regeln seiner Zielmärkte, bringt jedoch stets hohe Qualität hervor und befriedigt mit britischem Humor bei seinen Kunden das Bedürfnis, sich mit Virgin-Produkten gegen das Establishment aufzulehnen. »Wir nehmen Branchen aufs Korn, in denen die Kunden nur ausgenommen werden, finden heraus, wie wir sie besser behandeln können, und verbessern dabei die Marke«, erläutert Branson sein Vorgehen.

Dabei ist sich der britische Multimillionär sehr wohl darüber im Klaren, dass sich nur ein Teil dieser Aktivitäten auf die Dauer lohnen würde. Er versteht es aber auch stets, den Ball rechtzeitig zurück zum Torwart zu spielen. Sprich: Zu jedem neuen Businessplan gehört die saubere Exit-Strategie zwingend dazu. Im Laufe der Jahre hat Virgin viel mehr wieder sein gelassen, als andere Unternehmen mit einer hundertjährigen Tradition jemals ausprobiert haben. Von Bauchlandungen wie mit Virgin Cola oder Virgin PCs lässt er sich nicht im Geringsten irritieren. »Demnächst will ich den Weltraumtourismus erschwinglich machen und ein Hotel im All kreieren. Ich habe den Mond im Visier.«

»Man vergibt 100 Prozent der Schüsse, die man nicht abfeuert«, so könnte Bransons Credo lauten. Doch gesagt hat dies der kanadische Nationalheilige Wayne Gretzky, den viele für den besten Eishockeyspieler aller Zeiten halten. Wer würde da widersprechen?

Doch Vorsicht! Nicht alle Fehler sind cool. Im Gegenteil, es gibt handwerkliche Fehler, die schlichtweg unentschuldbar sind. Diese sind von dem Mut, etwas Neues zu wagen, deutlich zu unterscheiden. Neulich haben wir einen Vortrag in einem gerade eröffneten Hotel gehalten, das dessen englischer Besitzer zur besten Herberge der deutschen Hauptstadt machen möchte.

Doch Vorsicht! Nicht alle Fehler sind cool.

Mutig finden wir, dass er seine Wettbewerber im Fünf-Sterne-Plus-Segment nicht mit noch größeren Kristalllüstern und noch mehr Silber auf den Tischen übertrumpfen will. Man ist in ein 1889 im Stil der italienischen Renaissance erbautes Bankgebäude eingezogen, dessen für ein modernes Hotel sagen wir mal suboptimalen Grundriss man eben in Kauf nimmt.

So weit, so gut. Doch kurz vor Beginn der Veranstaltung brach totales Chaos aus. Erst gab es kein Mikrofon, dann keine Lautsprecher. Als alles in letzter Minute improvisiert war, der Adrenalinspiegel des Veranstalters wieder sank und die ersten Gäste eintrafen, kam aus der Küche die nächste Hiobsbotschaft: »Wir haben leider völlig vergessen, die Canapés zu machen. Aber wir können schon mal ein paar Nüsse hinstellen.« Sorry, Sir Rocco, aber mit solchem Dilettantismus schafft man es in Berlin nicht an die Spitze.

Das sind handwerkliche Mängel, die niemals passieren dürfen. Punkt! Würde das Hotel aber letztlich daran scheitern, dass Gäste in diesem Segment doch lieber in Einheitszimmern im Stil der Studiodekoration von »Denver Clan« wohnen, dann würden wir sagen: Hut ab! Ihr habt es wenigstens versucht, alles, außer gewöhnlich zu sein. Und das ist niemals, niemals ein Fehler.

KAPITEL 13

SEXY: DIE BESTEN FÜHRUNGSKRÄFTE HABEN DIE BESTEN MITARBEITER

Austin Powers, der »Spion in geheimer Missionarsstellung« in Hollywoods schräger Parodie auf die James-Bond-Filme der Sechziger, hat einen ebenso bösen wie intelligenten Gegenspieler, der sinnigerweise Dr. Evil heißt. Dieser glatzköpfige Schurke im hellgrauen Anzug ist nie allein, sondern wird auf Schritt und Tritt von einem Liliputaner begleitet, der einschließlich des entschwundenen Haupthaars exakt so aussieht wie sein Herr und Gebieter. Dr. Evil nennt ihn treffend Mini-Me. Er ist das kleine Ich des großen Egos. Er ist ein Klon, ein Double, ein Faksimile und ein Faktotum. Aus Sicht seines Chefs ist Mini-Me der perfekte Untergebene.

Wir sind uns absolut sicher: Der Einstellung von Mini-Me muss ein professionelles Recruiting vorausgegangen sein. Vielleicht hat ein Headhunter mit dem Stundensatz eines Helikopterservices ein halbes Jahr nach ihm gesucht. Oder er ist in einem Assessment Center unter 800 Bewerbern als Sieger hervorgegangen. In jedem Fall werden Dr. Evil und sein Personalchef am Ende mächtig stolz gewesen sein, genau den Richtigen gefunden zu haben.

Back dir deinen Mitarbeiter!

In so manchem Unternehmen läuft das offenbar nicht anders. Irgendwie schaffen die es, exakte Kopien des großen Chefs einzustellen. Diese Mini-Mes sehen so aus wie der Chef, sie kleiden sich wie der Chef, sie reden wie der Chef, sie entscheiden wie der Chef. Und irgendwann fangen sie auch unweigerlich an, genauso zu denken wie der Chef. Und genau das ist das Problem.

Gerade erst drei Monate dabei und schon ein »Mini-Me«!

Die Harvard-Professorin Rosabeth Moss Kanter hat dieses Phänomen schneidend als »homosoziale Reproduktion« bezeichnet. Unternehmer und Manager achten bei Einstellungen und Beförderungen auf die immer gleichen, ihnen angenehmen Persönlichkeitsmerkmale. So kommt es tatsächlich zu einer Art »Fortpflanzung« der Gruppe – durch die Erweiterung mit beinahe identischen Köpfen. Dabei stellte Kanter fest, dass sich die meisten Manager unbewusst auf bloße Äußerlichkeiten verließen, um herauszufinden, wer für eine bestimmte Position geeignet sei. Letztlich gehe es ihnen dabei nur darum, die eigene Macht zu sichern, indem sie sich mit Menschen umgeben, die sich nahtlos in das System einfügen und die sie als Leute ihres Schlags ansehen können. Im Mitarbeitergespräch nach der Hälfte der Probezeit verteilen sie dann höchstes Lob, wie schnell sich jemand eingelebt habe. Gerade erst drei Monate dabei und schon ein »Mini-Me«!

Bei der Frage, welche Weisheit denn nun die Wirklichkeit treffender beschreibt, »Gegensätze ziehen sich an« oder »Gleich und Gleich gesellt sich gern«, ist die Antwort der Psychologie eindeutig: Gleiches zieht sich magisch an. Robert Sutton, Professor an der Stanford Business School, beschreibt diesen Ähnlichkeits-Anziehungs-Effekt so: »Unbewusst ist uns eine Person, die uns äußerlich oder im Verhalten gleicht, die mit uns zur Schule gegangen, im selben Jahr geboren ist oder uns sonst in irgendeiner für uns wichtigen Hinsicht gleicht, sympathischer als andere. Und wir beurteilen sie auch oftmals positiver. Umgekehrt gilt, dass deutliche Unterschiede, ganz gleich, wie selbstbewusst, intelligent oder qualifiziert eine Person ist, unbewusst oft negative Gefühle auslösen. Das führt entweder zu subtilen Formen von Zurückweisung, wie etwa Kontaktvermeidung, oder auch zu einer weniger subtilen Form der Zurückweisung, etwa in Form des Entschlusses, eine Person nicht einzustellen. Die allermeisten Menschen merken überhaupt nicht, dass ihre Gefühle und Entscheidungen auf diese Weise beeinflusst werden.«

Steve Ballmer könnte selbst beim Duracell-Batterie-Hasen für einen Minderwertigkeitskomplex sorgen.

Bleibt bloß die Frage: Worin besteht denn eigentlich das Problem, wenn Führungskräfte sich mit ihresgleichen umgeben? Nun, vielleicht gehen Sie mit uns konform, dass der Kommunismus mit seiner völligen Gleichschaltung von Menschen keine wirklich gute Idee war. Auch wenn es in Pjöngjang ein paar Betonköpfe gibt, die diese Aussage vehement bestreiten. Wir sind zutiefst davon überzeugt: Energie entsteht immer aus Gegensätzen. Nehmen wir diese beiden Herren, die das kongeniale Microsoft-Duo bilden: Bill Gates und Steve Ballmer. Beide sind völlig konträre Persönlichkeiten. Der oftmals scheu wirkende Gates war schon als Kind allzu klug und hatte es deswegen umso schwerer. Schule und Sport langweilten ihn, aber Computer übten eine ungeheure Faszination auf ihn aus. Steve Ballmer dagegen ist alles andere als scheu. Ballmer, so ätzte die *FAZ* jüngst in einem Artikel, sei ein Chef, der beim berühmten Duracell-Batterie-Hasen für einen Minderwertigkeitskomplex sorgen könne. Sein Verhalten entspreche einer Kreuzung aus einem Fußballtrainer und einem Fernsehprediger.

Wohl wahr! Wer die Videoaufzeichnungen von Ballmers Auftritten bei Mitarbeiterversammlungen gesehen hat, wird die optischen und akustischen Eindrücke nicht so schnell vergessen. Da läuft und springt ein wuchtiger Kerl keuchend im schweißnassen Hemd auf der Bühne herum und ruft mit heiserer Stimme vier Worte: »Ich! Liebe! Dieses! Unternehmen!« Der Jubel der anwesenden Mitarbeiter ist ihm sicher. Allerdings musste Ballmer nach einem vergleichbaren Auftritt schon einmal an den Stimmbändern operiert werden. Vermutlich ist es die komplementäre Gegensätzlichkeit dieser beiden Typen, die nicht unwesentlich dazu beigetragen hat, Microsoft zu dem zu machen, was es heute ist.

Oder nehmen wir ein anderes kongeniales Duo aus dem Computerumfeld. Sergey Brin und Larry Page, die beiden Erfinder der Internetsuchmaschine Google. Auch hier das gleiche Muster wie bei Gates und Ballmer: Larry, der ruhige, nachdenkliche Typ aus dem Mittleren Westen, und Sergey, der Extrovertierte, Selbstbewusste, Sportliche aus der ehemaligen Sowjetunion. Beiden gemeinsam ist jedoch die Eigenschaft, keinem Streit aus dem Wege zu gehen. Und genau das fordern sie auch von ihren Mitarbeitern. Bei Google will man keine Mini-Mes, sondern Leute, die unkonventionell denken und jede Annahme hinterfragen. Das Motto lautet auch deshalb: Stelle ruhig unangenehme Fragen!

»Er ist ätzend. Ohne ihn wäre ich aufgeschmissen.«

Brin und Page umgeben sich mit Menschen, die Rey More, Senior Vice President von Motorola, einmal wie folgt beschrieben hat: »Ich habe da so einen linksradikalen Typen, der für mich arbeitet. Er ist ätzend. Er sagt mir ständig, dass ich Unrecht habe. Er gleicht meine blinden Flecken aus. Ohne ihn wäre ich aufgeschmissen.«

Genau darum geht es! Wenn Sie sich nur mit Jasagern, Kofferträgern und Höflingen umgeben, dürfen Sie sich nicht wundern, wenn am Ende auch nur mittelmäßige Ideen herauskommen. Wirklich gute und innovative Ideen entstehen in einem Umfeld, das Widersprüche nicht nur zulässt, sondern geradezu fordert.

Du sollst keine Götter neben mir haben!

»Woher kommen denn neue Ideen?«, fragt Nicholas Negroponte, der Leiter des MIT Media Lab in Boston. Und gibt selbst die Antwort: »Das ist ganz einfach. Aus Widersprüchen! Kreativität entspringt aus ungewöhnlichen Kombinationen. Die wiederum entstehen am ehesten, wenn wir Altersgruppen, Kulturen und Fachgebiete kräftig mischen.«

Und die Realität? Viele Unternehmen sind so tief in Inzucht versunken, dass die Mitarbeiter Rückennummern tragen sollten, damit sie besser voneinander unterscheidbar sind. Von einem Unternehmen, das zu über 90 Prozent aus Leuten mit demselben Geschlecht, demselben Alter, einem ähnlichen sozialen Background sowie ähnlichen schulischen und beruflichen Werdegang besteht, dürfen Sie nicht viel Innovatives erwarten. Auch wenn dieses Unternehmen einmal im Jahr ein richtig verrücktes Outdoor-Team-Experience-Gemeinschaftserlebnis mit Hilfe eines professionellen Trainers ansetzt und sich auch immer viel Mühe gibt, die jährlich stattfindende Strategiekonferenz an richtig verrückten Orten durchzuführen.

Intelligenz, Mut und unternehmerische Denke sind kein Vorrecht 48-jähriger Männer.

Unternehmen, die versuchen, ihre Mitarbeiterstruktur systematisch der eines Fischschwarms anzugleichen, geraten in Wahrheit immer tiefer in Bedrängnis. Intelligenz, Mut und unternehmerische Denke unterliegen der Normalverteilung und sind kein Vorrecht 48-jähriger Männer. Daraus kann die Konsequenz nur lauten: Schluss mit der Belohnung von Gleichförmigkeit, Anpassung und Normalität! Führungskräfte sollten nicht homosoziale Reproduktion befördern, sondern Querdenken schätzen lernen. Wie macht man das? Die Antwort ist einfach: Stellen Sie Leute ein, die eigentlich gar nicht zu Ihnen passen!

Das Problem, das viele Manager dabei haben, liegt auf der Hand: Solche Leute muss man erst einmal aushalten können. Denn die nerven, haben Ecken und Kanten und geben sich nicht mit einem einfachen Nein zufrieden. Ja, das ist verdammt anstrengend! Und diese institutionalisierten Querdenker passen ganz sicher nicht in eine Unternehmenskultur, die keinen Widerspruch duldet und in der eigenständiges Denken als Verrat verstanden wird. Wenn man in einem solchen Umfeld Querdenker einstellt, dann ist die Enttäuschung auf beiden Seiten vorprogrammiert. Denn diese Mitarbeiter werden als Störenfriede empfunden, die nur die Betriebsabläufe durcheinander bringen. Sie werden im besten Fall geduldet, aber nicht befördert.

Diese Typen nerven, sie haben Ecken und Kanten und sie geben sich mit einem einfachen Nein nicht zufrieden.

In einem solchen Umfeld bewahrheitet sich dann wieder die alte Regel: Drittklassige Führungskräfte stellen Leute ein, die schlechter sind als sie. Zweitklassige Führungskräfte stellen gleich gute Leute ein. Und erstklassige Führungskräfte stellen Leute ein, die besser sind als sie. Wobei »besser« nicht heißen soll, dass sie mehr Führungstalent besitzen. Aber sie sind vielleicht kreativer, schräger, interessanter als der Chef. Und gerade deshalb haben sie ihren Job bekommen. Wir können es gar nicht oft genug unterstreichen: Die Kernaufgabe der Führungskräfte ist es *nicht*, selbst Innovationen zu entwickeln. Ihr Job ist vielmehr, eine Organisation aufzubauen, die fähig ist, kontinuierlich neue und außergewöhnliche Strategien und Innovationsvorhaben hervorzubringen. Ihr Beitrag besteht also in der *Gestaltung des Rahmens* für diese erstklassigen Mitarbeiter – ihr Job ist nicht die Erfindung des Inhalts. Und dazu gehört auch, dass die Vorgesetzten alles dafür tun müssen, ihre Leute zu Stars zu machen.

Irrtümlicherweise unterliegen aber viele Führungskräfte immer wieder der Versuchung, genau dieses Prinzip mit aller Macht zu unterbinden – frei nach dem Motto: Du sollst keine anderen Götter haben neben mir. Ihre Angst ist einfach zu groß, dass ihnen jemand die Show stehlen könnte. Doch das ist verrückt.

Oder können Sie sich vorstellen, dass sich irgendein Verleger dieser Welt ärgern würde, wenn einer seiner Autoren den Nobelpreis für Literatur bekommt? Bloß weil er dessen Bücher nicht selbst geschrieben hat? I wo! Er wird die Champagnerkorken knallen lassen, denn es ist das passiert, worauf er immer gehofft hat. Oder glauben Sie vielleicht, dass Frank Rijkaard, der Trainer des FC Barcelona, heulend in der Ecke saß, als sein brasilianischer Fußball-Star Ronaldinho zum wiederholten Mal zum Fußballer des Jahres gewählt wurde?

Warum fällt es aber Managern in der Wirtschaft so schwer, genau dieses Prinzip umzusetzen? Es ist doch ganz simpel: Stellen Sie eine Gruppe intelligenter Leute ein, und halten Sie sich so lange heraus, bis sie Sie um Hilfe bitten. Der Grund liegt auf der Hand: Wenn Sie Ihnen sagen, was sie tun sollen, legen Sie ihrer Kreativität Fesseln an und betreiben Raubbau an ihrer Motivation. Alberto Alessi, der Chef der gleichnamigen italienischen Designfabrik, hat einmal in einem Interview mit der *Zeit* gesagt: »Ich selbst arbeite nicht als Designer, und ich zeichne auch nicht. Meine Aufgabe ist es, neue Designer zu finden und ihnen zu helfen, ihre Inspirationen zu verwirklichen. Eine Art Mediator zwischen den Vorstellungen der Designer und den Träumen der Kunden, so würde ich mich beschreiben.« Bravo, Alessi hat es verstanden!

Multikulti nach außen – Gleichschaltung nach innen

Es gibt ja durchaus einige Unternehmen, die sich zumindest auf der rationalen Ebene und in der Außendarstellung zu den Chancen der Vielfalt bekennen. Da werden dann gern mal ganzseitige Anzeigen zum Thema »Diversity« in führenden Zeitungen geschaltet, in denen eine bunte Truppe von Mitarbeitern um einem Konferenztisch gruppiert ist – selbstverständlich inklusive der obligatorischen Mitarbeiterin asiatischer Herkunft, und natürlich darf auch ihr Kollege nicht fehlen, dessen afrikanische Wurzeln sogar ein Eisbär erkennen würde. Tenor: Leistung aus Leidenschaft, das allein zählt, Herkunft und Hautfarbe sind egal. Leider erleben wir diese vermeintliche »Diversität« in Unternehmen immer wieder als ausgeprägte Doppelmoral.

Damit musste leider ein Freund von uns Bekanntschaft machen, als er auf eine völlig schräge, unkonventionelle Stellenanzeige eines Unternehmens eine ebenso verrückte Bewerbung verschickte. Prompt wurde er zu einem Vorstellungsgespräch eingeladen. Dort eröffnete man ihm dann, dass man ihn ausschließlich deshalb eingeladen habe, um mal live zu sehen, was für ein Vollidiot solche Bewerbungsmappen verschickt. Denn selbstverständlich hatte das superkreative Unternehmen mit der abgedrehten Anzeige eine ganz klassische Bewerbung erwartet. Toll!

Er empfand es als Bereicherung, dass nicht alle seine Mitarbeiter vom selben Ufer sind wie er.

Wir sind nicht der Meinung, dass Sie sich in Ihrer Bewerberselektion ausschließlich auf Spinner in merkwürdiger Kleidung, mit schrägen Einstellungen und absurdem Benehmen konzentrieren sollten. Aber wir sind sehr wohl der Meinung, dass die Mitarbeiter in einem Unternehmen, einschließlich der Führungsetage, ein Abbild des Marktes dort draußen sein sollten. Und in diesem Markt gibt es eben nicht nur 55-jährige weiße Männer, sondern auch junge, farbige, lesbische, alternative Musik hörende Kunden. Was diese Kunden mit der männlichen, 55-jährigen Managerkaste gemeinsam haben? N-i-c-h-t-s!

Für Unternehmen, die immer noch der Gleichförmigkeit, Anpassung und Normalität huldigen, ist es unendlich wichtig, endlich zu kapieren, dass sie mit dieser Einstellung kaum dazu in der Lage sein werden, Ideen zu entwickeln, die in irgendeiner Art und Weise attraktiv für ihre Kunden da draußen sind. Nun geht es nicht darum, diese Managerkaste mittels operativer oder anderer drastischer Eingriffe näher an die eben beschriebenen Kunden heranzuführen. Die Lösung liegt vielmehr darin, aktiv diese Vielfalt in das eigene Unternehmen zu integrieren.

So wie wir es bei einem großen europäischen Lifestyleunternehmen selbst erlebt haben. Dort hatte der Vorstand, eine sehr distinguierte Erscheinung von Anfang 60, ein wenig verlegen, aber nicht ohne Stolz im Gespräch erwähnt, dass er kürzlich jemanden eingestellt hätte, der »so ein bisschen vom anderen Ufer« sei. Mit einem Wort: schwul. Nun ist es ja angesichts der Tatsache, dass es kaum noch eine europäische Großstadt mit einem heterosexuellen Bürgermeister gibt, erstaunlich genug, dass jemand deswegen verlegen ist. Aber immerhin dachte der Mann nicht nur in die richtige Richtung, sondern ließ diesem Denken auch Taten folgen. Er empfand es als Bereicherung, dass nicht alle seine Mitarbeiter vom selben Ufer sind wie er. Und er glich damit seine blinden Flecken aus, die unweigerlich in einer homogenen Führungsriege entstehen. Genau darum geht es!

Vielfalt ist eine Frucht von Stärke!

Wie finden Sie Mitarbeiter, die nicht sind wie Ihre Klone und die gerade deshalb Ihr Unternehmen voranbringen? Ganz einfach: Indem Sie ein Magnet werden. Für Magnete gilt nämlich: Ein starker Pluspol zieht starke Minuspole an. Eine starke Persönlichkeit hat eine enorme Anziehungskraft auf andere Persönlichkeiten, die sie komplementär ergänzen.

Man könnte es auch so ausdrücken: Richtig gute Führungskräfte sind sexy. Jeder möchte für sie arbeiten, sich in ihrer Nähe bewegen, Teil ihres Netzwerks sein. Solche Führungskräfte haben in der Regel auch kein Problem mit Widerspruch. Die besten brauchen Opposition, Leute, an denen sie sich reiben können. Als Korrektiv und weil es ihre eigene Kreativität fördert.

Ein Weg zu diesem Ziel ist die »umgekehrte Sozialisation«. Normalerweise versuchen Vorgesetzte und Kollegen, neue Mitarbeiter möglichst schnell gleichzuschalten und auf Firmendenke einzunorden. Das grenzt in manchen Unternehmen an Gehirnwäsche, bei anderen Firmen funktioniert das subtiler, etwa mittels lobender Worte über alles, was jemand macht, »als sei er schon zehn Jahre dabei«. Wirklich starke Führungskräfte stellen dieses Prinzip auf den Kopf und fordern von neuen Mitarbeitern, dass sie den Veteranen in der Firma etwas beibringen. Die Alten sollen den Neuen zuhören, dadurch in den Spiegel schauen und den Status quo kritisch hinterfragen lassen.

Wenn man diesen Gedanken logisch weiterführt, würde das bedeuten, dass der Chef den neuen Mitarbeiter zum Ende der Probezeit nicht fragen müsste, ob dieser sich gut eingelebt hat. Nein, die Frage müsste ganz anders lauten: »Über was wundern Sie sich noch immer? Wie könnten wir mit den Ideen, die Sie andernorts gelernt haben, unsere Probleme lösen?« Das machen in der Art die wenigsten. Doch gerade weil es die wenigsten machen, liegt hier eine riesige Chance: Von Mitarbeitern, die – noch – nicht betriebsblind sind, kann man mehr lernen als in jedem Seminar.

Wir selbst bezahlen einmal im Jahr jemanden dafür, dass er uns unangenehme Wahrheiten so schonungslos wie möglich um die Ohren haut. Dieser Typ hat wohlgemerkt null Ahnung von unserem Geschäft, sondern ist einfach nur ein scharfsinniger Analytiker, der wie ein Dreijähriger permanent nach dem Warum fragt. Diese Sitzungen mit ihm sind wahrlich nicht einfach, denn aus unserer Sicht gibt es ja gute Gründe, warum wir Dinge so und nicht anders machen. Manchmal ballen sich förmlich die Fäuste in unseren Taschen, denn er kann penetrant sein und seine Meinung sehr scharf vertreten. Doch diese Auseinandersetzung bringt uns weiter.

»Stellen Sie niemanden ein, dessen Lebenslauf keine Brüche aufweist.«

Die aus unserer Sicht besten Führungskräfte sind diejenigen, die es fertigbringen, dass die Leute, die jeden Tag mit ihnen arbeiten, das gerne tun. Solche Führungskräfte sind ehrlich und authentisch, denn sonst würde ihnen niemand folgen. Sie sind Chef geworden, weil in ihnen ein Feuer brennt, mit dem sie andere anstecken. Deshalb reden sie nicht nur begeistert über neue Ideen, sondern setzen diese auch um. So ziehen sie Menschen an, die mit dabei sein wollen.

Vor einiger Zeit haben wir in London einen Vortrag von Tom Peters gehört. Eine seiner Kernaussagen: »Stellen Sie niemanden ein, dessen Lebenslauf keine Brüche aufweist.« Angesichts eines etwas erstaunten Gesichtsausdrucks einiger Zuhörer fügte er hinzu, dass das kein Scherz sein solle.

Google hat es verstanden und veröffentlicht im Gegensatz zu den vielen Heuchlern nicht nur ungewöhnliche Stellenanzeigen, sondern meint diese auch ernst. Einmal stellte die Internetfirma an Schnellstraßen riesige Werbeposter mit einem komplizierten Zahlenrätsel auf. Wer bei Google arbeiten will, soll das Rätsel lösen und sich unter der angegebenen Telefonnummer melden. Wer das dann wirklich tut und eine Einladung bekommt, den erwartet so ziemlich der schwierigste Einstellungstest der Welt. Schließlich sucht Google keine Freaks. Google sucht geniale Freaks.

KAPITEL 14

UNTERSCHIED: GUTE TEAMS HABEN ERSTENS EINEN BEWEGGRUND UND ZWEITENS EINEN ANFÜHRER

Mitte der Siebziger war IBM, »The Big Blue«, unangefochtener Weltmarktführer für alles, was auch nur irgendwie mit dem Thema Computer zu tun hatte. Wobei hier kurz daran erinnert sei, dass ein Computer zu der Zeit, als Helmut Schmidt die deutsche Politik und Ilja Richter die deutsche Jugend verkörperten, keineswegs so ein kleines Ding war, das auf jedem Schreibtisch Platz gefunden hätte. Computer waren damals Apparate in der Größe von Kleiderschränken. Nichtsdestotrotz konnte man weniger mit ihnen anfangen, als heute jeder Hauptschüler von seinem neuen Handy erwartet.

Zu dieser Zeit hatte ein Team von fünf Ingenieuren in der deutschen IBM-Niederlassung in Stuttgart eine zündende Idee für ein Produkt, das es auf dem Markt noch nicht gab. Sie wollten ein Computerprogramm entwickeln, das Unternehmen helfen würde, immer wiederkehrende Prozesse der Ressourcenplanung und -kontrolle einfacher und effizienter ablaufen zu lassen. Sie hatten die Vision von einer Art betriebswirtschaftlichem Standardprogramm, das man an jedes größere Unternehmen auf der Welt verkaufen könnte, weil es überall dieselben Anforderungen gab.

Die Idee wurde vollständig abgeblockt.

Das Entwicklerteam stellte die Idee seinen Vorgesetzen bei IBM vor. Diese winkten ab. Die Ingenieure sollten sich lieber um die Verbesserung der vorhandenen Produkte kümmern, schließlich sei der deutsche Markt noch lange nicht ausgereizt. In diesem Moment war für das Entwicklerteam eines glasklar: IBM war für sie ab sofort Geschichte. Mochten sich damals auch die besten Köpfe darum schlagen, bei Big Blue zu arbeiten. Die fünf waren von ihrer Idee derartig überzeugt, dass sie gar nicht daran dachten, sich ausbremsen zu lassen.

Diese Ingenieure hießen Claus Wellenreuther, Hans-Werner Hector, Klaus Tschira, Dietmar Hopp und Hasso Plattner. Sie stiegen bei IBM aus und gründeten eine kleine Firma mit dem todlangweiligen Namen »Systeme, Anwendungen, Produkte in der Datenverarbeitung«. Unter dem Kürzel SAP ist diese Firma heute als Weltmarktführer für betriebswirtschaftliche Standardsoftware bekannt. Die Idee, deren Potenzial IBM überhaupt nicht erkannte, bildete die Grundlage für die größte Erfolgsgeschichte einer deutschen Unternehmensgründung in der Nachkriegszeit.

Ohne ein sinnvolles Ziel hat alles Zielen keinen Sinn

Was ließ die Gründer von SAP wagen, ausgerechnet im Deutschland der Siebziger eine Softwarefirma ins Leben zu rufen? Antwort: die Leidenschaft für ein gemeinsames Ziel. Eine technologisch wie betriebswirtschaftlich gleichermaßen geniale Idee schmiedete sie zusammen. Sie waren bereit, alles zu geben und alles zu riskieren, um diese Idee umzusetzen und auf den Markt zu bringen. Die Enttäuschung über eine alte Garde, die ihnen nur mit Unverständnis begegnete, steigerte ihre produktive Wut und motivierte sie nur noch mehr.

Übrigens hat Bill Gates in den Siebzigern einmal versucht, sein junges Unternehmen Microsoft samt Belegschaft für 30 Millionen Dollar an IBM zu verkaufen. Big Blue lehnte dankend ab, mit der Begründung, weder Gates noch einer der 30 Mitarbeiter besäßen die nötigen Qualifikationen, um bei IBM zu arbeiten. Die Abfuhr erwies sich letztlich als Segen, denn ob sich Bill Gates und Steve Ballmer als Linienmanager bei IBM gut gemacht hätten, ist doch sehr fraglich.

Was uns hier *nicht* interessiert, ist die katastrophale Neigung von IBM, Chancen zu versieben. Hier interessieren uns die Gründerteams. Was für sie gilt, betrifft letztlich jede Art von Team. Das gemeinsame Ziel, das jeden auch emotional packt, macht eine Ansammlung von Könnern, die zufällig an der gleichen Sache herumwerkeln, erst wirklich zum Team. Es braucht nicht unbedingt ein hehres, mit Pathos umwölktes Ziel, um gute Leistungen zu bringen. Nicht jeder muss ein absoluter Idealist sein. Aber selbst wenn es nur darum geht, die Bounty-Küchenrolle zu vermarkten, braucht das dafür zuständige Team ein greifbares Ziel, eine gemeinsame Idee, eine zu erreichende Umsatzmarke, einen möglichen Sieg über einen Wettbewerber.

Geldverdienen allein reicht als Beweggrund nicht aus.

Geldverdienen allein reicht als Beweggrund nicht aus, um ein wirklich gutes Team auf die Beine zu stellen. Es braucht etwas, woran es sich orientieren und worauf es stolz sein kann. Ohne ein übergeordnetes Ziel fehlt einzelnen Menschen der Mut, Konventionen in Frage zu stellen und sich aus dem Fenster zu lehnen. Gleich, wie alltäglich die Produkte oder Dienstleistungen eines Unternehmens auch sein mögen, sie müssen vom Gefühl eines übergeordneten Zwecks durchdrungen sein. Das erreicht man nicht durch die flächendeckende Verbreitung süßer Sentimentalitäten aus der Sprachschatulle der PR-Abteilung. Dieses Empfinden muss vielmehr aus jenem Teil des Menschen stammen, der sich danach sehnt, die Welt ein wenig besser zu machen. Eric Schmidt, neben Sergey Brin und Larry Page der dritte Chef an der Spitze von Google, hat einmal in einem Interview gesagt: »Wir versuchen, Leute ins Unternehmen zu holen, die nach einer besseren Welt streben … Sie arbeiten hier nicht des Geldes wegen, sondern weil sie etwas bewegen können.«

Google bringt die Besten der Besten zusammen. Aber das allein ist es nicht. Diese Leute werden zusammengeschweißt durch eine gemeinsame M-i-s-s-i-o-n. Das macht dieses Unternehmen wirklich stark.

Erst wenn klar ist, wohin die Reise gehen soll, können alle zu der Überzeugung gelangen, dass sie die Mühen auch wert sein wird. Dabei ist das gemeinsame Ziel weder statisch, noch genügt es, sich ein einziges Mal daran auszurichten. Vielmehr muss die Begeisterung für die Sache, um derentwillen Menschen sich zusammengefunden haben, immer wieder neu geweckt und am Leben gehalten werden.

Wissenschaftler haben herausgefunden, dass die Zielorientierung bei Hochleistungsteams wie Feuerwehren, Rettungsdiensten oder Spezialeinsatzkommandos der Polizei eine besonders auffällige Rolle spielt. Der unbedingte Wille, einen Brand zu löschen, einen Schwerverletzten zu bergen oder eine Geisel zu befreien, schmiedet ganz unterschiedliche Menschen zu einem Team zusammen, bei dem jeder Handgriff sitzt. Niemand überlegt lange, bevor er handelt, sondern wie bei einem Räderwerk greift einfach eins ins andere. Hierarchien spielen so gut wie keine Rolle. Davon können Teams in Unternehmen viel lernen.

Kaum etwas ist so charakteristisch für den deutschen Arbeitsalltag wie der Hang zu Herdentrieb und Zusammenrottung.

Wenn wir uns in diversen Firmen so umhören, dann beschleicht uns allerdings oft das Gefühl, dass die gemeinsamen Ziele bestenfalls diffus sind. Man ist ein Team, weil es sich einfach so schön anfühlt, ein Team zu sein. Und weil man niemanden »ausgrenzen« möchte.

Lieber mitbestimmt erfolglos als straff geführt erfolgreich

Treffend hat Herbert Henzler, der Ex-Chef von McKinsey Deutschland, in einem seiner Bücher den Satz geprägt: »Deutsch sein heißt viele sein.« Das entspricht auch unserer Erfahrung. Kaum etwas ist so charakteristisch für den deutschen Arbeitsalltag wie der Hang zu Herdentrieb und Zusammenrottung. In den Arbeitskreisen hiesiger Unternehmen finden sich typischerweise nicht nur die unmittelbar Betroffenen oder bei einem Thema Beschlagenen, sondern alle, die irgendein Interesse an der Materie haben, gerne auch mitreden würden oder einfach nur ein paar bekannte Gesichter wiedersehen möchten. Manche Unternehmen besitzen sogar noch den seltsamen Humor, das als ihre »demokratische« Unternehmenskultur zu verstehen. Motto: Mitbestimmung ist, wenn alle durcheinanderreden und nichts entschieden wird.

So steckte einer von uns mal als Berater in einem Projekt bei einem der größten deutschen Flughäfen. Es war schrecklich. Das Beraterteam kam bei diesem Projekt einfach nicht in die Puschen, weil es ein ungeschriebenes Gesetz der öffentlich-rechtlichen Betreibergesellschaft des Flughafens war, dass bei jeder, wirklich jeder Besprechung jede, wirklich jede Person dabei sein musste, die auch nur im Entferntesten, wirklich im Entferntesten an dem Projekt beteiligt war.

Mitbestimmung ist, wenn alle durcheinanderreden und nichts entschieden wird.

Insgesamt waren es etwa 20 Leute, von denen niemals jemand »übergangen« oder »ausgegrenzt« werden durfte. Wollte das Beraterteam sich also mit den vier Leuten einer Abteilung besprechen und zu einer Entscheidung kommen, die von einem Prozessschritt unmittelbar betroffen waren, so mussten alle 16 anderen, die damit gar nichts zu tun hatten, ebenfalls eingeladen werden. Einschließlich Abstimmung mit 16 weiteren Terminkalendern samt Urlaubs- und Vertretungsregelung und so weiter und so fort … Zum Wahnsinnigwerden!

Aber die Leute brauchten eben das gute Gefühl, dass nichts ohne sie entschieden wurde und sie aus erster Hand mitbekamen, was im Projekt gerade so los war. Und nach der zweiten Tasse Kaffee wurden sie dann natürlich richtig munter, mischten sich in Dinge ein, die sie nichts angingen, und machten Vorschläge zu Themen, von denen sie keine Ahnung hatten. Ihr Leitspruch: So jung kommen wir schließlich nie mehr zusammen.

Als das Beraterteam bei der Geschäftsleitung intervenierte und händeringend darum bat, dass nur von einem Thema betroffene Personen an Meetings teilnehmen sollten, wurde dies geradezu empört zurückgewiesen. Das widerspreche vollkommen der Unternehmenskultur und komme überhaupt nicht in Frage. Wie schön, dass es noch genügend Steuerzahler gibt, die dafür sorgen, dass man sich diesen Standpunkt leisten kann.

Aber auch bei Unternehmen, die allein von den Umsätzen mit ihren Kunden leben, begegnet uns dieses Phänomen immer wieder. Da sitzt dann zum Beispiel bei einem Innovationsprojekt in jeder Besprechung der Personalentwickler mit seiner Assistentin dabei. Hat er eigentlich sonst nichts zu tun, als hier den Kaffee wegzuschlürfen? Grundsätzlich lässt sich ja nichts dagegen einwenden, die Personalentwicklung in ein solches Projekt einzubinden, doch lässt sich das sicher auch über andere Kommunikationswege erreichen. Hier wird eindeutig die gut gemeinte Informationspflicht mit einem echten Wertbeitrag verwechselt.

Wehe, es geht um die gemeinsamen Ziele!

Und wehe, es geht um die gemeinsamen Ziele! Folgende Situation erlebten wir bei einer Strategiesitzung eines Technologiekonzerns: Der große Boss redete vor seinen Führungskräften darüber, mit welchen Innovationen man in den nächsten Jahren Kunden überzeugen könnte. Es ging um nichts weniger als den Daseinszweck des Unternehmens. Es ging um den Treibstoff der Wertschöpfung.

Klappe, die Erste. Action! Ein Konferenzraum wie ein Schulzimmer. Wir setzen uns mit Absicht in die letzte Reihe, um die versammelte Mannschaft beobachten zu können. Zoom, Nahaufnahme Förster & Kreuz: Wir reiben uns verwundert die Augen. Schwenk um 180 Grad: Das Managementteam präsentiert sich wie eine Klasse von Problemschülern an der Rütli-Schule. Die Kamera schleicht durch die Reihen. Viele haben ihre Notebooks vor sich aufgebaut und tippen darauf herum. Andere bearbeiten unter den Tischen die Tastatur ihrer Handys. Wieder andere versuchen sich als zeitgenössische Maler auf ihren Notizblöcken, starren traumverloren an die Decke oder schauen aus dem Fenster. Schnitt. Hinterher fragen wir den Chef ganz direkt, ob ihm aufgefallen sei, dass ihm kein Mensch zugehört habe. O-Ton: »Ach ja, das kenne ich schon. Machen Sie sich da nur mal keine Sorgen. Das ist bei uns so.« Kamera aus und danke.

Das ist bei uns so?! Das Verhalten des Führungsteams war für uns der schlagende Beweis, dass ihnen das Thema überhaupt nicht wichtig war. Dass sie sich gar nicht betroffen fühlten. Dass es keine Konsequenzen für sie zu haben schien. Soll sich doch der große Häuptling ruhig Gedanken über die Zukunft der Firma machen. Wir nehmen es, wie es kommt.

Führen ist mehr als moderieren

Dieser Chef hatte wirklich ein Problem. Und zwar ein Führungsproblem. Es genügt eben nicht, wenn Teams irgendwie zusammenarbeiten. Sie brauchen auch einen Führer. Das ist nicht jemand, der Befehle gibt, die dann strammen Schritts ausgeführt werden. Sondern das ist jemand, der das gemeinsame Ziel verkörpert wie kein anderer. Der das Team immer wieder ansteckt mit dem Feuer, das in ihm brennt. Weil das so ist, legen Führer eines Teams *nicht* die Details fest, sondern setzen Leitplanken.

Vor einiger Zeit haben wir eine Dokumentation über die Berliner Philharmoniker gesehen. Es gibt da eine Szene, in der ein Musiker des Orchesters eine Grundschulklasse besucht und erklärt, wozu das Orchester eigentlich einen Dirigenten braucht. Natürlich konnte er Kindern nicht irgendetwas Esoterisches erzählen, von wegen dass der Dirigent den Geist des großen Ganzen verkörpert oder so ähnlich. Aber er führte einen ganz praktischen Grund an. Ein Orchester ist so groß und so laut, dass die Violine vorne rechts die Harfe hinten links gar nicht hören kann. Das Orchester braucht einen Dirigenten, weil einer den Überblick bewahren muss. Was die Musiker nicht brauchen, ist jemand, der ihnen erklärt, wie man Violine oder Harfe spielt.

Einer muss den Leuchtturmblick haben und das große Ganze sehen.

Das lässt sich auf Businessteams problemlos übertragen. Einer muss den Leuchtturmblick haben und das große Ganze sehen. Als einer von uns noch bei einer internationalen Beratung tätig war, hatte er einen britischen Chef, der mit diesem Leuchtturmblick ausgestattet war. Er wollte nie die Details wissen. Er gab auch keine Handlungsanweisung im Sinne von »Tu dies« und »Kläre das«. Er verstand seinen Beitrag vielmehr darin, im Tonfall besten englischen Understatements zu sagen: »You may want to consider …« Und traf immer den Nagel auf den Kopf. Er sah jedes Mal etwas, wofür wir zu projektblind waren. Und er legte damit auch jedes Mal die Messlatte ein Stück höher.

Um es ganz klar zu sagen: Wir sind keine Anhänger einer allzu sozialpädagogischen Ausrichtung der Ziele für Teams. Das Problem: Teams werden so leicht unterfordert. Man denke da nur an die vielen Volkshochschulgruppen, in denen bereits die Erreichung kleinster Ziele als epochales Ereignis gebührend und ausgiebig gefeiert wird. Inge hat es geschafft, in der Gruppe laut »Guten Abend« zu sagen. Großartig, ein neuer Lebensabschnitt hat begonnen. Für Inge.

Wir sind der Meinung, dass wir die Messlatte heute ein klein wenig höher legen müssen. Und dabei kommt dem Teamchef eine wichtige Rolle zu, denn er spornt zur Leistung an, indem er die Ziele immer etwas ehrgeiziger definiert, als es das Team von sich aus täte.

In einem seiner Bücher erzählt der Management-Autor und Stanford-Professor Robert Sutton eine Anekdote über den Filmregisseur Francis Ford Coppola, die wunderbar zeigt, wie weit echte Teamleader gehen, um das Team auch in schwierigen Situationen bei der Stange zu halten: Die Dreharbeiten zu dem Film *Apocalypse Now* verliefen ausgesprochen schwierig. Am Drehort stand man kurz davor, im Chaos zu versinken. Da machte sich Drehbuchautor John Milius zum Wortführer derjenigen, die meinten, es habe doch alles keinen Zweck mehr. Allerdings war Milius alles andere als wohl dabei, Coppola unter vier Augen gegenüberzutreten. »Ich fühlte mich wie ein General, der 1944 Hitler aufsuchte, um ihm mitzuteilen, dass die Treibstoffvorräte aufgebraucht sind.« Coppola brach jedoch das Eis und verstand es, Milius in »helle Begeisterung« zu versetzen. Und er versprach, dass *Apocalypse Now* als erster Film überhaupt den Nobelpreis gewinnen werde. Das war natürlich völliger Quatsch, aber Coppola war so überzeugend, dass Milius aus dem Gespräch kam und ausrief: »Wir werden den Krieg gewinnen! Wir brauchen keinen Treibstoff.« Zwar galt es nur, einen Kriegsfilm zu drehen und keinen echten Krieg zu gewinnen, aber ein Triumph für Coppola und sein Team wurde es am Ende doch. Statt für den Nobelpreis wurde der Film für acht Oscars nominiert und erhielt schließlich drei.

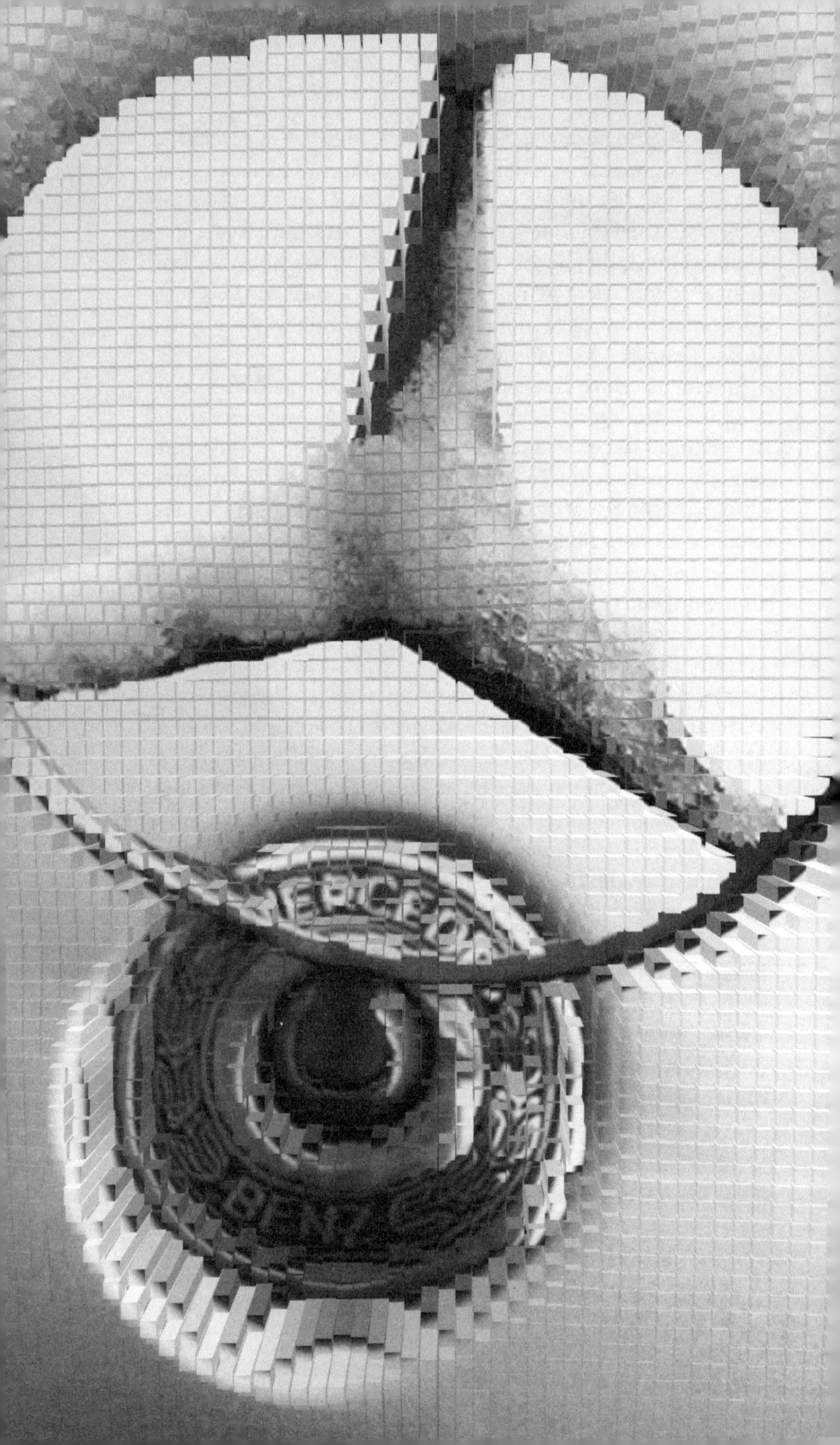

KAPITEL 15

BALLAST ABWERFEN: STATUSSYMBOLE UND BEFUGNISSE AUF DEN MÜLLPLATZ

Das Königsschloss in Versailles. Der Petersdom in Rom. Die Traumschlösser von Ludwig II. in Bayern. Sehr beeindruckend! Vor allem für Touristen aus Asien und Amerika. Es sind die einprägsamsten Statussymbole der Mächtigen der Vergangenheit. Sie haben die Zeiten überdauert und ziehen heute jährlich Abermillionen staunende Menschen an: Was für eine Pracht. Was für ein Prunk. Was für eine Macht, die diese Bauten ermöglichte. Wer sich allerdings in der europäischen Geschichte ein bisschen auskennt, der weiß, dass alle diese Prachtbauten errichtet wurden, als es mit den dahinterstehenden Machtsystemen bereits bergab ging.

Der Petersdom in Rom wurde zu einer Zeit gebaut, als die Reformation bereits an die Tür klopfte. Doch die Renaissancepäpste ignorierten alle Warnsignale und investierten lieber in Marmor, Gold und Freskenpracht. Als das Ancien Régime in Versailles noch das letzte Blattgold auftrug, wurde in Paris schon die Guillotine geölt. Und den durchgeknallten Bayernkönig Ludwig II. hielten seine Traumschlösser am Ende auch nicht davon ab, sich im Starnberger See zu ertränken.

Krücken fürs Ego

Alles Geschichte? Ja und nein. Diese Art der pompösen Selbstinszenierung gibt es auch heute noch. Nur sind nicht mehr Päpste und Könige die Auftraggeber, sondern Unternehmen beziehungsweise deren Top-Management. Doch wie damals in Rom, Versailles oder Bayern, deuten auch heute alle Zeichen darauf hin, dass die Konzernfürsten, die sich mit Prachtbauten Denkmäler setzen, diejenigen sind, die ihre besten Tage bereits hinter sich haben. Nun lässt sich die ketzerische Frage stellen, ob Unternehmen schwach werden, weil sie ihre ganze Aufmerksamkeit der Selbstdarstellung widmen, oder ob sie sich dem Prunk ergeben, weil sie nichts Besseres mehr zu tun haben. Wie auch immer: Solange aufregende Entdeckungen oder Fortschritte gemacht werden, hat niemand Zeit, ein prunkvolles Hauptquartier zu planen. Dieser Zeitpunkt rückt erst heran, wenn alle bedeutende Arbeit getan ist.

Mitte der Achtziger kam ein ehrgeiziger Manager an die Spitze der traditionsreichen Daimler-Benz AG. Edzard Reuter hatte die Vision eines »integrierten Technologiekonzerns«. Autos, Lastwagen und Busse sollten weiterhin dazugehören, aber auch Flugzeuge, Mondraketen, Kühlschränke, Satelliten und Panzer. Durch Reuters telegene Auftritte lernten die Deutschen eine neue Vokabel: Synergie. Der Gedankengang lautete ungefähr so: Vielleicht ist der Schalter für die Sitzverstellung in der Mercedes S-Klasse ja auch in einem Satelliten zu irgendwas zu gebrauchen? Falls ja, dann ist es doch sinnvoll, wenn Mercedes gleich auch den Satelliten baut. Das heißt dann Synergie. Und dank dieser grandiosen Idee wird man sicher bald der größte, mächtigste, prestigereichste Konzern der Welt sein.

Nun war es für die Manager eines angehenden Hightech-Mekkas für das 21. Jahrhundert natürlich zu popelig, inmitten einer Autoschmiede zu residieren. Womöglich noch mit ölverschmierten Schraubern durch dasselbe Werkstor schlüpfen zu müssen. Nein, da musste schleunigst eine neue Konzernzentrale her. In idyllischer Randlage der Schwabenmetropole entstand ein architektonisch todlangweiliger Protzbau. Ein Haufen riesiger Lego-Klötzchen verteilt auf einer Wiese. Edzard Reuter schwärmte von »Campusatmosphäre«. Der integrierte synergetische Weltkonzern und sein Harvard am Neckar.

Bekanntermaßen führten Edzard Reuters »Synergien« zu einer Serie gigantischer Pleiten, die den Konzern in eine tiefe Krise stürzten. Und Reuters Nachfolger Jürgen Schrempp bezeichnete den ungeliebten Prestigebau gnadenlos als »Bullshit Castle«. Daimler hat die Ära Reuter genauso überlebt wie die katholische Kirche die Reformation. Doch Bullshit Castle wurde im Jahr 2006 verkauft. Der Vorstand zog wieder nach Untertürkheim, zu eben jenen ölverschmierten Schraubern, die so etwas wie die Wurzeln und das Rückgrat der Autoschmiede sind. Das Statussymbol aus Beton, Stahl und Glas landete auf dem Müllplatz der Firmengeschichte. Und wahrlich, wir sagen euch: Da gehört es hin.

Wie anders ist dagegen die Atmosphäre in jungen, innovativen und rasant wachsenden Unternehmen. Da sitzen die Leute zwischen Umzugskisten in halb eingerichteten Büros. Wer braucht schon Bilder an der Wand oder Bücher im Regal? Hauptsache, der Computer funktioniert und jemand kümmert sich um die Termine. Man ist schließlich hier, um Ideen zu verwirklichen, und nicht, um irgendwelche Leute zu beeindrucken. Außerdem hat man überhaupt keine Zeit, sich stundenlang durch den Online-Konfigurator für den neuen Dienstwagen zu klicken, um sich zwischen einem Lenkrad mit Alu-Einlage oder einem mit Holzkranz zu entscheiden.

Für Leidenschaft gibt es keine Implantate, und Visionen bekommt man nicht bei Harrod's.

Natürlich kann nicht jedes Unternehmen das ewige Start-up bleiben. Aber die Frage ist dennoch: Geht es um die Sache oder geht es um Symbolik? Kreisen Führungskräfte um sich selbst oder setzen sie alles daran, Visionen zu realisieren? Vor diesem Hintergrund wird schnell klar: Die Zeichen der Macht sind von vorgestern und können, genauso wie all die anderen ausgedienten Managementwerkzeuge, entsorgt werden. Manager, die Statussymbole brauchen, offenbaren dem kundigen Beobachter ihre Unsicherheit. Angst. Sie trauen sich nicht zu, Menschen allein mit dem zu führen, was sie sind und was sie vorleben. Deshalb brauchen sie Krücken für ihr Ego.

Doch all die Blackberrys, Mercedes S-Klassen, Lufthansa-Senator-Karten, Blancpain-Uhren, Vertu-Handys und Barcelona-Sessel sind eben kein Ersatz für Herz und Hirn. Für Leidenschaft gibt es keine Implantate, und Visionen bekommt man nicht bei Harrod's. Wirkliche Führungspersönlichkeiten laufen ohne Krücken. Sie machen sich einfach auf die Reise, und andere folgen ihnen, weil sowohl sie als auch der eingeschlagene Weg attraktiv wirken. Chef ist eben nicht, wer den dritten Fensterflügel oder die höhere Lehne am Schreibtischsessel hat, sondern wer begeisterter und mutiger ist als alle anderen.

Schon der legendäre bayerische Kabarettist Karl Valentin hat in seiner Geschichte vom Münchner Trambahnschaffner aufgespießt, wie Menschen sich durch minimalen Zuwachs an Befugnissen und die zugehörigen Symbole verändern. Der Trambahnschaffner musste sich tagein, tagaus zwischen den Fahrgästen hindurchschlängeln. Er kannte die Stammgäste, die Neulinge, die notorischen Schwarzfahrer. Hier gab es mal einen vertrauten Klaps auf die Schulter, dort einen Knuff in die Seite. Die Fahrgäste hatten ihn gern.

Eines Tages jedoch hatte irgendein Vorgesetzter die Idee, den Schaffner in der Straßenbahn auf einem Podest zu platzieren. Die Fahrgäste mussten nach dem Einsteigen an ihm vorbeidefilieren und ihre Fahrscheine vorzeigen oder kaufen. Exakt von diesem Tag an war der früher so freundliche Trambahnschaffner wie ausgetauscht. Jetzt war er im engen wie übertragenen Sinne des Wortes höhergestellt, und sofort erteilte er Kommandos, dass man schneller vorbeigehen oder sein Kleingeld abgezählt bereitzuhalten habe.

In der Werkshalle nennen sie das Ding den »Bonzenheber«.

Dieses Phänomen ist heute noch so aktuell wie zu Karl Valentins Zeiten. Kaum ist jemand zum Abteilungsleiter befördert worden oder hat Prokura erteilt bekommen, schon wird der Zugang zum Büro von einer Sekretärin abgeschirmt. Den

Vorstand bringt dann sogar ein eigener Aufzug in die oberste Etage. In der Werkshalle nennen sie das Ding den »Bonzenheber«.

Ein weiteres, überaus beliebtes Thema: die Größe des Büroraums. Sie orientiert sich strikt an der Position des Büroinhabers. Wenn Sie auf Stufe 17 oder niedriger in der Hierarchie stehen, teilt man Ihnen nur einen Kaninchenstall zu. Aber wenn Sie es geschafft haben, dann wartet ein richtiges Büro auf Sie. Die Regel lautet also, dass die ranghöchste Person, also derjenige, der am wenigsten im Büro ist, den größten Raum mit der besten Aussicht und den besten Lichtverhältnissen erhält. Das Fußvolk, das jeden Tag rund um die Uhr da ist, bekommt die Bürozelle mit Blick auf die Kaffeeküche.

Doch wehe, in einem solchen Unternehmen steht einmal eine größere Umstrukturierung ins Haus. Es wird garantiert monatelang kein anderes Thema geben als die Größen der neuen Büros im Vergleich zu den alten. Wenn sich die Quadratmeterzahl für irgendjemanden reduzieren sollte, sind verbale Schlägereien oder Schlimmeres vorprogrammiert.

Nur wer es nötig hat, muss zeigen, wie mächtig er ist

Besonders verlockend sind natürlich auch die subtileren Zeichen der Macht, die sich perfekt mit Hilfe der Einrichtungsgegenstände im Büro kommunizieren lassen. Diese ausgewählten Artefakte sind nichts anderes als eine sorgfältig zusammengestellte Ansammlung optischer Signale: Das erste Signal ist, dass der Büroinhaber einmal ein echter Spitzensportler war. Man achte auf in Plexiglaswürfel gegossene Golfbälle und die gerahmten Mannschaftsbilder. Apropos Bilder – damit lässt sich natürlich ein zweites wichtiges Signal senden: Wer denkt, bei Bildern würde es sich nur um eine hübsche Wanddekoration handeln, der irrt gewaltig. Es geht nicht darum, was darauf zu sehen ist, sondern *mit wem* unsere Führungskraft auf den Bildern abgebildet ist ... Dank digitaler Fototechnik ist es heute überhaupt kein Problem mehr, das eigene Foto zusammen mit dem Papst, Bill Clinton oder dem Dalai Lama täuschend echt aussehen zu lassen.

Wer keine Schnappschüsse mit Bill Gates-Clinton-Murray oder Papa Ratzi hat, kann notfalls auf einen anderen Trick zurückgreifen: Die großflächige Bebilderung des Büros mit moderner Kunst. Man zeigt damit nicht nur, dass man sich diese Bilder leisten kann, sondern auch, dass man auf der Höhe der Zeit ist und sogar weiß, wie herum man sie richtig aufhängt.

Ein weiteres, ganz wichtiges Accessoire: Bücher. Da kann man von den Akademikern echt was lernen: Kein Foto eines Wissenschaftlers in einer Zeitung, auf dem er oder sie nicht vor einer beeindruckenden Bücherwand sitzt. Vielleicht ist ja deshalb hinter George Bush immer ein Bücherregal zu sehen, wenn er seine Reden an die Nation hält? Aber handelt es sich dabei überhaupt um sein eigenes Bücherregal oder ist er nur zu Gast in der Washingtoner Nationalbibliothek? Nun gut, wir kommen hier etwas vom Thema ab. Jedenfalls begeht er nicht den gleichen Fehler, der Cora Schumacher unterlief, als sie der *Welt am Sonntag* in die Feder diktierte: »Büchermäßig bin ich auch nicht so lesetechnisch unterwegs.« Nein, eine echte Führungskraft liest natürlich eine Menge ernsthafter Bücher, die die Büroregale zieren. Die Tatsache, dass die meisten dieser Wälzer mit jungfräulich unberührten Seiten im Regal stehen, kann dem Blick des ungeübten Beobachters natürlich leicht entgehen.

Der Bürobesitzer zeichnet sich auch durch echten Familiensinn aus. Und daher dürfen das Foto der Ehefrau beziehungsweise der Ehefrauen aus unterschiedlichen Epochen und mehrere von den Kindern nicht fehlen. Diese Platzhalter haben auch den überaus praktischen Effekt, ihn daran zu erinnern, wie die Abgebildeten aussehen, und vielleicht sogar, wie sie heißen.

Ich bin ja so wichtig, ich habe einfach nie Zeit!

Und dann gibt es natürlich auch noch die immateriellen Statussymbole, die noch subtiler wirken. Allen voran der klangvolle Jobtitel. Da heißen plötzlich Banker, die früher noch Sachbearbeiter hießen, heute plötzlich Strategist oder Equity Analyst. Mit gleichem Recht könnten sich Klofrauen als Global Head of Wastewater Management ausgeben. Ein weiteres wichtiges Statussymbol: der übervolle Terminkalender. Ich bin ja so wichtig, vereinbaren Sie doch einfach mit meiner persönlichen Assistentin den nächsten freien Termin im Jahr 2012! Und achten Sie dabei auch auf die scheinbaren Kleinigkeiten: Echte Profis haben nämlich nicht bloß irgendeine Assistentin, sondern immer eine »persönliche«.

Ein weiteres, besonders ausgeklügeltes Statussymbol ist der privilegierte Zugang zu Informationen, die anderen Mitarbeitern vorenthalten werden. Wer ist bei den wirklich wichtigen E-Mails auf CC und wer nicht? Wer wird vom obersten Chef als Erstes in die noch geheime Strategie eingeweiht? Die erlaubte Höchstdosis an Informationen wächst in vielen Unternehmen exakt mit der Größe des Büroraums. Das erinnert uns an den Film *Total Recall* mit Arnold Schwarzenegger. Dort gibt es eine Szene, in der eine Figur anfängt, ihrem Vorgesetzten zu erzählen: »Also, ich denke ...« Daraufhin wird sie von ihrem Vorgesetzten barsch unterbrochen: »Wer hat Ihnen befohlen zu denken? Ich gebe Ihnen nicht genügend Informationen, um zu denken!«

Genau das passiert täglich in Tausenden Unternehmen. Wenn Informationen mit Macht gleichgesetzt werden, dann würde ein freizügiger Umgang mit ihnen einem Machtverlust gleichkommen. Informationen mit anderen zu teilen raubt Managern das wohlige Gefühl, Macht über ihre Mitarbeiter zu besitzen. Moderne, intelligente Unternehmen handhaben es komplett anders. Sie machen Information für alle zugänglich, zum Beispiel über das Intranet.

»Wer hat Ihnen befohlen zu denken? Ich gebe Ihnen nicht genügend Informationen, um zu denken!«

So sind etwa bei dem Hightech-Unternehmen Sun Microsystems sämtliche Informationen über Forschungs- und Entwicklungsstand, Kunden oder finanzielle Situation für alle Mitarbeiter im Intranet abrufbar. Ratio: Je schneller jemand Zugang zu Informationen hat, ohne dafür auf das Wohlwollen anderer angewiesen zu sein, desto schneller kann er auch seinen Beitrag zu einem Ideenaustausch leisten und wirklich wichtige Dinge vorantreiben. In einem solchen Unternehmen ist nicht derjenige Chef, der die wichtigen Informationen hat, sondern derjenige, der mit diesen Informationen das meiste anfangen kann.

Informationen aus allen Richtungen verfügbar zu machen ist übrigens nur am Rande eine Frage der Technologie. Die notwendige Hardware, Software und Netzwerkumgebung existiert längst überall. Die eigentliche Barriere besteht im aufgeblähten Ego von Managern und der daraus resultierenden Firmenkultur. Solange noch vertikale, funktionale und kulturelle Schranken für Machtspielchen instrumentalisiert und aufrechterhalten werden, solange rigide Jobdefinitionen die Mitarbeiter blockieren und Neugier drakonisch bestraft wird, so lange wird kreatives Potenzial in geradezu törichter Weise verschenkt.

Natürlich gibt es immer Ausreden, um die Kontrolle von Informationen zu rechtfertigen. Nur ein grundlegender Wandel im Denken von Führungskräften wird sie verstehen lassen, dass das Teilen von Information ein Katalysator für schnellere und innovativere Reaktionen und größere Eigenverantwortung jedes Mitarbeiters ist. Ein Vorstand sagte uns einmal in einer Diskussion über dieses Thema: »Wir haben die Werkzeuge, um es zu machen. Aber haben wir auch den Willen dazu?«

Es geht auch anders: Statussymbol Persönlichkeit

Die neue Generation im Management jedenfalls ist entschlossen, Dinge anders zu machen. Diese Führungskräfte benötigen keine Symbole, hinter denen sie sich verstecken. Sie lieben das, was sie tun. Sie vibrieren vor Energie und stecken damit ihre Kollegen und Mitarbeiter an. Dietrich Mateschitz, der Gründer und Chef von Red Bull, sagt, dass er nur drei Tage in der Woche arbeitet. Es genügt offenbar, um sensationell erfolgreich zu sein. Das ist cool. Und es sollte dem Abteilungsleiter, der seinen aus den Nähten platzenden Terminkalender herumzeigt, zu denken geben.

»Führungskraft ist derjenige, der Menschen hat, die ihm folgen.«

Bei Hewlett Packard in Böblingen haben die Chefs nicht einmal ein eigenes Office. Sie haben einen Schreibtisch in einem Großraumbüro. Dort sind sie jederzeit ansprechbar. Das innovative und erfolgreiche amerikanische Unternehmen Gore hat den traditionellen Zeichen von Status und Hierarchie einen ebenso einfachen wie revolutionären Grundsatz entgegengestellt: »Führungskraft ist derjenige, der Menschen hat, die ihm folgen.« Dieses Prinzip ist genial, denn es drückt genau die entscheidende Frage aus, die wir uns als Führungskraft immer wieder stellen müssen: Würden meine Mitarbeiter, wenn sie wirklich die Wahl hätten, freiwillig mit mir zusammenarbeiten? Oder bleiben sie nur aus Gewohnheit und träumen insgeheim von Flucht?

Menschen, die wirklich die Welt verändert haben, brauchten nie Statussymbole. Jesus besaß nach unseren Informationen zu keiner Zeit eine Festanstellung. Mutter Teresa hatte keine Visitenkarte, auf der in sieben Sprachen »Nobelpreisträgerin« stand. Gandhi trug keine Budapester Schuhe und auch keine Patek Philippe. Wir haben einmal den Dalai Lama getroffen – er macht tatsächlich keinen Wirbel um seine Person. Lech Walesa war ein Elektriker in einer Danziger Werft, klein, untersetzt und nicht besonders gutaussehend. Er hat das kommunistische Regime in Polen ins Wanken gebracht. Der Dichter Vaclav Havel hatte noch nie im Leben einen teuren Anzug besessen. Als Staatspräsident führte er zunächst die Tschechoslowakei und später Tschechien in eine neue Zeit. Man braucht keine formale Macht und erst recht keine Statussymbole, um etwas Neues zu beginnen. Um Menschen eine Vision für die Zukunft zu vermitteln, sie aufzurütteln und mitzureißen.

Mutter Teresa hatte keine Visitenkarte, auf der in sieben Sprachen »Nobelpreisträgerin« stand.

In Unternehmen, die von echten Führungspersönlichkeiten geführt werden, gibt es natürlich auch Symbole. Aber es sind dann solche, die eher Zugehörigkeit ausdrücken als Status. Zeichen, die integrieren, statt Abgrenzung zu demonstrieren. Wir meinen jetzt nicht die vor allem bei amerikanischen Unternehmen anzutreffende Unsitte, Mitarbeiter mit Tassen, T-Shirts, Wimpeln oder Schreibtischaufstellern zuzuschütten, auf denen wahlweise das Firmenlogo oder verlogene Sprüche wie »Du bist die wichtigste Person in diesem Unternehmen« prangen.

Aber bei Volkswagen in Wolfsburg gibt es zum Beispiel das Ritual, dass jeden Dienstagmittag in der Kantine Currywurst gegessen wird. Die Wurst stammt aus eigener Herstellung und wird vom Pförtner ebenso verputzt wie vom Vorstand. Das schafft Identität und schmiedet die Leute zusammen. Solche Rituale lassen sich auch niemals von oben verordnen, sondern sie ergeben sich einfach mit der Zeit, wenn die Unternehmenskultur danach ist.

Wenn wir sagen, dass Statussymbole auf den Müllhaufen gehören, dann meinen wir damit nicht, dass erfolgreiche Unternehmer und Top-Führungskräfte totalen Konsumverzicht und einem indischen Sadhu gleich Askese üben sollten. Ganz im Gegenteil. Wenn ein Unternehmer sich seinen Jugendtraum erfüllt und einen Porsche oder Mercedes SL kauft, um damit am Wochenende auf der Schwäbischen Alb herumzudüsen, dann hat das per se nichts mit Statussymbolen zu tun.

Sondern mit Spaß und Lebensfreude. Erst wenn die Vorstandslimousine zwei Meter neben dem Haupteingang parkt und allen Mitarbeitern den Weg verstellt, geht es wohl kaum noch um »Freude am Fahren«, sondern um zwanghafte Abgrenzung. Und die hat wiederum mit Erfolg oder Spaß rein gar nichts zu tun.

KAPITEL 16

PERSPEKTIVENWECHSEL: BEFÄHIGER STATT BESSERKÖNNER

»Warum kommt dauernd ein Gehirn mit, wenn ich nur um ein paar Hände gebeten habe?« – soll Henry Ford einmal gesagt haben. Wie lästig. Eine echte Führungskraft weiß schließlich selbst, was zu tun ist. Das einzige Problem: Man kann leider nicht überall gleichzeitig sein. Wie unpraktisch.

So ungefähr lässt sich das Verständnis von Management zu Beginn der modernen Industriegesellschaft beschreiben. Das Symbol für die erste Evolutionsstufe der Führung ist die *Hand*.

Historisch lässt sich dieses Führungsverständnis leicht nachvollziehen. Die Industrie ist aus dem Hand-Werk hervorgegangen. Und im Handwerk ist derjenige Meister, der es am besten beherrscht. Folgerichtig gibt der Meister in seiner Werkstatt den Ton an.

Das ist bei Kleinbetrieben im produzierenden Gewerbe heute meist nicht anders als vor 200 Jahren: »In meiner Werkshalle lernt der Azubi, sich nach der Decke zu strecken. Und die ist dreeeeeiiimeterachtzig hoch.« Aber selbst junge Unternehmensgründer in wissensintensiven Geschäftszweigen, deren Firma auf einer besonderen Idee, Fähigkeit oder Identität basiert, tun sich oft schwer, ihre ersten Mitarbeiter einzubinden. Sie machen es einfach immer noch besser. Und deshalb können sie es nicht lassen, den anderen ständig ins Lenkrad zu greifen.

Hände, Hirn und Herz – Das H^3 für Führungskräfte

Das Symbol für die zweite Evolutionsstufe der Führung ist das *Hirn*. Wie, verflixt noch mal, kriege ich es in die Köpfe meiner Mitarbeiter, dass sie genauso viel können wie ich? In der aufkommenden Wissensgesellschaft hat es der Chef begriffen: Er sucht nicht mehr nur die fleißigsten Hände, sondern die besten Köpfe. Er ist der Rolle des besten Handwerkers entwachsen und ist jetzt Schulmeister geworden. Er ist der noch bessere Besserkönner, der sich fragt, wie er seine Mitarbeiter richtig erziehen kann. Um sie zu formen. Die Chefs dieser zweiten Entwicklungsstufe glauben, dass sie schon alle Antworten haben, wie ihr Laden ticken muss. Frei nach dem Motto: Was mich selbst erfolgreich gemacht hat, kann für andere so falsch nicht sein. Und so wird dann Führung zu Erwachsenenbildung. Das eine Zauberwort heißt dabei »Motivation«. Das ist oftmals synonym mit »Manipulation«, denn es geht vor allem um Fremdsteuerung: Der Teamgeist wird durch das frühmorgendliche kollektive Absingen der Firmenhymne gestärkt, worin die Japaner ganz groß sind. Die Mitarbeiter in der Buchhaltung bekommen zur Aufwertung der Arbeitsmoral täglich eine neue Losung zugefaxt, etwa »Ich werde jeden Tag 1 Prozent besser« oder »Uns interessiert nicht das Problem, sondern die Lösung«. Und zur Stärkung des allgemeinen Selbstwertgefühls wird in der firmeninternen Kommunikation das Wort »Belegschaft« ersatzlos gestrichen und durch den »rebellischen Mitarbeiter« ersetzt, der »hoch motiviert« ist, ungefragt »Verantwortung übernimmt«, »ausgetrampelte Pfade verlässt«, »Humor« besitzt und »unkonventionelle Entscheidungen trifft«. Damit das Ganze dann aber nicht völlig aus dem Ruder läuft und in muntere Anarchie ausufert, gibt es das zweite Zauberwort – und das heißt »Personalentwicklung«. Hier werden dem Mitarbeiter die Zügel wieder angelegt und er bekommt in diversen Intensivseminaren eingetrichtert, wie sein eigenes Denken und Verhalten oder seine Einstellungen mit den Bedürfnissen des Unternehmens deckungsgleich werden.

Zur Aufwertung des allgemeinen Selbstwertgefühls wird in der firmeninternen Kommunikation das Wort »Belegschaft« ersatzlos gestrichen.

Wir konnten es fast nicht glauben, als wir kürzlich in der *Wirtschaftswoche* über einen aktuellen Trend in der Personalentwicklung lasen. Da veranstalten Firmen, tatkräftig unterstützt von einer Unternehmensberatung mit klangvollem Namen, Assessment Center. Doch nicht etwa nur zur Personalauswahl, sondern auch, um beim mittleren Management nach Soft Skills zu fahnden. Ist Abteilungsleiter Müller auch wirklich teamfähig? Besitzt Werksleiter Meier genügend Durchsetzungsvermögen?

Wir flippen aus, wenn wir so etwas lesen! Brauchen Vorgesetzte Assessment Center, um herauszufinden, ob ihre Mitarbeiter sich in ein Team integrieren oder sich durchsetzen können? Das gehört ja nun wirklich zu den Kernaufgaben einer Führungskraft! Oder arbeiten Ihre Mitarbeiter in einem Vakuum, von dem Sie nichts, aber auch gar nichts mitbekommen? Da gibt es offenbar Führungskräfte, denen es zu anstrengend ist, sich mit ihren Mitarbeitern zu beschäftigen, und die fest davon überzeugt sind, dass sie solche Nebensächlichkeiten nur von den eigentlichen Aufgaben des Managements ablenken. Was für ein Witz!

Es gibt Unternehmen, da bekommen alle 28-jähigen Hochschulabsolventen am ersten Tag denselben Entwicklungsplan überreicht. Aus diesem Plan lässt sich leicht ersehen, wie das Hirn am Ende getaktet sein soll. Schließlich müssen Chefs und Personalentwickler ihrem gesetzlichen Erziehungsauftrag gerecht werden. Den haben sie doch, oder? Jedenfalls verhalten sich viele so. Und so lebt eine ganze Branche äußerst auskömmlich davon, brave Mitarbeiter noch vergleich-, anpass- und austauschbarer zu machen als sie ohnehin schon sind. Wer als Diplom-Psychologe noch 20 Jahre auf dem Niveau seiner Studenten-WG weiterleben will, der macht Paartherapie oder Suchtberatung. Wer aber mit 35 einen 5er

BMW fahren und in Vier-Sterne-Hotels nächtigen möchte, der macht »Personalentwicklung«. Schon das Wort gehört auf den Müll. Erstens sind die Talente in einer Organisation Menschen und niemals »Personal«. Und zweitens ist der Gedanke geradezu anmaßend, Persönlichkeiten »entwickeln« zu wollen. Nicht etwa die Organisation oder eine Abteilung soll verändert werden, sondern die Menschen darin. Die Taktung ihres Denkens, ihre Einstellungen und ihr Verhalten sollen an die Bedürfnisse des Unternehmens angepasst werden.

Menschen sind aber keine Maschinen, die sich auf Knopfdruck steuern oder beliebig schleifen lassen. Menschen verändern sich und brechen mit überholten Denkweisen und Gewohnheiten, weil sie es wollen. Man kann sie nicht entwickeln, das tun sie selbst oder gar nicht.

Schon das Wort »Personalentwicklung« gehört auf den Müll.

Die Ära der Hände ist vorbei. Die Ära der Köpfe geht gerade zu Ende. Und was kommt jetzt? Das Symbol für die dritte und vorerst letzte Evolutionsstufe der Führung ist das *Herz*. In der Wirtschaft geht es um Emotionen. Damit meinen wir keineswegs gruppengesteuertes Massenkuscheln nach dem Motto: Piep piep piep – wir haben uns alle lieb! Nein, wir meinen Leidenschaft. Die Leidenschaft von Menschen, die etwas erreichen wollen, die etwas aus ihrem Leben machen wollen, die ihre Möglichkeiten entdecken und das Beste aus sich herausholen wollen. Führungskräfte, die sich leidenschaftlich um ihre Mitarbeiter bemühen. Mitarbeiter, die sich leidenschaftlich um ihre Kunden und ihre Produkte bemühen. Der Chef der Zukunft ist »Befähiger« statt Besserkönner und Besserwisser. Er versteht es, ein Umfeld zu schaffen, in dem arbeitende Menschen sich optimal entfalten können. Er holt die größten Talente ins Boot und sorgt dafür, dass sie ihr Talent und ihre Persönlichkeit auch entfalten können.

Kontrolle ist gut, Vertrauen ist besser

Bisher war es so: Wer einen guten Job macht, hat die Chance zum Aufstieg. Noch immer reicht es allzu vielen Unternehmen völlig aus, dass sich jemand in seiner jetzigen Rolle bewährt hat, um ihn als zu Höherem berufen einzuschätzen. So weit, so schlecht. Denn leider gibt es keine wissenschaftlich erwiesene Korrelation zwischen der Eignung als Fachexperte und der Eignung als Führungskraft. Aber wir haben alle das Peter-Prinzip vor Augen. Immer noch und immer wieder zeigt sich, dass ein Spitzenverkäufer als Verkaufsleiter eine Null sein kann. Oder ein hochqualifizierter Ingenieur mit genialen Ideen sich auf dem Sessel des Entwicklungsvorstands als blasser Technokrat entpuppt. Die besten Führungskräfte zeichnen sich heute eben nicht durch ihre Fachexpertise aus, sondern dadurch, dass sie sich für Menschen interessieren und diesen die Möglichkeit eröffnen, ihr Bestes zu geben.

Genau das ist heute die Essenz von Führung. Und sie ist nicht zu verwechseln mit Management. Wir sind ganz sicher nicht die Ersten, die auf diesen Unterschied hinweisen, doch begegnet uns diese Verwechslung in der Praxis nach wie vor fast täglich. Management bedeutet, Probleme mehr oder weniger kreativ zu lösen und etwas, das schon vorhanden ist, ein Stück zu verbessern. Echte Führungskräfte sind dagegen mehr als Manager, denn sie verändern und gestalten das System. In diesem Sinn bedeutet Führung, einer Gruppe von Menschen neue Möglichkeiten zu erschließen. Für deren Umsetzung die einzelnen Menschen dann selbst verantwortlich sind. Neben sehr viel Energie und Menschenkenntnis brauchen Führungskräfte des neuen Typs vor allem dreierlei: Erstens *Vertrauen* in andere. Zweitens die *Bereitschaft, Macht aufzugeben*. Und drittens eine klare *Orientierung*.

Echte Führungskräfte sind mehr als Manager, denn sie verändern und gestalten das System.

»Vertrauen führt« – ja klar, das beten inzwischen alle Manager nach. Führungskräfte lesen schließlich auch Bücher, und niemand will dem Zeitgeist hinterherhinken. »Die Basis unseres Erfolgs sind Vertrauen und gegenseitiger Respekt«, hängt dann in Schönschrift gerahmt im Konferenzraum. Merkwürdig nur, dass sich in so manchem Unternehmen dieses Vertrauen in einem 200-seitigen Pflichtenheft ausdrückt, in dem das Management die gesamte Vorgehensweise bei größeren Vorhaben peinlich genau vorgibt, damit alles schön unter Kontrolle bleibt. Denn »Vertrauen ist gut, Kontrolle ist besser« – dieser Satz von Lenin ist es, der viele Köpfe in den Führungsetagen eigentlich beherrscht. Und nicht die Sprüche, die an den Wänden hängen.

»Schon gut«, werden Sie jetzt vielleicht denken, »ein solches Pflichtenheft wurde bei uns schon 1955 abgeschafft.« Schön für Sie, allerdings agieren manche Kontrollfreaks subtiler. Ein guter Indikator dafür sind beispielsweise die Ermessensspielräume, die Mitarbeitern zugebilligt werden. In Unternehmen, die ihren Angestellten vollständige Freiheit bei allen Entscheidungen bis zur Höhe von maximal 5,99 Euro gewähren, müssen Sie kein Psychoanalytiker sein, um messerscharfe Rückschlüsse über das Verständnis des Managements von Führung zu ziehen. Es ist die klassische selbsterfüllende Prophezeiung: Aus lauter Angst, den Mitarbeitern nicht vertrauen zu können, schaffen Unternehmen ein Klima der Überwachung und Kontrolle, in dem dann tatsächlich irgendwann der Regelbruch für den Mitarbeiter die einzige Möglichkeit ist, seine Unabhängigkeit und sein Selbstwertgefühl wiederherzustellen.

Man kann es auch so ausdrücken: Wenn die Führungsmannschaft nicht bereit ist, ihren Mitarbeitern Freiheit zu gewähren, dann kann sie von diesen Menschen auch kein Verantwortungsbewusstsein erwarten.

Das klingt so wunderbar einfach. Aber wie bei den meisten wunderbar einfachen Dingen des Lebens wird es ein klein wenig komplizierter, wenn Menschen versuchen, sie in die Realität umzusetzen. Nehmen wir mal an, es geht darum, einem Mitarbeiter ein Projekt anzu*vertrauen*. Leicht gesagt, schwer getan. Deshalb finden viele Führungskräfte einen aus ihrer Sicht viel klügeren Weg: Sie geben keine Entscheidungsbefugnis ab, sondern nur die Verantwortung. Doch wirkliches Delegieren einer Aufgabe oder eines ganzen Projektes setzt echtes Vertrauen voraus, denn wir reden hier auch von der delegierten Möglichkeit des Scheiterns. Und schon wird es kompliziert. Arbeit abgeben, das ist immer gut – aber Fehler oder gar Scheitern in Kauf nehmen, wer will das schon?

Genau hier liegt der Hund begraben: Während der traditionelle Managementschwerpunkt auf Kontrolle liegt, konzentrieren sich die Befähiger darauf, Risikobereitschaft zu stärken und ihren Mitarbeitern aufzuzeigen, wie sie klug Risiken eingehen können, sozusagen wohlinformierte und durchdachte Wetten, die sich für das Unternehmen auszahlen.

Sorry, ihr Leitsatzdichter und Prinzipienpoeten, aber es gibt kein Vertrauen ohne Risiko.

Wirkliches Vertrauen in die eigenen Mitarbeiter beginnt da, wo Führungskräfte ihre Leute auch dann »machen lassen«, wenn das Risiko vorhanden ist, dass etwas schiefgeht oder zumindest nicht auf Anhieb funktioniert. Und wenn die Führungskraft bereit ist, dafür die Verantwortung zu übernehmen. So ist das eben. Sorry, ihr Leitsatzdichter und Prinzipienpoeten, aber es gibt kein Vertrauen ohne Risiko. Im Gegenteil, das eine existiert nicht ohne das andere. Erst wer bereit ist, Risiken mitzutragen, vertraut wirklich.

Führung beginnt jenseits der Macht

Aber halt! Stopp! Nicht jeder Mitarbeiter kommt mit einem Höchstmaß an Freiheit zurecht. Stimmt, dem wollen wir auch gar nicht widersprechen. Wie viel der Einzelne oder ein Team davon bekommt, muss zu ihren Möglichkeiten passen. Und genau das einzuschätzen und entsprechend zu justieren ist Aufgabe von Führung! Klar kann es dabei passieren, dass man sich verschätzt. So was kommt hin und wieder vor. Aber wir haben gar keine andere Chance. Führungskräfte müssen lernen, mit dem Risiko der Fehleinschätzung zu leben. Die Alternative wäre ein bürokratisches Monster, eine riesige Durchsetzungsmaschinerie, die peinlich genau überwacht, dass alle Regeln befolgt werden und am Schluss jedes Talent erstickt. Hoffentlich kommt Ihnen diese Beschreibung nicht allzu bekannt vor …

Reden wir mal kurz über Macht.

Reden wir mal kurz über Macht. Befähiger brauchen anders als die Besserkönner und die Besserwisser keine formale Macht, sondern sie verlassen sich auf die eigene natürliche Autorität, die von innen kommt und nicht täglich auf der Platinvisitenkarte blankgeputzt werden muss. Dazu ein kleines Beispiel: Als einer von uns noch für eine große Unternehmensberatung mit einem klangvollen englischen Namen arbeitete, führte ihn eines seiner ersten Beratungsprojekte in ein produzierendes Unternehmen. So richtig mit Schichtbetrieb, riesigen Werkshallen und Maschinenlärm. Es ging um eine größere Umstrukturierung. Angesichts dieser Aufgabe war es nicht wirklich verwunderlich, dass die Mitarbeiter dem Beraterteam einen eher frostigen Empfang bereiteten. Ihr Urteil war nicht sehr schmeichelhaft: Beraterschnösel, die keine Ahnung haben, aber alles besser wissen. Die Typen mit den goldenen Manschettenknöpfen, die sich die Finger nicht schmutzig machen. Das mittlere Management und die unteren Ebenen hatten nicht die geringste Lust auf irgendwelche von oben verordneten Veränderungen und machten das auch sofort klar.

In dieser Situation hatte der Projektleiter eine gute Idee. Noch vor dem ersten offiziellen Beratungstag tauchten wir als ganzes Team morgens um 4 Uhr in der Produktion auf. Ohne mausgraue Anzüge und ohne Beraterattitüde. Unser

Job: Mit den Leuten im Werk sprechen und ihnen zuhören. Wir haben mit den Arbeitern in den Pausenräumen gesessen und uns ihre Sorgen erzählen lassen. Wir haben uns in der Kantine geduldig angehört, was sich in dem Laden endlich mal ändern müsste. Das Ergebnis war gigantisch. Plötzlich war die ganze Firma auf der Linie der Berater.

Wohlgemerkt: Wir waren zutiefst davon überzeugt, dass unser Projekt sinnvoll war. Es ging uns nicht darum, irgendjemanden für dumm zu verkaufen. Aber wenn wir die formale Machtkarte ausgespielt hätten, mit denen uns der Vorstand ausgestattet hatte, um das Vorhaben durchzuziehen, dann hätten wir ganz sicher auf Granit gebissen und nichts bewirkt. Wir hatten erst eine Chance, als wir klar signalisierten: Wir sind nicht hier, um uns an unserer Macht hochzuziehen, sondern um euch zu unterstützen, euer ganzes Potenzial auszuschöpfen.

Wir sagen es nochmals, weil es so wichtig ist: Befähiger brauchen keine formale Herrschaft, sondern sie verlassen sich auf die Macht, die von innen kommt. Sie wissen, dass keine Person, keine Gruppe, kein Chef so allwissend ist, dass er den exakten Weg in die Zukunft kennen könnte. Aber sie wissen, dass Führung bedeutet, Hindernisse aus dem Weg zu räumen und Vorkämpfer für Veränderung zu sein. Einer muss den Mut haben, immer wieder voranzugehen. Er durchbricht Selbstgefälligkeiten. Er stiftet Unruhe. Aber er versteht es auch, den Sinn des Ganzen zu vermitteln.

Befähiger verlassen sich auf die Macht, die von innen kommt.

Dazu ist es nötig, Mitarbeitern eine klare Orientierung zu geben. Wenn wir dieses Thema ansprechen, sitzen immer alle da und nicken. Ist ja schon klar: Orientierung, Ziele und so. Okay, okay. Beschäftigen wir uns doch dauernd mit. Warum reden die jetzt überhaupt darüber? Um unsere Gedanken zu veranschaulichen, bitten wir die Führungskräfte, sich auf ein kleines Experiment einzulassen. Sie sollen sich vorstellen, dass wir in ihr Unternehmen gehen und nach dem Zufallsprinzip zehn Personen auswählen – aus irgendeiner Abteilung, in einer beliebigen Etage, von irgendeinem Arbeitsplatz. Dann nehmen wir mal an, dass wir jedem von diesen Mitarbeitern folgende Fragen stellen: Was sind die Ziele Ihres Unternehmens? Was ist das Besondere und Einzigartige Ihrer Firma – aus Sicht Ihrer Kunden?

»Was denken Sie«, wollen wir dann wissen, »werden wir von jedem die gleiche Antwort bekommen?« Das ist die entscheidende Frage, die häufig zu einem echten Augenöffner wird. Denn das ist der Zeitpunkt, an dem einige Führungskräfte sich eingestehen müssen, sofern sie es ehrlich meinen, dass sie vermutlich so etwas wie »Ich weiß nicht« oder »Ich bin mir nicht sicher« sagen würden.

In anderen Firmen wiederum wäre es zwar wahrscheinlich, dass wir eine Antwort auf die Frage nach dem Unternehmensziel und dem Kundenwert bekämen. Nur leider würden die Antworten sehr unterschiedlich ausfallen, je nach dem, mit welcher Abteilung und welchem Bereich wir gerade sprechen würden.

Und gehen wir noch einen Schritt weiter: Nehmen wir einmal an, wir würden auch noch fragen: »Sind die Ziele Ihres Unternehmens auch Ihre persönlichen Ziele als Mitarbeiter?« Welche Antworten würden wir von diesen zehn zufällig ausgewählten Personen erhalten? Die Antwort darauf können sich die Führungskräfte nur selbst geben. Und das gilt für Sie als Leser ebenso. Doch egal, wie die Antwort ausfällt: Wir sind davon überzeugt, dass eine unvollkommene Zielvorstellung, die allgemein akzeptiert und unterstützt wird, wichtiger für den Unternehmenserfolg ist als eine angeblich perfekte Vision, die aus abstrakten Worthülsen besteht, an die niemand glaubt.

Wer mit Herz und Leidenschaft führt, ist kein netter Onkel im Cordjackett, sondern oft ein knallharter Antreiber.

Führung muss auf dem Fundament des gemeinsamen Verständnisses beruhen. Das scheint ein einfacher Lehrsatz zu sein, den man schnell abnickt. Doch machen Sie mal die Probe aufs Exempel. Stellen Sie kritische Fragen und finden Sie heraus, wie viel Einigkeit über das gemeinsame Tun in Ihrem Unternehmen wirklich herrscht. In vielen Fällen werden Sie überrascht sein, wie weit die Vorstellungen von Mitarbeitern und Führungskräften sowie von Kollegen untereinander auseinanderdriften. Und dann wissen Sie, was Sie zu tun haben. Befähiger sein, das bedeutet, mit ganzem Herzen Leidenschaft für ein gemeinsames Ziel zu wecken.

Wenn Sie dieses Kapitel Revue passieren lassen, dann könnten einige Leser meinen, die Führungskraft der Zukunft sei ein Softie, ein Weichei, ein netter Onkel im Cordjackett oder eine gütige Tante, die Besuchern grünen Tee einschenkt. Das meinen wir aber ganz und gar nicht. Wer mit Herz und Leidenschaft führt, der ist im Gegenteil oft ein knallharter Antreiber. Er ist nicht wie der Guru in seinem Ashram, wo sich alle lieb haben. Yin und Yang sind nicht sein Thema. Er ist eher wie ein Choreograph, der seine Tanzkompanie schindet und der sie auch mal anbrüllt und ihr Beine macht. Nicht, weil er herrschsüchtig wäre. Sondern weil er leidenschaftlich dafür kämpft, dass sein Ensemble selbstbewusst und meisterhaft auf eigenen Beinen steht, wenn am Premierenabend und bei jeder weiteren Vorstellung der Vorhang hochgeht.

KAPITEL 17

WIR KÖNNEN AUCH ANDERS: CLEVER STATT TÜCHTIG

Wir haben den Newsletter eines ziemlich bekannten deutschen Rhetoriktrainers abonniert. Eines Tages lasen wir darin etwas höchst Interessantes: Der Mann gewöhnt sich gerade den Schlaf ab. Besser gesagt, er reduziert ihn systematisch. Und empfiehlt dieses Vorgehen allen zur Nachahmung. Seine Logik ist messerscharf: Wer täglich nur eine halbe Stunde weniger schläft – das ist der Einstieg in die Droge Schlafentzug –, der gewinnt 23 zusätzliche 8-Stunden-Tage jedes Jahr. Was kann man mit dieser gewonnenen Zeit nicht alles machen! Viel mehr Geld verdienen und auch noch viel mehr erleben und genießen. Aber das ist erst der Anfang. Wer es schafft, sogar eine ganze Stunde weniger zu schlafen als bisher, der gewinnt unvorstellbare 46 Tage im Jahr. Wird man 80 Jahre alt, dann hat man 10 Jahre länger gelebt. (Da sollte er jetzt noch mal einen Mathematiker fragen, aber egal.)

Wird er irgendwann den Gedanken noch ertragen, überhaupt schlafen zu müssen?

Im Newsletter wird uns nicht verschwiegen, dass das Training verdammt hart ist. Jeden Morgen, wenn es draußen noch dunkel und totenstill ist, quält sich der Verfasser aufs Neue. Aber er hat eine Methode gefunden, sich selbst zu überlisten. Er schreibt täglich seine Schlafzeit akribisch auf. Und verschafft sich damit ein permanentes schlechtes Gewissen. Jede Minute Schlaf ist eine verlorene Minute! Derart unter Zwang hat er sich inzwischen auf einen Durchschnitt von 6,6 Stunden Schlaf heruntertrainiert. Und hat als nächstes Ziel 6,2 Stunden im Visier. Wird er irgendwann den Gedanken noch ertragen, überhaupt schlafen zu müssen?

Wer zu viel arbeitet, ist zwar tüchtig, aber unproduktiv

Sich den Schlaf abzugewöhnen ist vielleicht die allerletzte Konsequenz des Tüchtigkeitswahns. Vielerorts dominiert immer noch das alte Prinzip, dass die fähigsten Führungskräfte und die besten Mitarbeiter diejenigen sind, die rund um die Uhr arbeiten. Oder sich zumindest diesem Ideal anzunähern versuchen. Es ist doch auch ganz klar: Je länger jemand arbeitet, desto mehr kriegt er weggeschafft. Und aus diesem Stoff sind sie dann gestrickt, die modernen Heldensagen. »Unglaublich«, tuscheln die Kollegen dann beim zufälligen Zusammentreffen auf dem Flur, »Schmidtke arbeitet jetzt schon seit 20 Stunden. Ununterbrochen.« Kein Problem: Mit den richtigen Dehnübungen lassen sich Arbeitstage locker auf 36 Stunden strecken, und durch eisenhartes Training lässt sich sogar die Anzahl der Toilettenbesuche drastisch reduzieren.

Der Ratgeber-Dauerbrenner »Zeitmanagement« trägt da wenig zur Lösung bei.

Nein, nein, wir wollen keineswegs das Paradies der faulen Säcke propagieren. Es geht auch nicht um die landesweite Einführung der 32,5-Stunden-Woche. Es geht vielmehr darum, nicht den Mitarbeiter für den besten zu halten, der abends als Letzter das Licht ausknipst.

Es ist doch so: Wer länger arbeitet, teilt sich seinen Tag natürlich auch anders ein. Bitte erzählen Sie uns nicht, dass Sie dank Müsliriegel und Yogaübungen Ihre Energie während der ganzen verdammten 36-Stunden-Schicht auf einem

Top-Level halten. Ein internationaler Vergleich der Uni Oldenburg hat vor kurzem gezeigt: Die Länder mit den längsten Arbeitszeiten sind zugleich die mit der geringsten Produktivität. Die Wirtschaft hat sich komplett gewandelt, die Input-Output-Gleichung der Old Economy gilt nicht mehr. Was heute zählt, ist die Zahl der guten Ideen, nicht die am Schreibtisch verbrachten Stunden. Statt auf den Tod durch Überarbeitung zuzurudern, sollten Führungskräfte überlegen, was ihr Unternehmen anders und besser machen kann. In Japan hat man übrigens ein Wort für das Phänomen »Tod durch Überarbeitung«. Dort heißt es kurz und knapp »Karoshi«. Da diese Todesart in Japan keine Seltenheit ist, hat man sie – und das ist die gute Nachricht für die Angehörigen – seit kurzem auch juristisch als haftungspflichtige Todesart anerkannt. Zynisch? Makaber? Keine Frage!

Aber Karoshi ist nur ein Symptom der Produktionsmethoden des späten 20. Jahrhunderts. Fallstudien legen nahe, dass der Grund für die selbstaufopfernde Vielarbeit in Japan eher im Produktionsmanagement angelegt ist. 88 Prozent aller Firmen in Nippon rechnen fest mit Überstunden. So warb ein Pharmakonzern mit dem Slogan »Sind Sie bereit, 24 Stunden für Ihre Firma zu kämpfen?« für ein neues Power-Getränk. Nur ein rein japanisches Syndrom? Mitnichten! Diese Denke ist weltweit verbreitet.

Den Dauerbrenner »Zeitmanagement« können Sie getrost vergessen. Was nützt es jemandem, wenn er dank guter »Zeitplanung« genügend Zeit hat, an den kleinen Rädchen zu drehen, und dabei das große Steuerrad ignoriert? Deshalb ist es so wichtig, erst einmal die richtigen Fragen zu stellen. Nicht den Tag optimal zu planen, sondern zunächst zu überlegen, was man heute positiv beeinflussen könnte.

Die Tüchtigen – das sind die Erfolgreichen von gestern. Sie benchmarken um die Wette. Sie verwenden die neuesten Managementtools, die alle anderen toll finden. Sie tolerieren keine Fehler, sondern nur 99,999999 Prozent Perfektion. Sie haben die Mitarbeiter, die genau das tun, was man ihnen sagt. Sie schmücken sich mit teuren Statussymbolen. Und sie sind auf dem absteigenden Ast. Clevere Führungskräfte machen es anders. Sie ziehen die stärksten Mitarbeiter an und lassen deren Talent zur Entfaltung kommen.

Die Tüchtigen – das sind die Erfolgreichen von gestern.

Klar hat der Druck in den letzten Jahren stetig zugenommen. Die Deutschen, angeblich Freizeitweltmeister, ackern immer länger, härter und ausdauernder. Obwohl die tarifliche Arbeitszeit inzwischen auf 38,4 Wochenstunden gesunken ist, liegt die tatsächliche Arbeitsdauer von Vollzeitbeschäftigten nach Angaben des Deutschen Instituts für Wirtschaftsforschung bei 42,4 Stunden pro Woche. Jede dritte Überstunde wird nicht bezahlt; der Krankenstand liegt auf dem niedrigsten Niveau seit Einführung der Lohnfortzahlung im Jahr 1970.

Hinzu kommt nach den Erkenntnissen der Wirtschaftforscher die wachsende Arbeitsbelastung. Wer noch Arbeit hat, muss nicht nur mit ständig steigenden Anforderungen, sondern auch mit ständig wechselnden Bedingungen klarkommen.

Menschen sind überlastet, fühlen sich ausgelaugt und den ständigen Veränderungen nicht mehr richtig gewachsen. Sie spüren auch, dass sie sehr schnell ersetzbar und – trotz gegenteiliger Versicherung, der Mensch stehe im Mittelpunkt – oft nur Mittel zum Zweck sind. Alle wissen, dass Beschäftigung heutzutage eine Art von Duldung geworden ist: Wenn Ihr Unternehmen irgendwie ohne Sie auskommen kann, wird es das auch bald tun. Haben Sie Ihren Zweck erfüllt, werden Sie ganz schnell entlassen. Wurde man früher rausgeschmissen, weil man schlecht gearbeitet hat, ist das heute schon lange kein Grund mehr. Arbeitnehmer fliegen nicht unbedingt wegen schlechter Arbeit, sondern sie müssen gehen, weil sie niemand mehr braucht, weil Unternehmen Prozesse straffen, Teile abstoßen, verlagern oder von Dritten erledigen lassen. Und das ist keineswegs eine vorübergehende Phase, sondern die neue Realität.

Gut ist besser als viel

Die Antwort auf das alles kann nicht heißen: weiter so! Die Antwort muss lauten: umdenken! Und zwar radikal. Es gilt, die Arbeit neu zu erfinden, sie neu zu definieren, neue Möglichkeitsräume für die Entfaltung von Menschen zu schaffen. Und es liegt an den Führungskräften, hier voranzugehen und das vorzuleben. Sonst können sie sich gemeinsam mit ihren Mitarbeitern in die Parallelwelt der staatlichen Transferleistungen verabschieden lassen. Führungskräfte, die clever statt tüchtig sind, protzen nicht mit ihren vollen Terminkalendern. Sie legen auch keinen Wert darauf, von früh bis spät an ihrem Schreibtisch (wahlweise: im Flugzeug, bei Meetings, auf Konferenzen) gesehen zu werden.

Sie nehmen sich vielmehr jeden Tag Zeit, mit ihren Mitarbeitern zu sprechen. Und zwar mit möglichst vielen Mitarbeitern, nicht nur mit den zwei, drei immergleichen Gesichtern. Sie machen einen Spaziergang, wenn sie eine neue Idee brauchen, statt in hektischen Aktionismus zu verfallen und Leute zu Brainstormings zusammenzutrommeln, bei denen doch nur Müll rauskommt. Kurz gesagt: Sie haben ein anderes Verhältnis zum Thema Quantität versus Qualität.

Der Salary-Man ist ein auslaufendes Modell.

Neulich waren wir in Japan. Ein junger Uni-Professor berichtete uns von seinem Vater, einem typischen Tokioter »Salary-Man«, der sonntags bei seiner Familie im Zustand totaler körperlicher und seelischer Erschöpfung nur noch wie ein Zombie ins Leere starrt. Morgens um 6 Uhr mit der U-Bahn ins Büro, dann im Großraumbüro ackern, immer schön unter der Aufsicht des Chefs, bis 21 Uhr. Dann noch alle Mann in die Karaoke-Bar. Wer die letzte Bahn nach Hause verpasst, darf sich in einem Hotel mit Zimmern in Schließfachgröße ein paar Stunden erholen. Der Salary-Man ist ein auslaufendes Modell. Wer zugenagelt ist von seiner Arbeit, kann keinen klaren Gedanken mehr fassen. Menschliche Hüllen können nicht kreativ sein. Roboter haben keine neuen Ideen.

Vor allen Dingen: Sie haben keinen Spaß. Führung wird in den nächsten Jahren bedeuten, den Menschen den Spaß an der Arbeit zurückzugeben. Sonst wird uns wirklich die Arbeit ausgehen, wie die Pessimisten seit Jahren unken. Nicht, weil es nichts mehr zu tun gäbe. Sondern weil niemand es sich mehr antun will. Die beiden skandinavischen Business-Vordenker Jonas Ridderstråle und Kjell Nordström rufen ihren Lesern mit Nietzsche zu: »Arbeit ist Vergnügen!« Und sie sagen: »Um kreativ zu sein, müssen wir locker sein. Wir brauchen Zeit, um uns hinzusetzen, nachzudenken, herumzuspielen und zu experimentieren.«

Um kreativ zu sein, müssen wir locker sein.

Die wenigsten Manager werden es auf absehbare Zeit so machen wie Red-Bull-Erfinder Dietrich Matteschitz und nur noch drei Tage pro Woche arbeiten. Aber sie könnten entdecken, dass es irgendwann zwischen Fleiß und Kreativität gar keinen Widerspruch mehr geben muss. Nämlich dann, wenn man restlos von seiner Arbeit begeistert ist. Picasso ist dafür ein sehr gutes Beispiel. Kaum ein Museum der Welt hätte die entsprechende Anzahl an Räumen, um eine vollständige Picasso-Werkschau auszurichten. Dafür hat er einfach viel zu viel gemalt. In diesem Sinn war Picasso, im Gegensatz etwa zu Vermeer, ein tüchtiger und überaus produktiver Künstler.

Picasso hat aber auch immer wieder neue Dinge gemacht. Und das nicht, weil die alten Dinge schlecht gewesen wären. Die frühen Bilder der »blauen Periode« oder der »rosa Periode« sind faszinierende Meisterwerke. Picasso hätte es sich leicht machen und dabei bleiben können. Kein Galerist hat ihn gebeten, den Kubismus zu erfinden. Im Gegenteil, Galeristen und Kunstkäufer lieben es, wenn ein Künstler immer mehr oder weniger das Gleiche malt. So wie schon der »Blumenbreughel«, jener Spross der berühmten Künstlerdynastie, der die Wände der europäischen Adelspaläste mit Blumensträußen in Öl und Essig pflasterte. Picasso hat sich aber nicht auf Harlekins spezialisiert, bis der Markt damit gesättigt gewesen wäre, sondern sich als Künstler immer wieder neu erfunden. Gerade deshalb ziehen Picasso-Ausstellungen heute hunderttausende Besucher an.

Clevere statt tüchtige Führungskräfte sind alles andere als faul. Sie verstehen es, die richtigen Dinge zu tun. Und sie wissen den Wert einzelner Tätigkeiten für das Unternehmen richtig zu gewichten. Dass derjenige der Firma am meisten nützt, der die meisten Schweißperlen auf der Stirn oder die höchste Pulsfrequenz hat – das war einmal. Heute steht die Frage im Mittelpunkt, wo neue clevere Ideen herkommen. Clever statt tüchtig zu sein bedeutet deshalb auch, Informationsjunkie zu sein. Es ist völliger Quatsch zu behaupten, Manager ersticken in einer Informationsflut. Wir haben nicht zu viele, sondern in der Regel dramatisch zu wenig Informationen. Deshalb ist es so wichtig, ständig mit ausgefahrenen Antennen Ideen aufzusaugen. Und wir müssen unseren Hintern bewegen, draußen vor Ort sein, mit unseren Kunden sprechen und ständig Informationen sammeln.

Ach ja, bevor wir es vergessen, noch einmal zurück zum Thema Schlafentzug. Neulich spendete der renommierte Schlafforscher Jürgen Zulley in der *Wirtschaftswoche* Trost an alle Tüchtigen, die nur noch mit Gewissensbissen schlafen können. Das Schlafbedürfnis ist nämlich eine individuell verschiedene, angeborene Anlage, die sich willentlich kaum beeinflussen lässt. Wer sich trotzdem den Schlaf abgewöhnen will, sollte sich das gut überlegen. Denn zu wenig Schlaf macht auf die Dauer »dick, dumm und krank«, wie Zulley provokant formuliert. Außerdem verkürzt Schlafentzug die Lebenszeit. So hatte etwa der Regisseur Rainer Werner Fassbinder für den Schlaf nur Verachtung übrig und sagte: »Schlafen kann ich noch, wenn ich tot bin.« Er starb mit 37 Jahren. Also: Machen Sie etwas aus Ihrem Leben. Aber schlafen Sie gut.

TEIL 3

VOM ARBEITSPLATZHALTER ZUM WERTLIEFERANTEN

KAPITEL 18

DURCHGEFALLEN: BRAV, FOLGSAM, NUTZLOS

Einst war Abteilungsleiter Müller mit dem Auto zum Flughafen gefahren, hatte dort für viel Geld geparkt, war nach Zürich geflogen, mit dem Taxi zum Kongresszentrum, danach ins Hotel, und am nächsten Morgen die ganze Chose retour. Jetzt wollte er seine Auslagen zurückhaben, plus was ihm noch so zustand an Taschengeld. Und das bitte möglichst bis übermorgen aufs Konto.

Dafür gab es die Reisekostenstelle. Alle Belege sortieren, kopieren, prüfen, abstempeln, abheften, verbuchen und schließlich das Geld bewegen, das machten etwas behäbige Männer im mittleren Alter. Sie trugen Strickpullover und kamen morgens um 8 Uhr mit ihrem Passat Variant zur Arbeit und machten pünktlich um 17 Uhr Feierabend. Nach 15 Jahren Reisekostenstelle war das Reihenhaus am Stadtrand abbezahlt. Danach konnte man für den Ruhestand auf Mallorca sparen. Und wer in solchen Zeiträumen zu denken gewohnt ist, der tut sich bei der Bearbeitung eines einzelnen Vorgangs nur mal die Ruhe an.

Jana, Reisebuchhalterin beim Walldorfer Softwareriesen SAP, besitzt weder ein Reihenhaus noch war sie jemals auf Mallorca. Hochkonzentriert checkt die 28-Jährige im Routenplaner die Strecke Bonn-Walldorf, macht einen Haken an die Hotelrechung und arbeitet sich im Akkord durch Parkhausquittungen. Mit flinken Fingern hämmert sie Zahlen in die Tastatur, drückt die Enter-Taste, klick, zack, der nächste Geschäftsvorfall bitte. Ob sie in zwei oder drei Jahren diesen Job noch machen wird, weiß sie nicht. Die Zeiten ändern sich schnell, und wer jung ist, nutzt seine Chancen.

Die Inder sind ganz scharf auf Arbeit. Auf unsere Arbeit.

Janas Büro ist nicht in Walldorf, sondern in Prag. Dort werden bald 300 Mitarbeiter in einem nagelneuen Bürogebäude für SAP standardisierte Verwaltungstätigkeiten abwickeln. Zu einem Bruchteil der deutschen Lohnkosten. Und das ist erst der Anfang. Nach der Produktion verlagern deutsche Unternehmen nun massenweise Verwaltungsjobs gen Osten. Und nach der Verwaltung werden Forschung und Entwicklung folgen. Erste Ansätze dazu gibt es schon. Bei 600 000 indischen Ingenieurwissenschaftlern, die jedes Jahr graduieren, ist das auch gar kein Problem. Kamal Nath, der indische Handels- und Industrieminister, sagt: »In Europa wird immer noch um die 35-Stunden-Woche gerungen. Unsere Menschen fordern den 35-Stunden-Tag!« Und lächelt.

Bremsen auf der Überholspur

Haben wir ernsthaft geglaubt, in Tschechien oder China würde man sich auf alle Zeiten mit Fabrikjobs am Fließband zufriedengeben? Und wo steht geschrieben, dass ein indischer Ingenieur niemals so gute Ideen haben kann wie ein deutscher? Wer Augen hat zu sehen, der schaue sich mal um: Einst als Schwellenländer bezeichnete Staaten wie China oder Indien sind gerade dabei, uns zu überholen. Oder, wie jüngst bei der Deutschen Bahn geschehen, für seine zehnjährige Beschäftigungsgarantie zu streiken. Fakt ist: Überall auf der Welt können Menschen genauso clever, erfindungsreich, fleißig, kreativ und innovativ sein wie in den Hochlohnländern. Sie entdecken das auch gerade und arbeiten mit Hochdruck daran, ihre Talente zu entfalten. Da kann es für uns hier wohl kaum ein Ticket in die Zukunft sein, irgendwann mal eine Ausbildung gemacht zu haben und dann schön brav seine Jahre bis zur Rente abzuarbeiten. Die Wahrscheinlichkeit ist groß, dass tatsächlich einer von eins Komma X Milliarden Chinesen Lust hat, auf den Zug aufzuspringen und den Job zu übernehmen. In unseren Unternehmen kursiert längst der sarkastische Spruch, dass eine Bürokraft ein teurer Mikrochip ist. Und ein mittlerer Manager ein atmender Mailserver. Jeder, wirklich jeder, der in Zukunft noch am Arbeitsleben teilnehmen möchte, wird sich regelmäßig die folgenden zwei Fragen stellen müssen:

1. Kann jemand, der billiger ist, meinen Job genauso gut erledigen?
2. Kann mein Job auch von einem Computer gemacht werden?

Wenn Ihre Antworten auf die Fragen 1 und 2 ein klares Ja sind, dann haben Sie ein echtes Problem. Es ist eine simple Frage des Überlebens, ob Sie in der Lage sind, Ihren Job so auszuüben, wie es der Kollege in Indien oder China oder der Kollege Computer nicht vermag.

Kann mein Job genauso gut von einem Computer gemacht werden?

Die Lage ist ausweglos? Nein! Es gibt einen Ausweg. Fragen Sie sich, welchen einzigartigen Beitrag zur Wertschöpfung Sie mit Ihren ganz einmaligen Talenten leisten können. Und dann machen Sie sich auf Ihrem Gebiet zum Top-Experten. Egal, was es ist. Hauptsache, jeden Tag ein bisschen mehr. Im globalen Hyperwettbewerb wird das bald eine nackte Notwendigkeit sein. Wir werden aber entdecken, dass genau das uns richtig gut tut. Wir werden in einer Welt leben, in der wir unser Potenzial endlich voll ausschöpfen können.

Seien wir ehrlich: Lebenslange Jobs gibt es doch schon heute kaum noch. Deshalb ist es auch keine Rettung, brav und folgsam seinen gegenwärtigen Job zu machen. In der Hoffnung, damit nur nicht aufzufallen und sich ein Leben lang durchmauscheln zu können. Das hat vielleicht für einige früher funktioniert – Stichwort: Reisekostenstelle –, doch heute reicht das eben nicht mehr. Es gibt mittlerweile nur noch eine einzige Sicherheit: das Kapital, das zwischen unseren beiden Ohren wohnt. Unser Wissen und unsere Fähigkeiten, unsere Talente und unsere Träume.

Diese Dinge sind unser persönliches Markenkapital. Wir sollten es hegen, pflegen und ständig weiterentwickeln. Aber damit nicht genug. Wir müssen noch einen Schritt tun: wahrnehmbare Besonderheiten entwickeln. Denn ohne die gibt es bald keinen dicken Gehaltsscheck mehr. »Wenn es keinen ganz besonderen Aspekt in Ihrer Arbeit gibt, spielt es keine Rolle, wie sehr Sie sich ins Zeug werfen. Sie werden nicht beachtet, und das heißt in zunehmendem Maße auch, dass Sie dafür auch nicht viel Geld erhalten werden«, schreibt Michael Goldhaber in einem Beitrag für das amerikanische Magazin *Wired*.

Das bedeutet in letzter Konsequenz, dass wir uns alle bemühen müssen, temporäre Monopole zu errichten. Wir müssen zum Experten für einen ganz bestimmten Bereich werden, ob Sport, Buchhaltung, Musik, Kochen oder was auch immer. Und dann lautet das Motto: Suchen Sie sich in diesem Bereich einen Schwerpunkt, entwickeln Sie ganz besondere Eigenheiten und Fähigkeiten und arbeiten Sie jeden Tag daran, die Welt das wissen zu lassen.

Nehmen Sie Jamie Oliver, den britischen Starkoch. Dieser Typ ist ein weltweit bekannter Virtuose des Schneebesens, telegener Fernsehkoch, selbstverständlich Autor zahlloser Kochbücher und kommt aus *England*. Dem Land, in dem das Essen oft einer Körperverletzung gleicht und wo man schon froh ist, wenn man etwas, das Essbarem ähnelt, auf den Teller bekommt. Fish & Chips, Pommes Frites und Pizza aus der Tiefkühltruhe. Mehr muss nicht sein. Da hat man dann auch noch Glück gehabt und ist um die Bekanntschaft mit den Pfefferminzerbsen oder den Essigchips herumgekommen. »Das ist alles totaler Dreck«, ruft nun ein jungenhafter Anfangdreißiger seinen Landsleuten zu.

Jamie Oliver ist ein phänomenales Showtalent. Im zarten Alter von 23 Jahren wurde er mit seiner Fernsehsendung »The Naked Chef« berühmt und hat heute längst sein eigenes Restaurant, das angesagte »Fifteen« in London. Er ist zweifelsohne ein guter Koch, aber das sind viele, viele andere auch. Worin er sich von den Heerscharen anderer guter Köche unterscheidet? Er ist eben nicht brav und folgsam, sonst wäre er wahrscheinlich Junior Sous Chef in irgendeiner Küchenbrigade in London. Er ist ein konsequenter Querdenker und ein ebenso guter Vermarkter seiner Fähigkeiten – und das mittlerweile weltweit. Keine Buchhandlung in Frankfurt, Sydney oder Los Angeles, die seine Kochbücher nicht auf einem Sondertisch platziert. Kein Wochenende, an dem nicht im italienischen, deutschen oder englischen Fernsehen eine Kochshow mit Jamie Oliver läuft. Keine Frauenzeitschrift, die nicht Rezepte von Jamie Oliver zum leichten Nachkochen für ihre Leserinnen offeriert.

Wer bin ich? Wofür stehe ich? Was macht mich besonders?

Jamie Oliver hat es allen gezeigt. Den langweiligen Hobbyköchen, die mit Fernsehköchen wie Max-»Ich hab da schon mal was vorbereitet«-Inzinger groß geworden sind. Den provinziellen Sauerbratenfans, die Panacotta für eine Stadt in der Toskana halten. Jamie Oliver hat ganz klare Antworten auf einfache Kernfragen gefunden: Wer bin ich? Wofür stehe ich? Was macht mich besonders? Der »Naked Chef« war der erste seiner Art: cool, unkonventionell, kreativ, lässig, attraktiv, sozial engagiert – und er kann auch noch kochen!

Doch jetzt eine Kopie von Jamie Oliver werden zu wollen ist reine Zeitverschwendung und sinnloser Kräfteverschleiß. Sie müssen eigene Antworten finden. Ihre persönlichen Stärken, Ihre Leidenschaft und Ihr bisheriges einzigartiges Leben müssen die Richtschnur für Sie sein. Denn unser Leben ist nicht das unseres Chefs, unseres Beraters oder Coaches und schon gar nicht das unseres Personalentwicklers.

Und wenn Sie wissen, wofür Sie stehen wollen, dann geht es darum, ständig Neues zu lernen, Ihre Kenntnisse auf diesem und angrenzenden Gebieten ständig zu erweitern. Wissen ist ein verderbliches Gut! Das Haltbarkeitsdatum läuft irgendwann ab, so viel ist sicher. Umetikettieren, wie perfide Händler es manchmal tun, läuft hier nicht. Sorgen Sie für frisches Wissen. Immer wieder. Jeden Tag. Werden Sie hungrig und süchtig nach lebenslangem Lernen. Sonst riskieren Sie, überflüssig und wertlos zu werden. Nicht als Mensch. Aber für die Arbeitswelt, für den sich ständig erneuernden Prozess der Wertschöpfung.

Werden Sie hungrig und süchtig nach lebenslangem Lernen!

Aber was, hören wir einige Leser jetzt einwenden, wenn ich weder so attraktiv noch so telegen bin wie Jamie Oliver? Wenn ich weder kochen noch sonst was richtig gut kann? Schließlich kann doch nicht jeder die Energie eines Richard Branson haben. Nicht jeder ist ein Ideensprudler wie Steve Jobs. Und nicht jeder sieht aus wie Heidi Klum. Sorry, aber das sind alles Ausreden. Jeder Mensch ist einzigartig, und deshalb kann jeder Mensch auch einzigartige Dinge tun. Sagt Ihnen der Name Hermes Phettberg etwas? Als wir noch in Wien gelebt haben, konnten wir den Schauspieler, Künstler, Autor und Talkmaster einige Male live erleben. Zwar gehen wir nach konservativer Schätzung davon aus, dass 90 Prozent der Österreicher Hermes Phettberg hassen wie die Pest, trotzdem hat dieser Typ Kultstatus erlangt.

Das besondere Talent von Hermes Phettberg? Keines zu haben! Der Mann ist dick, hat fettige Haare und sieht so frisch aus wie ein Schalke-Fan nach acht Tagen Pokalrausch. Er ist Schauspieler mit wenig Talent, Künstler ohne viel Fantasie, Autor ohne besonderen Witz und hangelt sich als Talkmaster von Peinlichkeit zu Peinlichkeit. Aber das gerade macht ihn aus: Er ist völlig schmerzfrei, angstfrei und schamfrei. In breitem Wienerisch redet er über seine Vorliebe für schwulen Sadomaso-Sex genauso hemmungslos wie über alle anderen Details aus seinem Leben.

Er ist eine lebende Anklage gegen die nicht nur in Österreich verbreitete Doppelmoral und macht anderen Mut, sich wenigstens ein bisschen von ihren Hemmungen zu befreien. Kein Wunder, dass in der legendären »Phettbergs nette Leit Show« auch Prominente ein offenes Wort sprachen. So gestand der Opernkenner und Fernsehmoderator Marcel Prawy, genau wie Phettberg seinen persönlichen Besitz größtenteils in Plastiktüten – österreichisch: *Sackerln* – aufzubewahren. Schließlich wurde Phettberg sogar zu einem Pionier des Web-TVs. Der ORF hätte wohl auch kaum eine wöchentliche Sendung ausgestrahlt, in der sich jemand fesseln und auspeitschen lässt und dabei seine literarischen Texte rezitiert.

Schauen Sie sich Hermes Phettberg an. Dieser Mann ist der lebende Beweis dafür, dass jeder sein eigenes Ding machen kann. Was Sie dazu brauchen, ist Selbsterkenntnis und eine ganze Portion Mut. Und dann gilt es, sich täglich zu fragen, was Sie heute Einzigartiges tun könnten.

Jeder kann sein eigenes Ding machen.

Das steht natürlich im krassen Gegensatz zum klassischen Karriereweg. In der Vergangenheit waren Berufswege wie auf Zugfahrplänen ablesbar. Abitur, Studium, Praktika, Einstieg in das Großunternehmen, Traineeprogramm, Personalentwicklungsplan, Regelbeförderung, unterbrochen jeweils nur vom Jahresurlaub. Wie auf Schienen immer geradeaus, wenn man nur die richtigen Knöpfe drückt. Dabei ist es Lokführern natürlich streng verboten, einen Haltebahnhof zu durchfahren, um schneller am Ziel zu sein.

Doch seien wir mal ehrlich: Das alles war auch entsetzlich langweilig. Freuen wir uns deshalb auf die Zukunft der Arbeit, denn noch nie konnte jeder Einzelne von uns so viel aus seinem Leben machen. Es ist wahr, es gibt keine Höhenflüge ohne Absturzrisiko. Doch am Boden zu bleiben ist keine Alternative. Sonst erobern andere den Luftraum. Oder, wie der US-Journalist Thomas L. Friedman es formuliert hat: »Inder und Chinesen verscheuchen uns nicht aus dem Haus. Sie jagen uns nur die Treppe hinauf, und das tut uns gut.«

KAPITEL 19

BRAIN DRAIN: JEDEN TAG EIN BISSCHEN DÜMMER

Deutschland, das Land der Dichter und Denker. Das ist lange, lange her. Gemessen an der Einwohnerzahl hat Schweden die meisten Schriftsteller und Künstler. Uns ist auch nicht bekannt, dass in den vergangenen Jahren reihenweise Literaturnobelpreise über Deutschland abgeregnet wären.

Deutschland, das Land der Ingenieure. Die deutsche »Ingenieurskultur« ist international nach wie vor in aller Munde, auch wenn das heute nicht immer als Kompliment gemeint ist. Manchmal wird damit auch nur sturer Perfektionismus ohne Rücksicht auf den Markt gegeißelt. Doch wie dem auch sei: »German Engineering« verbreitet zwischen Peking, Sao Paulo und Mumbai immer noch einen gewissen Glanz. Und es stimmt ja auch, dass eine ganze Fülle von Dingen, die aus dem heutigen Leben nicht mehr wegzudenken sind, auf den Erfindungsreichtum deutscher Ingenieure zurückgehen: Computer, Fernseher, Raketen, Röntgenstrahlen, Automobile und, und, und. Die Ingenieurwissenschaften haben im 19. Jahrhundert die Basis für den deutschen Wohlstand geschaffen.

Mehr Zeit zum Dichten und Denken ...

Doch Ende 2005 brachte es eine Studie des Vereins Deutscher Ingenieure (VDI) ans Licht: Das ist verdammt lange her. Denn genau diese Fachkräfte werden inzwischen händeringend gesucht. Rund 15 000 Stellen sind derzeit unbesetzt, wie die *Wirtschaftswoche* daraufhin berichtete. Warum gibt es dennoch arbeitslose Ingenieure? Wie passt das zusammen?

Vereinfacht gesagt, weil sich das Anforderungsprofil eines Ingenieurs in der Industrie enorm gewandelt hat und zahllose deutsche Studenten, Absolventen und Berufseinsteiger offenbar weder willens noch in der Lage sind, die dazu notwendigen Kenntnisse und Fähigkeiten zu erwerben. Ingenieure, so scheinen junge Deutsche immer noch zu glauben, tüfteln im stillen Kämmerlein vor sich hin und ziehen dort die Wurzel aus irgendwas. Managementkompetenzen? Nicht ihr Ding. Strategisch denken? Wozu? Projekte managen, internationale Teams führen? Stand doch an der TU nicht auf dem Lehrplan. Doch genau das wird heute verlangt. Im Zeitalter von Projektorganisation, Internationalisierung von Mitarbeiterteams und immer rascheren Innovationszyklen hat der reine Fachexperte ohne Soft Skills und Führungsfähigkeiten ausgedient. Ist man in Deutschland darauf eingestellt?

Bildung? Gibt's da nicht was von Ratiopharm?

Aber es kommt noch dicker. Die VDI-Studie brachte auch ans Licht, dass nur 40 Prozent der deutschen Ingenieure sich fließend auf Englisch verständigen können. 46 Prozent der Ingenieurwissenschaftler an den Unis behelfen sich mit rudimentärem Schulenglisch. Der Rest versteht außer Deutsch nur Formelsprache. Man könnte lachen über diese Zahlen, wenn sie nicht so deprimierend wären. Sollen Leute globale Projekte managen und das »German Engineering« in die Welt tragen, die diesen Begriff nicht mal in ihre Muttersprache übersetzen können? Und Abhilfe scheint wohl kaum in Sicht, wenn zwar 92 Prozent der Befragten Weiterbildung für nötig halten, aber nur 11 Prozent bereit wären, dafür privat Geld auszugeben. Bildung? Gibt's da nicht was von Ratiopharm?

Der Wuppertaler Soziologe Markus Schölling hilft mit seinen Untersuchungen, ein Charakterbild des jungen deutschen Ingenieursstudenten zu zeichnen. Dieser liebt sein Studium schon deshalb, weil es hier ganz klar geregelte Studienpläne gibt. Vor allem die männliche Spezies ist stolz darauf, kein

»Weichei-Studium« zu machen, sondern harte Fakten zu pauken. Da kann man sich dann auch den Auslandsaufenthalt schenken, den nur 19 Prozent in den Hörsälen überhaupt in Erwägung ziehen. Auch später im Job sollte es, bitte, was in der Nähe sein. Eltern und Freunde möchte man erklärtermaßen nicht längere Zeit missen. Ohnehin fühlen sich die meisten Studiosi im »Hotel Mama« am wohlsten. Und machen sich Sorgen, ob sie später mal im Job was Unbequemes anziehen müssen.

Eine Frage der Haltung

Verstehen Sie uns nicht falsch. Es geht uns hier nicht um Ingenieurs- oder Studenten-Bashing. Wir wollen niemanden pauschal diskreditieren. Dabei wäre es ja schön, wenn es nur die Ingenieure beträfe. Aber die Entwicklung, die sich hier zeigt, die Verslummung unserer größten Talente, ist leider symptomatisch. Bei der technischen Innovation trifft es uns besonders hart, doch in anderen Bereichen wird der Aufprall nicht wirklich weicher werden. Wir Deutschen leben in einem Land, das jeden Tag ein bisschen dümmer und träger wird. Fahrlässig, sehenden Auges und bis dato ohne das geringste Interesse, das Ruder herumzureißen.

Wir Deutschen leben in einem Land, das jeden Tag ein bisschen dümmer und träger wird.

Lebenslanges Lernen? Na klar. »Die Halbwertzeit von Wissen nimmt immer weiter ab« – »Lebenslanges Lernen ist erste Bürgerpflicht« – »Bildung ist Zukunft« ... Ja, ja, das kennen wir. Keine Rede eines Politikers, keine Ansprache eines Managers ohne diesen Appell. Das klingt ja auch toll: nach hochgekrempelten Ärmeln und Wissensdurst und nach einem Aufbruch zu neuen Ufern. Gerade im Zeitalter der PISA-Studien hat man in Deutschland die Bedeutung von Lernen erkannt und beschwört nun dieses Thema wie der Medizinmann in der Dürre den Regen. Doch Regentänze allein reichen nicht aus – wir müssen auch handeln. Und da sieht es nicht allzu gut aus.

Fakt ist, dass in kaum einem anderen Industrieland die Bereitschaft der arbeitenden Bevölkerung zur Weiterbildung so gering ist wie in Deutschland. Wobei dieses Wort in der heutigen Zeit längst ein Paradox ist und eigentlich aus dem Sprachgebrauch gestrichen werden sollte. In der neuen Arbeitswelt gibt es keine Bildung mehr, die man einmal hat und auf die man ständig weiter aufbauen könnte. Das Wissen von gestern ist heute schon nichts mehr wert. Wer nicht bereit ist, ständig neu zu lernen, fällt sofort dramatisch zurück. »Gelernt ist gelernt« – das war einmal, das werden bald Zitate wie aus der Welt von Grimms Märchen sein.

**Es wird keine Phase geben,
in der du dich einfach treiben lassen kannst.**

Obwohl viele Menschen auf rationaler Ebene begreifen, dass an lebenslangem Lernen kein Weg vorbeiführt, löst die Botschaft dennoch gemischte Gefühle aus. »Denn die Botschaft lautet ja: Du bist niemals komplett. Es wird keine Phase geben, in der du dich einfach treiben lassen kannst«, sagte Altersforscher Paul Baltes der Wochenzeitung *Die Zeit*. Lebenslange Unvollkommenheit, damit tun wir uns schwer.

»Gäbe es eine PISA-Studie für Erwachsene«, so Professor Günther Schmidt, Abteilungsleiter für Arbeitsmarkt und Bildung am Wissenschaftszentrum für Sozialforschung in Berlin, »dann wären die Ergebnisse für Deutschland vermutlich ebenso verheerend wie bei den Schülern.« Ab 2009 soll eine solche Studie von der OECD durchgeführt werden. Sie wird PIAAC heißen, Programme for the International Assessment of Adult Competencies. Es wäre kein Wunder, wenn die Erwachsenen ähnlich abschneiden würden. Während in der gesamten übrigen Eurozone die Ausgaben für Bildung in den vergangenen Jahren ein stetiges Wachstum verzeichneten, gingen sie in Deutschland seit 2001 jedes Jahr zurück. Nur zur Erinnerung: Der Eurozone gehören auch Länder wie Griechenland, Spanien und Portugal an, aus denen man hierzulande vor nicht allzu langer Zeit »Gastarbeiter« rekrutierte. Nachzulesen bei Günter Wallraff.

Geld scheint aber nicht das Hauptproblem zu sein. Die Bundesagentur für Arbeit hat jahrelang zweistellige Milliardenbeträge in Bildungsmaßnahmen für Arbeitslose investiert, ohne dass dies einen spürbaren Effekt auf die Arbeitslosenquote gehabt hätte. In Berlin berichteten verschiedene Arbeitsagenturen jüngst gegenüber dem *Tagesspiegel*, es beim Arbeitslosengeld II zunehmend mit jugendlichen »Totalverweigerern« zu tun zu haben. In den Behörden herrscht Ratlosigkeit, was dagegen zu tun ist. Diese Jungs und Mädels wollen ihre Stütze und ansonsten ihre Ruhe haben. Sie wollen bis mittags schlafen und anschließend mit Freunden abhängen. Für eine Matratze irgendwo in Friedrichshain, ein paar Biere und eine Schachtel Zigaretten am Tag reicht die Kohle ja allemal. Irgendwelche Fortbildungs-, Eingliederungs- oder Unterstützungsmaßnahmen seitens der Arbeitsagentur verbitten sie sich. Motto: Ihr könnt uns mal. Klar, sagen Sie jetzt vielleicht, das liegt an der Arbeitslosigkeit und den mangelnden Perspektiven im Osten. Oder vielleicht daran, dass diese Leute als Kinder zu heiß gebadet wurden. Womöglich hat ihr großer Bruder ihnen in einer entscheidenden Phase ihrer Entwicklung den Teddybären weggenommen. Sicher, es kann viele Gründe geben. Aber was uns daran erschreckt: Viele dieser Jugendlichen kommen aus Mittelschichtfamilien, und ihre Eltern wollten »immer nur das Beste«.

Auf den Datenautobahnen der Wissensgesellschaft gibt es keine Parkplätze mehr. Nur noch Schrottplätze für die Gewissheiten von gestern.

Natürlich kann man jetzt wieder in Richtung Politik um Hilfe schreien. Aber die nackte Wahrheit ist, dass wir heute weder vom Staat noch von der Kirche noch von unserem Arbeitgeber erwarten können, dass sie unserem Leben einen Sinn geben. Das können wir nur selbst tun. Für jeden von uns bedeutet dieses hohe Maß an Freiheit, dieses Mehr an Macht über die eigene Lebensgestaltung, diese Vielfalt der Chancen – und das ist für so manchen die schlechte Nachricht – auch ein Mehr an Verantwortung. Wir müssen begreifen, dass das allermeiste in unseren eigenen Händen liegt. Was möchte *ich* wirklich mit meinem Leben anfangen?

Wer kann Ihnen diese Frage beantworten? Helmut Kohl? Zu alt. Josef Ratzinger? Zu beschäftigt. Harald Schmidt? Zu zynisch. Sorry, die Antwort müssen Sie leider ganz allein für sich beantworten. Und finden Sie die Antwort schnell! Es ist noch nicht zu spät, das Ruder herumzureißen. Obwohl es schon verdammt spät ist. Auf den Datenautobahnen der Wissensgesellschaft gibt es keine Parkplätze mehr. Nur noch Schrottplätze für die Gewissheiten von gestern. Doch ist das wirklich schlimm? Bedeutet es nicht auch, dass die Karten jeden Tag neu gemischt werden? Heute gibt es immer wieder neue Chancen, mit der richtigen Idee zur rechten Zeit Punkte zu machen und aufzusteigen. Waren denn die Zeiten wirklich besser, als die Professoren, Doktoren und Regierungsräte die Logenplätze lebenslang für sich reservierten und die meisten mit autoritärem Zeigefinger auf die hinteren Ränge geschickt wurden? Wir meinen: Nein.

Wer wissbegierig ist, keine Angst vor Veränderungen hat und auch nicht vor jedem kleinen Risiko zurückschreckt, wird in der neuen Arbeitswelt Chancen haben wie nie zuvor. Wer auf nichts Bock hat, wird durch den Rost fallen. Das ist dann eben so. Menschen, die den Wert lebenslangen Lernens verstanden haben, entwickeln auch schnell eine Abneigung gegen Mittelmaß und stumpfe Routine. Genau aus diesem Grund sagt Herb Kelleher, Vorstandsmitglied von Southwest Airlines, für sein Unternehmen sei es bei Neueinstellungen wichtiger, dass jemand wissbegierig ist, als dass er einen langen Lebenslauf hat. Das Credo der Personaler von Southwest lautet dementsprechend: »Hire for attitude, train for skills.« Bestimmt gehören Sie zu der Minderheit der Deutschen, die dafür jetzt keine Übersetzung brauchen. Na also. Bleiben Sie am Ball!

KAPITEL 20

INDIVIDUELL: FIRMEN BRAUCHEN GUERILLAKÄMPFER STATT SOLDATEN

Es war 1987, das Jahr, als Mathias Rust mit einer Cessna auf dem Roten Platz in Moskau landete und Uwe Barschel tot im Genfer Hotel Beau Rivage gefunden wurde, da hatte eine junge Juristin bei Hewlett-Packard Deutschland ein Problem. Die zierliche Anwältin Regine Stachelhaus aus der Rechtsabteilung des aufstrebenden IT-Unternehmens wollte karrieremäßig richtig Gas geben. Doch ihr Problem war männlich und besaß ein kolossales Schreivermögen. Sie war Mutter eines Sohnes geworden, sie hatte Erziehungsurlaub genommen – und der war nun zu Ende.

Mitte der Achtziger galt es für die Mehrheit in Westdeutschland noch als ausgemacht, dass Männer Karriere machen und Frauen die Kinder erziehen. Regine Stachelhaus wollte sich damit nicht abfinden. Sie wollte beides. Also schlug sie HP vor, einen Betriebskindergarten zu gründen. Ihre – durchweg männlichen – Chefs hielten das für Unsinn. Doch sie gab nicht auf. Heimlich besuchte sie die Ehefrauen der Geschäftsführer und begeisterte diese von ihrer Idee. So kam das Thema Kindergarten auf den Frühstückstisch der Manager. Und die Pressure-Group in den Vorstadtvillen setzte sich durch. Bald darauf wurde Regina Stachelhaus' Idee in die Tat umgesetzt.

Für ihre Karriere war das ein doppelter Sieg. Sie wusste ihren Sohn gut aufgehoben und hatte sich gleichzeitig in der Firma ins Gespräch gebracht. Sämtliche Führungskräfte bei HP Deutschland kannten nun ihren Namen und hatten eine Kostprobe ihres Durchsetzungsvermögens bekommen. Im Jahr 2000 wurde Regine Stachelhaus Geschäftsführerin der

Imaging and Printing Group (IPG) von Hewlett-Packard Deutschland, die hauptsächlich mit Druckern, Scannern und Digitalkameras rund zwei Milliarden Euro im Jahr erwirtschaftet, ein gutes Drittel des Gesamtumsatzes. Wenn die Powerfrau auf ihren ersten großen Coup mit dem Betriebskindergarten angesprochen wird, dann sagt sie lächelnd: »So was nennt man heute wohl Guerillataktik.«

Die loyale Opposition

Guerilla? Das klingt martialisch, aber der Vergleich trifft den Nagel auf den Kopf. Wer in der Arbeitswelt von morgen erfolgreich sein will, der darf sich nicht mit der Rolle des kleinen, strammstehenden Soldaten zufriedengeben, der nach dem Prinzip von »Befehl und Gehorsam« reagiert. Heute sind Sie besser kein braver Soldat mehr, sondern ein selbstständig und geschickt agierender Guerillakämpfer.

Ein Guerillero ist kein Anarchist.

Das bedeutet nicht, dass dieser neue Typus Mitarbeiter permanent die Wünsche seines Chefs ignorieren würde. Ein Guerillero ist kein Anarchist. Es geht ihm nicht darum, Randale zu machen. Er ist vielmehr ein leidenschaftlicher Kämpfer für ein legitimes Ziel. Wenn Sie so wollen, ist er Egoist und Altruist in einem. Regine Stachelhaus hat sowohl etwas für die eigene Karriere getan, als auch für die Chancen von Frauen bei HP und die Vereinbarkeit von Familie und Beruf. Zwischen ihrem Engagement für sich selbst und für andere Frauen gab es überhaupt keinen Widerspruch. Um dieses legitime Ziel zu erreichen, ist sie keinem Konflikt aus dem Weg gegangen. Dazu hat sie nicht den frontalen Schlagabtausch gesucht, sondern aus dem Hinterhalt »angegriffen«. Guerillataktik eben.

Der Guerillero im Unternehmen ist ein intelligenter Sparringspartner für seine Vorgesetzten, der sie mit seinen Ideen weiterbringt. Selberdenker werden gebraucht, denn kein Chef ist allwissend und hat die Wahrheit für sich gepachtet.

Guerilleros kämpfen also gleichzeitig für sich selbst und für ihr Unternehmen. Sie bewahren es davor, im Mittelmaß zu versinken, und sind so etwas wie die loyale Opposition im Unternehmen. Diese Loyalität gilt erst in zweiter Linie einem bestimmten Chef. In erster Linie gilt sie dem Erfolg des Unternehmens. So wie auch der mündige Bürger nicht einem bestimmten Politiker Treue schwört, sondern nur gegenüber dem demokratischen Rechtsstaat und seiner Verfassung loyal ist.

Und so, wie der mündige Bürger in der Lage ist, sich selbst mit Informationen zu versorgen und sich ein politisches Urteil unabhängig von der Rhetorik der Parteien zu bilden, so hat auch der Mitarbeiter des neuen Typs seine eigenen Ansichten. Er holt selbstständig Informationen ein, statt nur die Aufträge seines Chefs buchstabengetreu umzusetzen. Er argumentiert auf Augenhöhe, statt das aufgeblasene Ego des Vorgesetzten zu hätscheln. Er denkt selber, anstatt sich den Kopf darüber zu zerbrechen, was der Chef hören will.

Klingt verdammt anstrengend. Und deshalb fragen Sie sich jetzt vielleicht, warum Sie sich das überhaupt antun sollen. Warum kämpfen, wenn man auch mitschwimmen kann? Da dürfen wir Sie zunächst noch einmal höflich, aber bestimmt an die 1,3 Milliarden Chinesen erinnern, die mit im Becken sind und von denen mindestens einer darauf brennt, Ihren Job zu machen. Und den spätestens nach zwei, drei Jahren genauso gut machen würde wie Sie. Darauf können Sie Gift nehmen. Oder streiken.

Warum kämpfen, wenn man auch mitschwimmen kann?

Doch wie immer ist bloßer Zwang ein schlechtes Motiv für Veränderung. Ohne Druck geht es selten, deshalb sollten wir froh darüber sein, dass die Chinesen, Inder und andere aufstrebende Wirtschaftsnationen gehörig Druck machen. Aber positive Ziele müssen wir schon selber entwickeln. Der amerikanische Schriftsteller und Philosoph Ralph Waldo Emerson hat einmal gesagt: »Es gibt immer zwei Parteien: die Partei der Vergangenheit und die Partei der Zukunft, das Establishment und die Bewegung.« Sie haben die Wahl!

Nur Bewegung erzeugt Zufriedenheit. Die Natur hat den Menschen nicht auf Dauerschlaf programmiert. Deshalb ist es höchste Zeit, aufzuwachen. Das Unternehmen sind Sie! Sie müssen was machen. Nicht der Abteilungsleiter. Nicht der Vorstand. Nicht die Politiker. Es sind immer Ausreden, wenn jemand verlangt, dass »die anderen« sich verändern sollen.

Nur Bewegung erzeugt Zufriedenheit.

Vergessen Sie das »Dilbert-Prinzip« – immer jammern über »die anderen«, »das System«, die Firma, in der nichts klappt. Mit einer XXL-Portion Zynismus überleben in einem System, das man sowieso nicht ändern kann. Wahnsinnig komisch, oder? Dilbert ist nicht komisch. Dilbert ist ein Waschlappen, ein Weichei, einer, der sich mit Zynismus in die innere Emigration flüchtet. Typen wie er tragen ganz bestimmt nicht dazu bei, dass die Welt ein bisschen besser wird. Lieber sollte er sich mal ein Beispiel an Frau Schmittke nehmen.

Wer schreibt vor, wie Schule funktionieren muss?

Frau Schmittke ist Lehrerin in Berlin. Genauer gesagt, Rektorin einer Realschule. Ach du Schande, denken Sie jetzt, die hat ja wohl wirklich nicht gerade eine Trumpfkarte gezogen. Eine Schule leiten, ausgerechnet in Berlin. Man kennt das ja, Rütli-Schule und so. Aber Frau Schmittkes Schule, die Georg-Weerth-Realschule, ist in vielerlei Hinsicht völlig anders. Sie ist nicht irgendeine Lehranstalt in einem grauen, hässlichen

Betonbau, in dem die Vormittage unterdurchschnittlich motivierter junger Menschen verwaltet werden. Diese Schule ist ein professionelles Serviceunternehmen. Und das ist auch der Grund, warum Frau Schmittke und ihre Schule einen Platz in diesem Wirtschaftsbuch finden.

Als Serviceunternehmen hat man ein Versprechen für die Kunden. Im Fall der Georg-Weerth-Realschule wird jedem Kunden, sprich Schüler, ein Ausbildungsplatz oder der Wechsel aufs Gymnasium garantiert. Genau. Nicht die Chance eröffnet. Nicht ermöglicht. Nicht angeboten. G-a-r-a-n-t-i-e-r-t. Um das leisten zu können, kooperiert die Schule mit zahlreichen Unternehmen aus der Region, veranstaltet regelmäßig Bewerbungstrainings und bietet berufsvorbereitenden Unterricht schon ab Klasse 7. Der noble »Verein Berliner Kaufleute und Industrieller« hat der Schule deshalb den Ehrentitel »Leistungsschule« verliehen. Die Nachfrage nach Plätzen ist inzwischen größer als das Angebot.

Und dabei liegt die Schule in Friedrichshain, in einem der ärmsten Kieze der Stadt. Das Gebäude ist total heruntergekommen; hier wurde schon seit Jahren nichts mehr investiert. Doch ausgerechnet hier schreiben Schüler Businesspläne. Und wenn die »Bank« in Form eines Fördervereins grünes Licht gibt, dann gründen Schüler Unternehmen. Etwa einen Kunstverleih, der Schaufenster und Wartezimmer von Arztpraxen mit Bildern bestückt.

Kein Schulsenator hat Frau Schmittke darum gebeten, in ihrer Schule etwas zu verändern.

Um es nochmals ganz deutlich zu sagen: Kein Schulsenator hat Frau Schmittke darum gebeten, in ihrer Schule etwas zu verändern. Im Gegenteil, sie hätte sich am Anfang viel Ärger erspart, wenn sie einfach Dienst nach Vorschrift gemacht hätte. Auch für ihre Karriere konnte Frau Schmittke praktisch nichts mehr tun. Direktorensessel und Besoldungsgruppe A 15 – das ist für jeden Lehrer das definitive Ende der

Fahnenstange. Birka Schmittke hatte einfach keine Lust, sich mit einem verlotterten System zu arrangieren. Die Mittvierzigerin sah nicht ein, auf ihrem Sessel zu einer faltigen, grauen Zynikerin zu werden. Sie machte was. Nachdem sie 1998 die *Wirtschaftswoche* abonniert hatte, fiel es ihr wie Schuppen von den Augen: Wir müssen in der Schule unternehmerisch denken lernen!

Frau Schmittke wurde zur Guerillakämpferin. Ihr Lohn? Der Erfolg ihrer Arbeit. Schüler, die jetzt eine Perspektive haben, die sie früher nie hatten. Aber auch: Anerkennung. Von den Schülern, von den Eltern, von der Wirtschaft. Tja, Mister Dilbert, da staunen Sie, was? Ein Einzelner kann eben doch die Welt ein Stück weit verändern. Oder zumindest – im Sinne des Konfuzius – ein Licht darin entzünden. Mindestens ein kleines Licht. Manchmal auch ein großes.

Wenn wir diese oder ähnliche Beispiele in Vorträgen oder Workshops erzählen, hören wir oft: Toll. Ist ja wirklich super. Und dann kommt es, das Wort, das wir zu hassen gelernt haben: *Aber*. *Aber* bei uns würde das nicht funktionieren. *Aber* mein Chef ist ein Betonkopf und will keine Veränderung. *Aber* unser Vorstand hat noch jede Initiative abgeblockt. *Aber* unsere Muttergesellschaft macht uns ganz klare Vorgaben. – Puh! Das sind doch nur Abwehrreflexe. Vorgeschobene Argumente, um nur ja nicht die Komfortzone verlassen zu müssen! Um nur ja kein Risiko eingehen zu müssen! Die Quersumme der Aber-Sätze lautet: Wer nichts tut, löst auch keinen Konflikt aus. Und Konflikte sind schließlich anstrengend.

Aber wir können auch *aber* sagen: *Aber* wir lassen das nicht gelten. *Aber* wer sich nicht anstrengt, vergeudet sein Leben. *Aber* wer Konflikte scheut, bewegt nichts. *Aber* jeder kann etwas bewegen, für sich selbst und andere. *Aber* es geht oft nur in kleinen Schritten. Aus dem Hinterhalt. Eben mit Guerillataktik. Ein paar Tricks aus dem Handbuch für Guerillakämpfer können wir hier gerne verraten.

In fünf Schritten zum Business-Guerillero

Erstens ist es wichtig, gleich am Anfang ein klares Konzept zu entwickeln: Nur eine gute Idee im Hinterkopf, einen Geistesblitz zu haben, das ist zu wenig. Ein gutes Konzept ist glaubwürdig, stimmig und kaufmännisch durchdacht. Es muss auf schwer angreifbaren Feststellungen basieren. Wichtig sind Zahlen, Daten, Fakten. Wer als Guerillero nicht bis unter die Zähne damit bewaffnet ist, wird sie sich ausbeißen. Sie müssen dokumentieren können, dass Sie wirklich verstehen, wovon Sie reden, und dass Sie die eine oder andere ziemlich gewagte Aussage auch belegen können. Das reicht aber noch nicht aus, um den Gegner einzukreisen. Das Ganze muss auch noch emotional ansprechend sein. Menschen urteilen niemals nur rational. Erst wenn Ihre Idee solche Werte wie Schönheit, Freude, Hoffnung, Gerechtigkeit oder Freiheit anspricht, kann sie das Herz der Menschen erreichen.

Sie werden sicherlich einige Scharmützel verlieren, bevor Sie den Guerillakrieg gewinnen.

Zweitens brauchen Sie Verbündete im eigenen Unternehmen. Einzelne Guerilleros, die den Status quo in Frage stellen und mit kühnen neuen Ideen aufwarten, kann man als Individuen einfach übersehen oder zur Seite drängen. Wenn es aber mehrere sind, dann ist es sehr viel schwieriger, sie auszubooten. Es ist auch für das eigene seelische Gleichgewicht gut zu wissen, dass man Verbündete hat und nicht alleine kämpfen muss. Denn Rückschläge sind unvermeidlich. Sie werden sicherlich einige Scharmützel verlieren, bevor Sie den Guerillakrieg gewinnen. Noch eine Idee: Vielleicht müssen Ihre Verbündeten nicht mal Kollegen sein. Wie wäre es damit, eine Innovation mit einem Kunden oder einem Zulieferer auf die Beine zu stellen? Frau Schmittke suchte sich ihre Verbündeten weder im Lehrerkollegium noch in der Senatsverwaltung, sondern in der Wirtschaft!

Drittens ist es immer gut, schnell Prototypen ins Rennen zu schicken. Rasch zu handeln, ohne zu Beginn schon alle Antworten zu kennen. Nur so können Sie Chancen beim Schopf ergreifen, sich vorwärts bewegen, im Laufen nachjustieren und schließlich ans Ziel gelangen – und zwar idealerweise vor den anderen!

Es sind häufig die Außenseiter, die ganze Branchen neu erfinden.

Jeff Bezos, der Gründer von Amazon.com, hatte im Frühjahr 1994 eine Prognose gelesen, dass das Internet jährlich um 2300 Prozent wachsen würde. Begeistert von diesem schier unerschöpflichen Marktpotenzial stellte er eine Liste der Dinge zusammen, die er über das Internet verkaufen könnte. Seine Liste umfasste alles von der Mode bis zur Musik. Bezos entschied sich schließlich für Bücher. Dabei gilt es allerdings vorauszuschicken, dass Bezos weder gelernter Buchhändler war noch aus einer Familie von Buchhändlern kam. Er hatte einen Job an der Wall Street, den er aufgab, um seine Idee vom Internetbuchhandel weiterzuverfolgen. Sie erinnern sich: Es sind häufig die Außenseiter, die ganze Branchen neu erfinden.

Bezos vergeudete keine Zeit. Er fasste seinen Entschluss, ohne einen detaillierten Businessplan für das neue Unternehmen Amazon.com geschrieben zu haben, sogar ohne zu wissen, wo dieses Unternehmen seinen Sitz haben sollte. Es klingt fast wie aus einem Hollywoodmärchen: Am Tag des Umzugs hatte Bezos lediglich eine improvisierte Liste möglicher Firmenstandorte. Er wusste allerdings schon, dass diese Standorte alle westlich von New York liegen würden. Das war schon mal hilfreich, da er den Fahrer anweisen konnte, in diese Himmelsrichtung zu fahren. Erst am nächsten Tag fällte Bezos die Entscheidung, sein neues Unternehmen in Seattle anzusiedeln – diese Information reichte er telefonisch an den Fahrer des Umzugswagens weiter.

Bezos war klar: Wenn das Internet jedes Jahr um 2 300 Prozent wächst, gilt es, keinen Tag zu verlieren. Deshalb hatte bei der Gestaltung der Website die Funktion ganz klar Vorrang vor dem Stil und dem redaktionellen Inhalt. Er verzichtete auf anspruchsvolle Grafiken und Animationen. Es ging Bezos darum, es dem Besucher so leicht wie möglich zu machen, Bücher zu finden und zu kaufen. Man könnte es auch so ausdrücken: Bezos schickte schon mal einen Prototypen ins Rennen und justierte die Feinheiten dann erst im Laufen nach.

Mit anderen Worten: Bringen Sie Ihre Ideen zu Papier, testen Sie diese draußen am Markt, bei potenziellen Kunden. Warum das so wichtig ist? Ein Prototyp macht eine Idee greifbar. Und es hat noch einen enormen Vorteil: Sie können möglichst schnell zeigen, dass Ihre außergewöhnliche Idee kein Fantasiegebilde ist. Sie können sogar potenzielle Unterstützer auf sich aufmerksam machen und damit beginnen, Ihre Idee über Abteilungs- und Hierarchiegrenzen hinweg zu verbreiten. Prototypen machen heißt auch selber lernen, und zwar schnell und realitätsnah. Denn große Siege kommen oft in kleinen Teilen.

Und das bedeutet viertens dann auch, niedrig hängende Kirschen zu ernten. Konzepte kann man kritisieren und auseinandernehmen, frühe Erfolge aber nicht. Glauben Sie uns: Es hilft. Egal, wie großartig das Konzept ist, das man im Hinterkopf hat – es hilft, mit ein paar kleinen Häppchen zu beginnen. Das bringt Glaubwürdigkeit und überrascht Skeptiker.

Eine siegreiche Guerillatruppe, die aus Feiglingen besteht, hat es noch nie gegeben.

Fünftens und letztens gilt auch hier wieder: Mut haben! Machen! Eine siegreiche Guerillatruppe, die aus Feiglingen besteht, hat es noch nie gegeben. Wir erleben es in unserer Arbeit immer und immer wieder. Mitarbeiter entwickeln gute

Ideen. Sie sind frech und clever und kratzen den Status quo an. Doch dann kommt das entscheidende Meeting mit der Geschäftsführung oder dem Vorstand, bei dem die Idee vorgestellt werden soll. Und plötzlich ist alles anders. Aus Furcht, die Sensibilitäten des Top-Managements zu verletzen, werden die ehemals so radikalen und frischen Ideen äußerst vorsichtig vorgetragen. Was bei Probeläufen ohne die Vorstände noch kühn und mutig klang, kommt in der späteren Präsentation dann so unverbindlich und weichgespült daher, als würde man mit Wattekügelchen schießen. Jedes Argument wird relativiert, jede Ecke abgefeilt, alles irgendwie eingeschränkt. Warum also sollte sich noch jemand dafür begeistern?

Deshalb schießt ein Guerillakämpfer nicht mit Wattekügelchen. Notfalls hat er auch den Mut, die Organisation zu wechseln, wenn er zum wiederholten Male gegen Betonmauern rennt. So wie Hal Sperlich, der Erfinder des Minivans. Der Ingenieur war in den Siebzigern Entwickler bei Ford in Detroit und hatte die Idee für einen kompakten Van für Familien. Es handelte sich dabei um einen ganz neuen Fahrzeugtyp: kleiner als ein traditioneller Lieferwagen, aber geräumiger als ein Kombi – und damit ideal für Familien, die außer ihren drei Kindern auch noch Fahrräder, Hunde und vieles andere mitnehmen wollten.

Ford war skeptisch, hielt die Idee für Blödsinn. Sperlich insistierte und ließ sich nicht von seiner Idee abbringen. Vielleicht war man es leid, seine nervigen Fragen zu ertragen – wir wissen es nicht. Aber wir wissen, dass Ford eine Kundenbefragung machte, um dem Sinn oder Unsinn von Sperlichs Idee auf den Grund zu gehen. Und – was Wunder – der Minivan fiel durch. Das Ergebnis der Marktforschung war klar und eindeutig: Kein Mensch würde ein solches Auto kaufen.

Da reichte es Sperlich, er packte seine Sachen und vor allem seine kreativen Ideen zusammen und wechselte zu Chrysler. Dort traf er auf Lee Iacocca, der ebenfalls gerade von Ford zu Chrysler gewechselt hatte – allerdings nicht ganz freiwillig. Er war von Henry Ford II. höchstpersönlich gefeuert worden. Nun war Iacocca der neue Steuermann für einen maroden Laden und auf der Suche nach einem Volltreffer. Er ließ sich von Sperlichs Idee überzeugen und brachte Anfang der Achtziger den Minivan auf den Markt. Der Erfolg war sensationell. Schon im ersten Jahr wurde der Minivan das meistverkaufte Fahrzeug von Chrysler und trug maßgeblich dazu bei, dass man von den beiden großen Konkurrenten Ford und GM erhebliches Terrain zurückgewinnen konnte. Und das mit einer Idee, die zuerst niemand wollte.

KAPITEL 21

MOTIVATION: ARBEIT MACHT SPASS, ANREIZE MACHEN FRUST

Können Sie sich vorstellen, dass es in Deutschland einen Betrieb im produzierenden Gewerbe gibt, der seinen Vollzeitbeschäftigten einen Durchschnittslohn von knapp 250 Euro im Monat zahlt? Und können Sie sich dann noch vorstellen, dass 90 Prozent der Mitarbeiter dieser Firma bei einer Umfrage angeben, ihre Arbeit mache ihnen Spaß und sie seien gern hier beschäftigt? Nein? Wir hätten es uns auch nicht vorstellen können. Bis wir im Wirtschaftsmagazin *brand eins* einen Artikel über den Martinshof in Bremen lasen. Martinshof – das klingt zunächst nach einem Bauernhof für Kinder.

Arbeit für echte Persönlichkeiten

Nun, der Martinshof ist Deutschlands größte Werkstatt für behinderte Menschen – im Bürokratensprech: WfbM. Eine solche Einrichtung ist gesetzlich verpflichtet, allen Menschen mit Behinderungen Arbeit zu geben, die auf dem normalen Arbeitsmarkt wegen ihrer Beeinträchtigungen keinen Job finden. Hier werden Rollstühle und Fahrräder repariert, und hier wird auch für das Bremer Werk von Mercedes-Benz gearbeitet. In einer eigenen Halle werden Seitenscheiben für die Karossen mit dem Stern vormontiert. Kürzlich war die Werksleitung von DaimlerChrysler zu Besuch und zeigte sich vom Arbeitsklima tief beeindruckt. In weiteren Werkstätten werden hochwertige Kindergartenmöbel aus Holz oder kunstgewerbliche Geschenkartikel hergestellt. Für alles, was sich verschenken lässt, besitzt der Martinshof ein eigenes Geschäft in bester Bremer Innenstadtlage, am historischen Marktplatz.

Und was, denken Sie jetzt vielleicht, ist mit den 1,3 Milliarden Chinesen, die das alles noch um ein Vielfaches billiger können als für 250 Euro im Monat? Das nämlich verdient einer vom Martinshof. Natürlich macht das Verschwinden der Handarbeit dem Martinshof zu schaffen. Aber die Strategie des Managements ist keineswegs, bloß an das soziale Gewissen der Auftraggeber zu appellieren. Vielmehr versucht man, außergewöhnliche Leistungen anzubieten, mit denen Hersteller ihre Produkte veredeln oder ihre Kunden überraschen können. Kleinigkeiten mit großer Wirkung, die sich für andere nicht lohnen würden. So werden dann etwa kleine Schokoladentäfelchen auf Geschäftskorrespondenz geklebt. Reiseunterlagen werden mit einem dekorativen Gepäckanhänger versehen. Oder Dosen und Gläser werden mit Etiketten aufgehübscht. So bekommen Massenprodukte wieder eine besondere Note.

Wie kann es sein, dass jemand, der in Deutschland für 250 Euro monatlich Etiketten klebt, hochmotiviert ist?

Wie kann es sein, dass jemand, der in Deutschland für 250 Euro monatlich Etiketten klebt, hochmotiviert ist, Spaß bei seiner Arbeit hat und den Arbeitgeber am liebsten nie mehr wechseln möchte? Ohne Urlaubsgeld. Ohne Geschäftswagen. Ohne Jahresbonus. Wohl kaum, weil er ein »Doofer«, ein »Psycho« oder ein »Krüppel« ist. (Liebe Freunde der politischen Korrektheit, diese Begriffe entstammen der internen Umgangssprache auf dem Martinshof.) Sondern weil ausgerechnet hier, unter Leuten, die für die »normale« Wirtschaft durch den Rost gefallen sind, wieder spürbar wird, warum Menschen überhaupt arbeiten. Weil sie ihrem Leben einen Sinn verleihen wollen. Weil sie anderen nützlich sein möchten. Weil es ihnen Spaß macht, anzupacken und etwas zu tun. Weil sie Stolz empfinden, wenn sie etwas geschafft haben. Weil sie etwas Gutes bewirken wollen und Freude spüren, wenn das geschieht.

Spaß oder Arbeit? – Warum nicht beides? Gleichzeitig!

Vergessen Sie die »Maslow'sche Bedürfnispyramide« und Frederik Herzbergs Ergüsse über die Hygienefaktoren. Beide Theorien besagen, dass Menschen ihre Bedürfnisse durch Geld bald gestillt haben und von da ab nur noch durch immaterielle Belohnungen wie Jobzufriedenheit und Anerkennung motiviert werden. Doch wer glaubt, dass das heute noch mit der Wirklichkeit übereinstimmt, der glaubt auch, dass Heidi und der Geißenpeter noch fröhlich in den Schweizer Bergen herumkraxeln.

Die Wirklichkeit sieht heute anders aus: Menschen fordern beides, materielle und immaterielle Belohnungen. Und sie wollen diese beiden Belohnungen nicht schön ordentlich nacheinander, sondern g-l-e-i-c-h-z-e-i-t-i-g. Und dabei ist der Sinn der Arbeit ebenso wichtig wie das Geld – aber beides ist nicht gegenseitig austauschbar. Kann man Leidenschaft kaufen? Wohl kaum. Kann man Sinn durch Geld ersetzen? Niemals.

Selbst die »Doofen« vom Martinshof haben ein hellwaches Gespür dafür, ob ihre Arbeit Sinn macht. Vor zehn Jahren kämpfte eine der Werkstätten mal mit einer Auftragsflaute. Es gab schlichtweg nichts zu tun. Da verfiel die Werksleitung auf die grandiose Idee, die Mitarbeiter in der einen Halle Bauteile zusammenschrauben zu lassen und die Mitarbeiter in der anderen Halle sie wieder auseinanderschrauben zu lassen. Das geschah natürlich in der besten Absicht. Man hatte Angst, der sonst unvermeidliche Leerlauf würde den Mitarbeitern seelisch schaden. Aber die Mitarbeiter durchschauten das Spiel sofort und rebellierten. Sie ließen sich so was nicht bieten.

Wer sich mit Leidenschaft und aus vollem Herzen für etwas engagiert hat, für den ist der Jahresbonus eine Beleidigung.

In einer modernen, demokratischen Gesellschaft lässt sich keiner mehr am Arbeitsplatz für dumm verkaufen. Auch Menschen mit Behinderungen nicht. Gerade sie nicht, denn sie haben mehr als alle Bürosklaven dieser Welt begriffen, worauf es bei der Arbeit eigentlich ankommt: Wenn Ihnen Ihre Arbeit keinen Spaß macht, wenn Sie Ihr Job nicht begeistert, warum lassen Sie ihn dann nicht sein? Das gilt für alle.

Der St. Gallener Professor für Management, Fredmund Malik, hat einmal Folgendes verlautbart: »Wenn jemand eine Arbeit hat, die ihm Spaß oder Freude macht, dann kann man dazu nur gratulieren. Es ist ein Privileg in jeder Beziehung, und es ist eine Seltenheit.« Wie bitte? Soll das etwa heißen, nur Professoren, Top-Manager, Dirigenten, Star-Architekten oder Rocksänger können Spaß bei ihrer Arbeit haben? »Flüchtlingshelfer, Sozialarbeiter, Lehrer und Priester in Slums, Ärzte und Schwestern auf Intensivstationen«, so Professor Malik weiter, »... tun ihre Arbeit nicht wegen der Freude, sondern weil sie getan werden muss, aus Pflichtbewusstsein – auch wenn das für viele altmodisch klingt.«

Sorry, Herr Professor, aber manchmal würde es helfen, den Elfenbeinturm in St. Gallen zu verlassen und diese »Flüchtlingshelfer, Sozialarbeiter, Lehrer und Priester« wirklich zu treffen und sich mit ihnen zu unterhalten. Wir kennen einige Menschen, die ihren Job in Deutschland an den Nagel gehängt haben, um in Asien Armut und Not zu lindern. Warum? Weil in ihnen ein Feuer brennt. Weil sie gar nicht anders konnten, als genau das aus ihrem Leben zu machen. Sonst wären sie Buchhalter geworden. Und ja: Diesen Menschen macht es verdammt noch mal auch Spaß, anderen zu helfen. Es ist ihr Leben und ihre Leidenschaft, und sie empfinden Freude bei jedem kleinen Erfolg.

Fredmund Malik argumentiert ganz im Sinne von Henry Ford, der gesagt hat: »Wenn wir arbeiten, sollten wir dies mit ganzem Herzen tun. Und wenn wir Freude haben, sollten wir auch die mit ganzem Herzen haben. Allerdings macht es nicht den geringsten Sinn, beides zu vermischen.« Nun ist Henry Ford schon seit rund 60 Jahren tot, und heute gilt das, was die erfolgreiche Fluggesellschaft Southwest Airlines propagiert. Deren Mission Statement lautet: »Menschen sind selten wirklich Weltklasse in irgendetwas, an dem sie keine Freude haben.«

Wir empfinden es als eine unglaubliche Arroganz, wenn einige so genannte Experten behaupten, Angehörige bestimmter Berufsgruppen könnten oder dürften Spaß bei der Arbeit haben und andere nicht. Ein Pilot oder ein Dirigent, ja. Eine Krankenschwester oder ein Taxifahrer, nein. David Bradford würde da ganz sicher vehement widersprechen. Der New Yorker Taxifahrer und Fotograf taucht ein in den Rhythmus seiner Stadt und ihrer Menschen. Bei Tag und Nacht, Regen oder Schnee lichtet er in und aus seinem Auto heraus New York City ab. In ausschließlich schwarzweißen Schnappschüssen. Sechs Tage die Woche. Mit Leib und Seele. Seine Bilder sind in Bewegung, wie er sich selbst bewegt. Sie sind die Kinder einer »... ziemlich wilden Liebesaffäre«, wie der Taxi fahrende Fotograf seine Beziehung zu New York bezeichnet.

Und da will jemand behaupten, das mache er aus Pflichtbewusstsein, weil dieser Drecksjob nun mal getan werden muss? Denken wir das mal andersherum: Fühlen Sie sich wie lästiger Dreck, wenn Sie in David Bradfords oder irgendein anderes Taxi steigen? Möchte der Fahrer Sie so rasch wie möglich wieder auskippen, nur um an der nächsten Ecke neuen Dreck aufzusammeln? Nein? Na also.

Es ist absolut idiotisch und lächerlich. Natürlich gibt es auch so etwas wie Pflichtbewusstsein. Aber wer es täglich von morgens bis abends bemühen muss, macht mit hoher Wahrscheinlichkeit den falschen Job und sollte sich was Neues überlegen.

Mut braucht, wer seine Berufung lebt

Oder nehmen Sie Robert Böck. Als er nach 30 Dienstjahren aus seinem Beruf ausschied, um den wohlverdienten Ruhestand anzutreten, war das Österreichs Tagespresse einen Bericht wert. Sogar Wiens Bürgermeister Michael Häupl bemühte sich persönlich an Böcks Arbeitsplatz, um ihn zu verabschieden. Auch einige Minister aus den nahe gelegenen Regierungsgebäuden schauten vorbei. War Herr Böck Baudirektor, Polizeipräsident oder Oberster Richter gewesen? Nein. »Herr Robert«, wie er von allen genannt wurde, war 30 Jahre lang Kellner. Genauer gesagt: Oberkellner im Café Landtmann an der Ringstraße.

Ein intensives Leben ist eben kein Privileg von Künstlern, Unternehmern oder Erfindern.

Der »Herr Robert« hat in seinem Leben scheinbar nichts Besonderes gemacht. Aber er hat es so gemacht, dass er zu einer Legende geworden ist, einer Kultfigur, einem Wiener Original. »Habe die Ehre, grüß Gott, der Herr Hofrat, bitte sehr, bitte gleich, wünschen zu speisen, was darf es sein?« Herr Robert kannte seine Gäste, und er interessierte sich für Menschen. Nicht bloß an der Oberfläche. Und er sah seinen Beruf als Berufung an, anderen Menschen zu dienen. Und die beginnt schon mit Äußerlichkeiten: Während sein deutscher Kollege nur mit Mühe von den Gästen unterscheidbar ist, weil er in einem T-Shirt auftritt, auf dem er gern mal sein politisches Bekenntnis oder seine Lieblingspopgruppe augenfällig zu Schau stellt, agiert Herr Robert, wie übrigens alle anderen Wiener Kellner auch, im schwarzen Smoking.

Dabei war es seine besondere Art von Wiener Schmäh, unbekannte Gäste willkürlich mit Titeln anzureden und sie als »Herr Professor«, »Herr Direktor« oder »Herr Minister« zu begrüßen. Der Spaß ging natürlich auf Kosten der Gäste. Sage einer, dass ein Kellner servil sein muss. Und jetzt, wo der Herr Robert wieder Robert Böck ist, wird er da bald in einem städtischen Altersheim landen? Oder zieht es ihn zwecks Ruhestand an die Costa Blanca? Quatsch! Er fängt beruflich noch mal was ganz Neues an. In seinem Heimatort Parndorf im Burgenland wird er Biogetreide anbauen.

Robert Böck ist ein »Happy Workaholic«, wie es Reinhard Sprenger mal genannt hat. Seine Arbeit macht ihn glücklich, weil sie sein Leben ist und man sie nicht von seiner Persönlichkeit trennen kann. Ein intensives Leben ist eben kein Privileg von Künstlern, Unternehmern oder Erfindern. Klar muss man hier und da Abstriche machen. Aber das ganze Gerede von »Work-Life-Balance« basiert letztlich immer noch auf dem Denken aus Henry Fords Industriezeitalter. Oder wie die Preußen es nannten: Dienst ist Dienst und Schnaps ist Schnaps. Auch Preußen ist untergegangen. Und alle, wirklich alle dürfen in Zukunft Spaß bei ihrer Arbeit haben.

Der Einzige, der Ihnen dabei möglicherweise im Weg steht, sind Sie selbst.

Nicht, dass wir uns falsch verstehen. Wir propagieren hier kein unermüdliches Rund-um-die-Uhr-Arbeiten, bei dem Sie nach einem knallharten 18-Stunden-Tag mit einem Lächeln auf den Lippen Ihr Büro verlassen. Auch Menschen, die ihre Arbeit sehr, sehr gerne machen, müssen erkennen, wann es an der Zeit ist, auch mal eine Pause einzulegen. Hüten Sie sich vor dem Burnout-Effekt! Achten Sie auf erste, kleine Anzeichen und fordern Sie Ihr Umfeld auf, Sie darauf aufmerksam zu machen, wenn Sie einen ausgelaugten Eindruck machen. Denn: Zombies sind schlechte Mitarbeiter, miserable Chefs und bedauernswerte Menschen. Es liegt an Ihnen, sich selbst hin und wieder eine Pause zu verschaffen, ein ruhiges langes Wochenende ohne E-Mails und Handy, einen ausgedehnten Spaziergang in der Mittagspause, eine halbe Stunde Sport pro Tag, ... Solche Pausen sind unerlässlich und vermutlich brauchen gerade die Menschen, die ihre Arbeit über alles lieben, eine gute Strategie, um sich echte Pausen zu gönnen.

Der Einzige, der Ihnen dabei möglicherweise im Weg steht, sind Sie selbst. »Die Kunst des Ausruhens ist ein Teil der Kunst des Arbeitens«.

Doch zurück zum Thema »Leidenschaft für die Arbeit«. Irgendwo brennt in uns allen ein Feuer. Aber es kann eben sein, dass es mehr oder weniger »wegsozialisiert« worden ist. Psychologen sagen, dass jeder Mensch ein »social self« und ein »essential self« hat. Das »soziale Selbst«, das ist das Bild, was Eltern, Geschwister, Ehepartner, Kollegen oder Freunde von uns haben. Auf einer sehr subtilen, unbewussten Ebene signalisieren sie uns ständig, dass wir diesem Bild entsprechen sollen. Wir werden emotional belohnt, wenn wir es tun, und durch Liebesentzug bestraft, wenn wir es nicht tun.

Unser »wesenhaftes Selbst« ist aber oft ganz anders. Was wir eigentlich sind, nimmt keine Rücksicht auf Erwartungen. Und es lässt sich niemals ganz ersticken. Deshalb ist es auch nie zu spät, das zu entdecken. Jeder kennt die so genannten Aussteiger, die nach 20 oder 30 Berufsjahren plötzlich etwas komplett anderes machen. Wir sind uns sicher: Viele dieser Menschen haben keine »Midlife-Crisis«, sondern haben das entdeckt, was sie wirklich begeistert.

Wahrscheinlich wussten sie das im Grunde immer schon, aber früher fehlte ihnen der Mut, es umzusetzen. So wie die ehemals erfolgreiche Wirtschaftsjournalistin, die jetzt einen Eine-Welt-Laden leitet. Sie hat nur noch einen Bruchteil ihres früheren Gehalts, aber sie geht zum ersten Mal richtig gerne zur Arbeit. Oder die ehemalige Managementberaterin, die ein Kinderheim in Nepal aufbaut. Es erfüllt sie mit Sinn. Es ist das, was sie immer schon machen wollte. Zwei reale Beispiele übrigens, aus unserem Freundeskreis.

Wenn Sie Ihren Job nicht mögen, dann kündigen Sie – Punkt!

Auch hier führt wieder mal alles auf ein Wort mit drei Buchstaben hin: Mut! Wenn Sie keinen Spaß bei Ihrer Arbeit haben, dann müssen Sie sich eben trauen, was anderes zu machen. Sie müssen Ihren Hintern bewegen, das kann Ihnen kein anderer abnehmen. Wenn Sie Ihren Job nicht mögen, dann kündigen Sie – Punkt! »Ja, aber …« Nein! Kündigen Sie! Wer dazu zu feige oder zu bequem ist, der soll unseretwegen da bleiben, wo er ist. Aber er soll dann bitte auch nicht rumjammern. Er soll uns nicht mit zynischen Dilbert-Sprüchen die gute Laune verderben. Er soll nicht permanent auf die Wirtschaft schimpfen oder auf die Politiker oder auf die Globalisierung. Er soll dann bitte einfach die Klappe halten. Der Rest ist uns egal.

KAPITEL 22

BALLAST ABWERFEN: EIN GANZER STALL VOLLER FALSCHER ERWARTUNGEN

Es war einmal ein kluges Mütterlein, das sagte zu seinem Sohn: »Mein Junge, geh hinaus in die Welt. Aber sei nicht töricht und begib dich nicht in Gefahr. Und mach etwas Solides, damit du Sicherheit hast und wir stolz auf dich sind. Mach eine Banklehre!«

Darauf sagte der Sohn: »Ach, Mütterlein, das weiß ich doch! Wie könnte ich töricht sein und mich in Gefahr begeben? Wie könnte ich wollen, dass ihr um mich bangen müsst, und wie könnte ich wagen, euch Schande zu machen? Ich habe mich bei der Deutschen Bank beworben. Ich werde dort eine Lehre machen und dann werde ich Sachbearbeiter werden und am Ende Abteilungsdirektor. Und ihr werdet stolz auf mich sein.«

Da sagte das kluge Mütterlein: »Ach, mein Goldstück! Du machst es recht. So wirst du glücklich sein bis an dein Lebensend.«

Wie schön ist doch die Märchenwelt! Und wie schön von gestern. Natürlich schafft die Deutsche Bank heute immer noch solide Jobs. Aber in Indien. Zum Beispiel. Wie *Der Spiegel* vor kurzem berichtete, arbeiten 2007 schon über 4 000 Leute bei Tochtergesellschaften der Deutschen Bank in Bombay und Bangalore. In Deutschland baut der Finanzdienstleister mit dem stets siegesgewissen Vorstandschef jedoch weiter fleißig Personal ab. Und es ist beileibe nicht die Reisekostenstelle, die an den Ganges wandert. Die sitzt ohnehin längst im slowakischen Bratislava. Nach Angaben des *Spiegel* will die Bank mittelfristig ein Drittel aller Mitarbeiter im Wertpapiergeschäft in Billiglohnländer verlagern.

Sicher ist nur eines: Kein Job ist sicher!

Man muss eben kein Deutscher mit einem Arbeitsplatz in einer Frankfurter Hochhausetage sein, um mit Zahlen jonglieren zu können. Deshalb will die Bank auch keine deutschen Gehälter mehr zahlen. »Ein sehr gut ausgebildeter Hochschulabgänger in Indien kostet mich inklusive aller Nebenkosten 10 000 Euro«, zitiert der *Spiegel* einen Bereichsleiter bei der Deutschen Bank in Frankfurt, »ein gleich ausgebildeter Deutscher 100 000 Euro.« In einer Branche, in der die Zahlen zählen, ist klar, dass hierzulande bald einige gehen müssen. Die Betroffenen werden an dieser Tatsache nichts ändern können. Ändern können sie aber etwas an ihrer *Einstellung* dazu. Haben sie den Traum von der soliden Lebensstellung ausgeträumt? Haben sie verstanden, dass das schöne Pöstchen, bei dem einem nie mehr etwas passieren kann, pappiger Altschnee von vorgestern ist? Gelingt es ihnen, sich endlich von der Illusion zu befreien, das ganze Lebensglück liege in der unkündbaren Festanstellung?

Früher hatte man den Job fürs Leben.
Heute hat man ein Leben voller Jobs.

Früher hatte man den *Job fürs Leben*. Heute hat man *ein Leben voller Jobs*. Das Leben ist ein Projekt und das gesamte Arbeitsleben eine Aneinanderreihung vieler Projekte. Das entspricht nicht ganz dem Wunschtraum aller. Mitte der Neunziger gab plötzlich die Mehrheit der deutschen Jugendlichen zu Protokoll, am liebsten im Öffentlichen Dienst arbeiten zu wollen. Hatte man für diesen Staat eben noch allenfalls Farbbeutel und Steine übrig, so lockte er nun als letzte Fluchtburg vor der bedrohlich aufziehenden neuen Arbeitswelt. Lieber lebenslänglich Amtsstube als Jobroulette mit einer gleichmäßig verteilten Anzahl an schwarzen und roten Zahlen. Aber Vater Staat verschmähte seine flehenden Kinder und erließ per Gesetz einen rigiden Einstellungsstopp.

Willkommen in der Wirklichkeit. Aber ist diese tatsächlich so trostlos wie ein Novembertag in Frankfurt an der Oder oder in Gelsenkirchen? Schauspielerkarrieren zum Beispiel funktionierten schon immer episodisch. Von Projekt zu Projekt, von Film zu Film. Und irgendwie haben Schauspieler trotzdem mehr Sex-Appeal als Verwaltungsbeamte. In der Regel zumindest. Woran das bloß liegen mag? Vielleicht nicht zuletzt daran, dass gute Schauspieler die Herausforderung mögen und lieber schwierige Projekte annehmen als zu einfache? Rollen, die sie ganz und gar fordern. Sie lesen das Drehbuch, und dann sagen sie: Okay, ich mache das! Ich nehme dafür auch 20 Kilo zu oder rasiere mir eine Glatze oder lebe zwei Jahre auf Neuseeland. Schauspieler sind auch für ihren Marktwert *selbst verantwortlich*. Der kann steigen und genauso gut wieder fallen. Nach einem Blockbuster können Filmdarsteller als künftige Megastars gehandelt werden, nach einem totalen Flop kann es sein, dass die Zuschauer sie so schnell nicht mehr sehen wollen. Zumindest nicht in einer solchen Rolle. Dann müssen sie sich eben umpositionieren, sich einen anderen Look und ein anderes Image geben. Das Gleiche gilt meist auch, wenn Schauspieler älter werden. Sean Connery trat Mitte der Achtziger in dem Film »Never say never again« ein allerletztes Mal als Pistolen- und Frauenheld James Bond 007 in Erscheinung. In Deutschland hieß der Streifen weniger anspielungsreich »Sag niemals nie«. Wie auch immer, danach war endgültig Schluss. Der gute Sean ergraute zwar in allen Ehren, konnte solche Rollen aber einfach nicht mehr spielen, ohne lächerlich zu wirken. Doch bis heute taucht er immer wieder in Filmen auf. Als Oberhaupt einer ganz normalen Millionärsfamilie aus Beverly Hills ist er mit seiner immer noch markanten, aber mittlerweile eher väterlichen Erscheinung geradezu die Idealbesetzung.

Solange es dem Publikum gefällt. Denn die Abstimmung erfolgt stets mit den Füßen. Die Zuschauerzahlen entscheiden, ob der Film sein Geld verdient. Dabei steht jeder Schauspieler in der Einzelkritik. Und genauso wird es in Zukunft für jeden arbeitenden Menschen sein. Er muss sein Geld einspielen und kann sich nicht damit herausreden, dass das

Drehbuch grottenschlecht oder der Regisseur ein Vollidiot war. Das kauft keiner. Wir können uns nicht mehr länger damit durchlavieren, dass der Chef ein Penner ist, das Unternehmen die besten Zeiten hinter sich hat und die lahmende Konjunktur an allem schuld ist. Wir sind selbst in der Verantwortung – für uns, für unsere Karriere und für unser Leben. Ob wir das nun gut finden oder nicht.

Falsche Erwartung Nummer eins: Irgendwo wartet der sichere Job auf mich. Die Wahrheit ist: Es wird so etwas wie Festanstellungen in nicht allzu ferner Zukunft so gut wie gar nicht mehr geben. Wir alle müssen deshalb rechtzeitig lernen, unsere eigene Firma zu werden, unser eigenes Markenzeichen zu entwickeln und uns so auf dem Markt zu präsentieren, dass wir begehrt werden.

Heute ist jeder sein eigenes Navigationssystem.

Früher haben uns Autoritäten wie Staat, Kirche und Eltern gesagt, wo es langgeht. Heute ist jeder sein eigenes Navigationssystem. Damit kommen wir zur falschen Erwartung Nummer zwei, die unglaublich viele immer noch mit sich herumschleppen: Irgendjemand wird schon kommen und mir sagen, was ich machen soll. »Mach eine Banklehre, Junge!«, sagte früher das weise Mütterlein. »Studier Jura, das ist was Solides!«, sagten die Väter. »Du solltest Sänger werden, du hast Talent!«, sagte der Musiklehrer. »Ich werde Sie als neuen Gebietsleiter vorschlagen!«, sagte der Vertriebschef. Das wird in Zukunft nicht mehr laufen. Und auch das sollte Ihnen nicht wirklich leidtun. Stichwort: »social self« contra »essential self«. Wie oft haben sich die gut gemeinten Ratschläge von Autoritäten als völliger Blödsinn herausgestellt! Leben Sie nicht das Leben der anderen! Entdecken Sie selbst, was in Ihnen steckt!

Bei der Deutschen Bank gibt es für die inländischen Mitarbeiter seit einiger Zeit ein so genanntes Employability Program. Dort werden Mitarbeiter trainiert, ihre Arbeitskraft zu verkaufen und ihren Marktwert zu steigern. Damit sie in der Arbeitswelt der Zukunft an Jobs kommen. Klingt auf den ersten Blick vernünftig. Und doch ist es geradezu grotesk! Der Arbeitgeber nimmt die Leute an die Hand und bereitet sie auf die Zeit nach ihrem Rausschmiss vor. Wie zuvorkommend. Im Grunde ist das ein Armutszeugnis für alle Beteiligten. Ein Employability Program gehört heute in jeden Kopf. Und jeder kann es nur selbst entwickeln. In Ihr Hirn lässt sich keine Standardsoftware laden.

Lebenslauf katastrophal – Leistung brillant

Eine neue Generation von Menschen, die konsequent ihren eigenen Weg gehen, rückt langsam auch in Deutschland in die Führungsetagen. Ein gutes Beispiel dafür ist Bettina Würth. Wenn der Vater Reinhold Würth für die Medien der »Schraubenkönig« ist, dann muss seine Tochter wohl die »Schraubenprinzessin« sein. Aber auf diese Rolle hatte Bettina Würth keinen Bock. Schon in der Schule eckte sie an und drohte sitzenzubleiben. Als ihre Eltern ihr nicht erlaubten, die Schule zu wechseln und in eine WG zu ziehen, schmiss sie die Schule einfach komplett hin. Von der schwäbischen Provinz hatte sie sowieso genug. Die Friedensbewegung und der Protest gegen die Atomwirtschaft boten ihr nicht nur hehre Ideale, sondern auch die Aussicht auf einen Lifestyle, der sich von dem ihrer Eltern deutlich unterscheiden sollte. Das war Ende der Siebziger.

In den Achtzigern lebte Bettina Würth in München. Sie besuchte Partys, auf denen bestimmt nicht nur Feinschnitt aus Virginia geraucht wurde, und machte ein Praktikum in einem Kindergarten im Problemviertel Hasenbergl. Doch die Verwahrungsmentalität und der mangelnde Wille, Kinder individuell zu fördern, nervten sie nach kurzer Zeit nur noch. Hier wollte sie ihr Berufsleben nicht verbringen. Es heißt, zu dieser Zeit sei sie auch mal Baghwan-Jüngerin gewesen.

Irgendwann wollte Bettina Würth aber doch eine Ausbildung machen. Ihr Vater bot ihr einen Ausbildungsplatz zur Industriekauffrau bei Würth an. Zu den Bedingungen, die für jeden anderen Azubi auch gelten. Bei ihrer Biografie hätte sie ohnehin keine andere Firma genommen. Also sagte Bettina Würth zu, schloss die Ausbildung glänzend ab, wechselte in den Vertrieb und machte von nun an eine steile Karriere. Ausgerechnet die ehemalige Öko-Frau baute die neue Bausparte des Konzerns auf und setzte sich in der Männerwelt der Baulöwen durch. Dann krempelte sie den Vertrieb komplett um. So ganz nebenbei fand sie auch noch den Mann ihres Lebens und wurde Mutter von vier Kindern.

Zur großen Überraschung der Businesswelt machte Firmenpatriarch Reinhold Würth im Jahr 2006 seine inzwischen 44-jährige Tochter Bettina zu seiner Nachfolgerin. Die Querdenkerin und Powerfrau, der keine andere Firma einen Ausbildungsplatz gegeben hätte, ist nun verantwortlich für 52 000 Mitarbeiter in 82 Ländern, die knapp 7 Milliarden Euro im Jahr erwirtschaften. Und sie packt das. Ex-BDI-Chef Michael Rogowski, Mitglied des Stiftungsbeirats bei Würth und nicht für Komplimente bekannt, sagt anerkennend: »Sie kann sehr gut motivieren, hat großes strategisches Gespür und ist bereit, etwas zu wagen.«

Bettina Würth demonstriert uns: Wer die Erwartungen von Autoritäten konsequent in Frage stellt, kann sie am Ende sogar noch übertreffen. Aber nach den eigenen Regeln.

Wer die Erwartungen von Autoritäten konsequent in Frage stellt, kann sie am Ende sogar noch übertreffen.

Vor dem Hintergrund ihrer Biografie ist es auch nicht verwunderlich, dass Bettina Würth sich viele Gedanken über die Zukunft von Arbeit und Bildung macht. Gegenüber der *Welt am Sonntag* sagte sie: »Das große Problem unserer Schulen ist, dass sie versuchen, durchschnittliche Menschen zu formen. Dabei wird den Kindern und Jugendlichen jegliche Individualität aberzogen. Das zieht sich durch die gesamte

Schulzeit, und Ähnliches ist dann auch im Berufsleben zu beobachten.« Und sie fügt hinzu: »Wir brauchen Querdenker, Menschen mit Ecken und Kanten, die Eigeninitiative zeigen und Risiken eingehen.« Aber hat sich Bettina Würth nicht inzwischen selbst komplett angepasst? Ach wo. Sie kommt in Jeans ins Büro und weigert sich konsequent, einen Computer zu benutzen. Das kann sie sich leisten, weil ihre Leistung stimmt.

Kanonen mit integriertem Bierflaschenöffner

Früher waren Fachwissen und Branchenexpertise alles. Heute kommt es darauf an, sich immer wieder neue Kompetenzen zu erarbeiten und das alte Wissen einfach zu vergessen. Der Grundsatz »Wenn ich nur alles über mein Fachgebiet weiß, dann werde ich jedes Problem lösen können und irgendwann der Chef sein« ist die falsche Erwartung Nummer drei. Die Gefahr des Fachwissens ist nicht bloß, dass es schnell veraltet, sondern dass es blind macht. Fachidioten sitzen im blinden Fleck und bekommen weder die großen Veränderungen des Umfelds mit, noch kommen sie auf kreative Lösungen.

Dazu erzählen die Professoren und Businessautoren Isaac Getz und Alan Robinson in ihrem Buch *Innovations-Power* eine witzige Geschichte. Leider ist sie ein wenig martialisch und wird deshalb dem ein oder anderen Gralshüter der politischen Korrektheit sauer aufstoßen. Macht nichts, wir geben sie trotzdem ganz ungeniert wieder:

Ein französischer Rüstungskonzern ließ die gallische Armee in den Neunzigern den Prototypen einer neuen Kanone testen. Nach der Erprobung im Manöver stellten die Rüstungsingenieure konsterniert fest, dass eine ganze Reihe von Geschützen wegen ramponierter Hydraulikleitungen ausgefallen war. Große Krisensitzung, Laborversuche, Materialtests. Alles vergeblich. Der Hersteller der Hydraulikanlage wurde mit einbezogen. Ohne Erfolg. Die Experten grübelten monatelang und lösten das Problem nicht.

Die einzige Idee, auf die sie nicht kamen, war, sich ein Bild vom Praxiseinsatz der Kanone zu machen. Das tat ein einfacher Techniker, der wegen eines ganz anderen Problems zu einer der Kanonen im Manöver gerufen wurde. Kaum hatte er sein Werkzeug ausgepackt, da beobachtete er, wie ein Soldat eine Flasche Bier an der Hydraulikleitung der Kanone aufmachte, und kurz darauf taten alle seine Kameraden es ihm nach. Das also war die Erklärung für die kaputten Leitungen. Ein Mann vor Ort jenseits der Grenzen des Unternehmens erkannte in einer Minute, wonach die Ingenieure in der Zentrale monatelang gesucht hatten. Expertentum kann eben blind machen. Übrigens wurde das Problem dann dadurch gelöst, dass man einen Flaschenöffner an die Kanonen schraubte. So erfanden Frankreichs Ingenieure das erste Geschütz der Welt mit integriertem Flaschenöffner. Fehlt eigentlich nur noch der eingebaute Korkenzieher für die Rotweinflaschen.

Antworten verschließen Türen – die richtigen Fragen öffnen sie.

Falsche Erwartung Nummer vier: Du musst lernen, die richtigen Antworten zu geben. Ja, tatsächlich: Früher musste man die richtigen Antworten wissen. Heute muss man die richtigen Fragen stellen können. Fragen öffnen Türen, Antworten verschließen sie meist. Doch mit dem Lernen, Fragen zu stellen, ist das so eine Sache. Unser Bildungssystem, und das bezieht sich nicht nur auf Deutschland, ist darauf gepolt, möglichst schnell die richtigen Antworten zu finden. Das bekommt jeder Schüler, jeder Student eingetrichtert.

Sie lernen Methoden, die ihnen später bei ihrer Karriere helfen sollen, möglichst schnell die richtigen Antworten zu wissen. Eine saubere Analyse, ein profunder Blick auf die wichtigsten Kennzahlen, und schon weiß der Spitzenmanager in spe, was zu tun ist. Kurs für Kurs wird die Devise untermauert: Die Qualität unserer Analyse zählt mehr als das

Ausmaß unserer Vorstellungskraft. Auf einen Kurs, wie man lernt, die richtigen Fragen zu stellen, haben wir sowohl während unseres deutschen Studiums als auch bei unserer MBA-Ausbildung in den USA vergeblich gewartet.

Innovationen funktionieren selten nach akademischen Rezepten.

So ist es auch kein Wunder, dass Innovationen selten nach akademischen Rezepten funktionieren. Das bestätigt auch die Geschichte von Fred Smith. Er studierte vor einigen Jahrzehnten Betriebswirtschaft an der amerikanischen Elite-Uni Yale und schrieb seine Abschlussarbeit über ein radikal neues Logistikkonzept. Diese neuartige Idee sollte ermöglichen, Pakete, die bisher immer einige Tage von New York nach London unterwegs gewesen waren, über Nacht dorthin zu befördern.

Smiths Arbeit bekam die Note befriedigend. Manches sei zwar ganz gut analysiert, meinte der Professor, aber insgesamt sei das Konzept doch eher unrealistisch. Falls Ihnen der Name Fred Smith nichts sagt: Er ist der Gründer des Logistikkonzerns FedEx. Die Idee seiner Abschlussarbeit funktionierte und machte ihn zum Milliardär. Er hatte die richtigen Fragen gestellt. Unter anderem, warum ein Paket nicht über Nacht von A nach B kommen kann. Heute beweist sein Unternehmen täglich und hunderttausendfach, dass es geht.

KAPITEL 23

PERSPEKTIVENWECHSEL: WÄRE MEIN UNTERNEHMEN OHNE MICH BESSER DRAN?

Haben wir Sie mit der Überschrift ein bisschen erschreckt? Klingt das etwas harsch in Ihren Ohren? Oh ja, das ist harsch, verglichen mit all den schleimig netten Büchlein in den Ratgeberregalen der Buchhandlungen, die Ihnen »Verständnis, Verständnis« zurufen. Doch egal, ob wir diese Frage in Watte einpacken, weichspülen, parfümieren – oder ob wir es mit der direkten Art versuchen: Antwort bitte! Bringe ich meiner Firma mehr Nutzen, als ich sie koste? Unterstütze ich die anderen dabei, produktiv zu sein, oder halte ich sie von der Arbeit ab?

Das ist hart. Aber wir finden es allemal besser, Sie stellen sich selbst *heute* diese Frage, als dass sich *morgen* Ihr Chef diese Frage in Bezug auf Sie stellt. Und glauben Sie uns: *Er* hat keine Scheu davor, Ihre Firma und deren Geldgeber auch nicht. Nur wenn Sie tatsächlich ein Wertelieferant für Ihr Unternehmen, Ihr Team und Ihre Kunden sind, nur dann sind Sie an Ihrem Platz nicht überflüssig. Nur dann haben Sie sich Ihren Gehaltsscheck verdient.

Folge deinem eigenen Stern!

Nicht nur Produkte unterliegen Lebenszyklen, sondern auch individuelle Karrieren. Jedes Produkt, auch das beste, hat irgendwann seine fetten Jahre hinter sich. Und jede Karriere, auch die beste, neigt sich irgendwann nach ein paar sehr erfolgreichen Jahren wieder dem Ausgangsniveau entgegen. Das ist wie bei der Schwerkraft und dem Fliegen: Herunter kommen sie alle wieder. Auch das ist eine unangenehme Wahrheit. Und irgendwie ist die Schwerkraft in den letzten Jahren stärker geworden.

Karriere, das ist wie bei der Schwerkraft und dem Fliegen: Herunter kommen sie alle wieder.

Da gab es einmal einen begabten jungen Ökonomen, der eine glänzende akademische Karriere vor sich sah. Sein Doktorvater hatte folgenden gut gemeinten Rat für ihn parat: »Wenn du in der akademischen Welt etwas erreichen willst, dann sei vorsichtig, denn der Neid ist groß. Am Beginn deiner Laufbahn darfst du niemals in neue Gefilde aufbrechen! Dieses Recht musst du dir erst über die Jahre hinweg erarbeiten. Solange du noch keine grauen Schläfen hast, darfst du ausschließlich etablierte Theorien deiner Kollegen weiterentwickeln und musst versuchen, darüber so viele Artikel wie möglich in renommierten Zeitschriften unterzubringen.«

Undank ist der Welt Lohn: Der junge Ökonom schlug diesen weisen Rat in den Wind. Er wollte mehr von seinem Leben, als sich jahrelang unterzuordnen, ein paar Artikel in obskuren wissenschaftlichen Zeitschriften zu veröffentlichen und auf den gedanklichen Pfaden anderer Leute zu wandeln. Er wollte Unternehmen dabei helfen, gewohnte Denkbahnen zu verlassen. Ihnen zeigen, wie sie die Märkte von morgen erobern und ihre eigene Konjunktur schaffen können. Damit war seine akademische Karriere beendet, bevor sie richtig begonnen hatte. Nicht nur seine Mutter hielt die Entscheidung für vollkommen verrückt. Aber eines stand fest: Die Uni war ohne ihn besser dran – und er ohne sie.

Der junge Ökonom von damals ist einer der Autoren dieses Buches. Und hätte er sich nicht die Frage gestellt, ob die akademische Welt ohne ihn besser dran wäre, dann würde er statt dieses Buches jetzt irgendein todlangweiliges akademisches Traktat für einen Kongress texten, auf dem Herren mit grauen Schläfen und in grauen Anzügen sich gegenseitig vorlesen, was sie längst wissen. Seine Entscheidung hat er bis heute nicht bereut. Wenn Sie ihn nach dem Erfolgsrezept fragen, lautet seine Antwort: »Mein Erfolg als Autor und Managementberater beruht ausschließlich darauf, dass ich alle gut gemeinten Karrieretipps meines Doktorvaters in den Wind geschlagen habe und meinen eigenen Überzeugungen gefolgt bin. Ich habe die Frage, ob mein Arbeitgeber ohne mich besser dran wäre, für mich sehr ehrlich beantwortet und daraus die Konsequenzen gezogen.«

Die Beweislast liegt ganz und gar bei Ihnen selbst.

Eine solche Denkhaltung bedeutet auch, dass wir jeden Tag aufs Neue daran arbeiten müssen, in unserem Lebenslauf die Spalte »Kompetenzen« mit neuen Dingen aufzufüllen. Wird Ihnen jetzt klar, warum Sie mit einer solchen Einstellung weiterkommen? Und nicht mit dem in den Schwärmen von Karriereratgebern mal direkt, mal indirekt empfohlenen Einordnen, Unterordnen und Sich-klein-Machen? Ganz ehrlich, wenn Sie uns provozieren wollen, müssen Sie uns nur einen Karriereratgeber vors Gesicht halten, dann fangen wir völlig unwillkürlich an, zu schnauben, mit den Hufen zu scharren und die Hörner zu senken.

Es ist nämlich so: Wenn Sie Tag für Tag daran arbeiten, ein möglichst unauffälliges Teilchen im Unternehmensräderwerk zu werden, das so unauffällig ist, dass man es gar nicht mehr wahrnimmt, dann erarbeiten Sie sich damit keineswegs die Garantie zum Verbleib in dieser Organisation. Das Gegenteil ist der Fall: Sie dokumentieren damit, dass Sie jederzeit problemlos ausgetauscht werden können. Der einzige Weg, dieser Austauschbarkeit zu entkommen, ist täglich zu beweisen, dass Ihr Unternehmen mit Ihnen besser dran ist als ohne Sie. Die Beweislast liegt ganz und gar bei Ihnen selbst.

Fangen Sie doch der Einfachheit halber mal mit heute an. Welchen Wert haben Sie heute ganz konkret für die Zukunft Ihres Unternehmens erbracht? Die Frage bleibt die gleiche, egal, ob Sie Inhaber, Geschäftsführer oder Sachbearbeiter sind. Haben Sie heute nur mit Anwesenheit geglänzt, ein paar Telefonate geführt und die E-Mails in Ihrem Posteingang beantwortet? Kommen Sie uns jetzt bitte nicht damit, dass Sie Ihre tägliche Arbeit zuverlässig erledigt haben. Darum geht es nämlich nicht! Das ist das Mindeste, was Sie leisten müssen, um Ihre Chancen zum Verbleib in Ihrem Unternehmen zu wahren. Aber beileibe nicht alles.

Es geht vielmehr darum: Ihr Unternehmen zukunftsfähig zu machen. Pausenlos darüber nachzudenken, wie Sie den Status quo verändern und den Laden in ein erfolgreiches nächstes Jahrzehnt katapultieren können. Wird Ihnen jetzt klar, warum Sie ein solches Vorgehen nicht als namenloses Rädchen, das sich stumm in die große Organisation einordnet, realisieren können? Es reicht schon lange nicht mehr aus, unauffällig im großen Strom der Gezeiten mitzuschwimmen.

Der Arbeitsmarkt der Wertvernichter

Unser Job bringt es mit sich, dass wir Tag für Tag und Woche für Woche mit ganz unterschiedlichen Unternehmen und ihren Mitarbeitern zu tun haben. Wir treffen auch leider immer wieder auf Mitarbeiter, deren Verlust die Firma nicht bemerken würde. Und es ist sogar oft so, dass es ihr besser ginge, wenn es diese Mitarbeiter gar nicht hätte. Das klingt so gar nicht wie ein Politiker-Statement, ist aber die Wahrheit. Diese Typen treffen wir überall – von der Vorstandsetage bis zur Lagerhalle.

Diese Leute fügen ihrem Unternehmen nicht nur keinen Wert hinzu, sondern sie saugen Werte aus dem Unternehmen heraus. Und zwar auf Kosten all der anderen Mitarbeiter, die letztlich diesen negativen Wertbeitrag ausgleichen müssen. Oh du lieber Himmel. Darf man in diesem Heimatland der sozialen Gerechtigkeit so etwas schreiben? Ist so etwas nicht herzlos und »ungerecht«? – Nö. Ist es nicht. Es ist auf der anderen Seite allerdings auf gar keinen Fall »gerecht«, wenn sich einer auf Kosten eines anderen bequem durchs Leben mogelt. Einer, der sein Gehalt wirklich wert ist, ist jedenfalls gegenüber seinen Kollegen wesentlich »gerechter«.

Schmeißen Sie jeden Karriereratgeber ins Altpapier.

Nach unserer Überzeugung muss es in Zukunft das oberste Ziel jeder Beurteilung eines Mitarbeiters sein, ob und inwiefern er einen positiven Wertbeitrag für das Unternehmen leistet. Bisher zählt vor allem, wie schnell sich ein Mitarbeiter in das Unternehmensgefüge integriert, einordnet, mitschwimmt. Diese Haltung führt geradewegs in die Austauschbarkeit. Statt ein unersetzbares Individuum zu sein, verschwinden Sie in der Masse, werden Mittelmaß und sind irgendwann arbeitslos, nämlich genau dann, wenn Sie eines Tages ausgerechnet das eine Rädchen im Getriebe sind, das durch ein billigeres ersetzt wird. Deshalb: Schmeißen Sie jeden Karriereratgeber, dessen Sie habhaft werden, ins Altpapier. Nehmen Sie Ihr Leben in die eigenen Hände!

Oder es geht Ihnen so wie unserem Freund Dirk. Er war der Traum jedes Personalchefs: Nett und adrett, perfekte Umgangsformen, schnelle Auffassungsgabe, immer die richtige Antwort. Einfach gut. Studium der Wirtschaftswissenschaften, bestens. Guter Ruf. Toll. Praktika bei L'Oreal und Roland Berger. Alle Achtung. Gleich die großen Namen. Perfekt. Dank einiger Auslandssemester fließend in Englisch. Großartig. Und natürlich topfit in allen Computerdingen. So soll es sein. Gleich nach dem Studium begann Dirk als Trainee bei einem großen deutschen Industrieunternehmen. Da kann ja dann kaum noch was schiefgehen. Es folgte die Traumhochzeit mit Katharina, einer bildhübschen Stewardess. Bingo.

Er hatte doch alles richtig gemacht – und flog trotzdem raus.

Dirk begann seinen Weg in der Einkaufsabteilung eines Konzerns. Die Audis, die er fuhr, wurden immer dicker. Sein Bauch wurde es auch. Dirk eckte nicht an und erledigte seine Arbeit stets korrekt. Alles lief perfekt, sieben Jahre lang. Bis zu jenem Tag, als das Unternehmen umstrukturiert und Dirk rausgeschmissen wurde. Dirk verstand die Welt nicht mehr. Er hatte doch alles richtig gemacht – und flog trotzdem raus. Es gab doch weder an ihm noch an seiner Arbeit irgendetwas auszusetzen – und sein Job war trotzdem futsch.

Dirk war voll in die Falle getappt. Alles »richtig« gemacht, und am Ende schien seine ganze schöne Karriereplanung dennoch irgendwie »falsch«. Sein Problem: In der Arbeitswelt von heute muss man jederzeit erklären können, welchen Wert man für das Unternehmen hat. Und leider konnte Dirk das im entscheidenden Moment nicht. Das soll nicht heißen, dass seine Arbeit schlecht war. Es heißt bloß, dass er an seinem Platz keinen Beitrag leisten konnte, von dem sein Chef hätte sagen können: Mensch, wenn wir den Dirk nicht hätten, dann ginge es uns aber verdammt dreckig.

Die Frage, ob ihr Unternehmen ohne sie besser dran wäre, müssen sich nicht nur einfache Angestellte gefallen lassen, sondern auch Top-Manager: Als Thomas Middelhoff den Vorstandsvorsitz der KarstadtQuelle AG übernahm, war eine seiner ersten Amtshandlungen, mit dem eisernen Besen in den Führungsebenen zu kehren. Zahlreiche gut dotierte Manager wurden in die Wüste geschickt. Vermutlich hatte Thomas Middelhoff einfach keine Antwort auf die Frage gefunden: »Warum ist Karstadt mit Ihnen besser dran als ohne Sie?«

Es ist wirklich eine verdammt brutale Frage. Tauschen Sie das Wort »Karstadt« einfach beliebig aus, geben Sie sich dann eine ehrliche Antwort, und Sie verstehen, warum wir so darauf bestehen. Ihre ungeschönte Antwort legt den Finger genau in die Wunde. Zum Beispiel: Warum ist Ihre Partnerin oder Ihr Partner durch Sie eigentlich besser dran? Warum sind Ihre Kinder durch Sie glücklicher als ohne Sie? Warum ist die Welt durch Sie – zumindest ein klitzekleines Stückchen – besser geworden? Ja, die Wahrheit kann wehtun. Aber der Schmerz ist der Impuls zur Veränderung.

Können Sie den Accenture-Test bestehen?

Kennen Sie den Accenture-Test? Die weltweit tätige Unternehmensberatung Accenture ist ein hochmoderner Dienstleistungskonzern. Jeder seiner Berater überarbeitet mindestens zweimal pro Jahr seinen Lebenslauf. Dazu gilt es, die folgenden Fragen zu beantworten: In welchen Projekten waren Sie in den vergangenen sechs Monaten tätig? Welche neuen Aufgabengebiete haben Sie dabei übernommen? Welches neue Wissen haben Sie sich angeeignet? Und welche neuen Werte haben Sie für die Firma und für unsere Kunden geschaffen?

Wie würden Ihre Antworten aussehen? Welche Projekte haben Sie in den vergangenen – seien wir großzügig – zwölf Monaten vorzuweisen? Können Sie erläutern, was Sie Neues gelernt haben und wie das Neuerlernte Ihren Wert steigert? Können Sie erklären, wie Ihr neu erlerntes Wissen Ihr Unternehmen und Ihre Kunden voranbringt? Können Sie nachweisen, welche neuen Werte Sie für das Unternehmen und seine Kunden geschaffen haben?

Wenn Sie jetzt denken: »Okay, das mit dem Test könnte ich mal versuchen«, dann vergessen Sie das! Fangen Sie gar nicht erst an, wenn Sie es nur versuchen wollen. Wir hassen das Wort *versuchen* wie die Pest. Wenn Sie jemandem sagen, dass Sie noch versuchen werden, auf seiner Party vorbeizuschauen, versuchen Sie das dann wirklich? Wohl eher nicht. *Versuchen* ist ein Wort, das Sie verwenden, wenn Sie das eigene Handeln ein wenig aufschieben möchten … Versuchen ist nicht mehr als eine nette Entschuldigung dafür, etwas nicht zu tun. Lassen Sie es doch gleich bleiben und stehen Sie dazu! Der gute alte Henry Ford hat es korrekt erkannt: »Sie können Ihre Reputation nicht mit bloßen Absichtserklärungen aufbauen.« Sie müssen handeln.

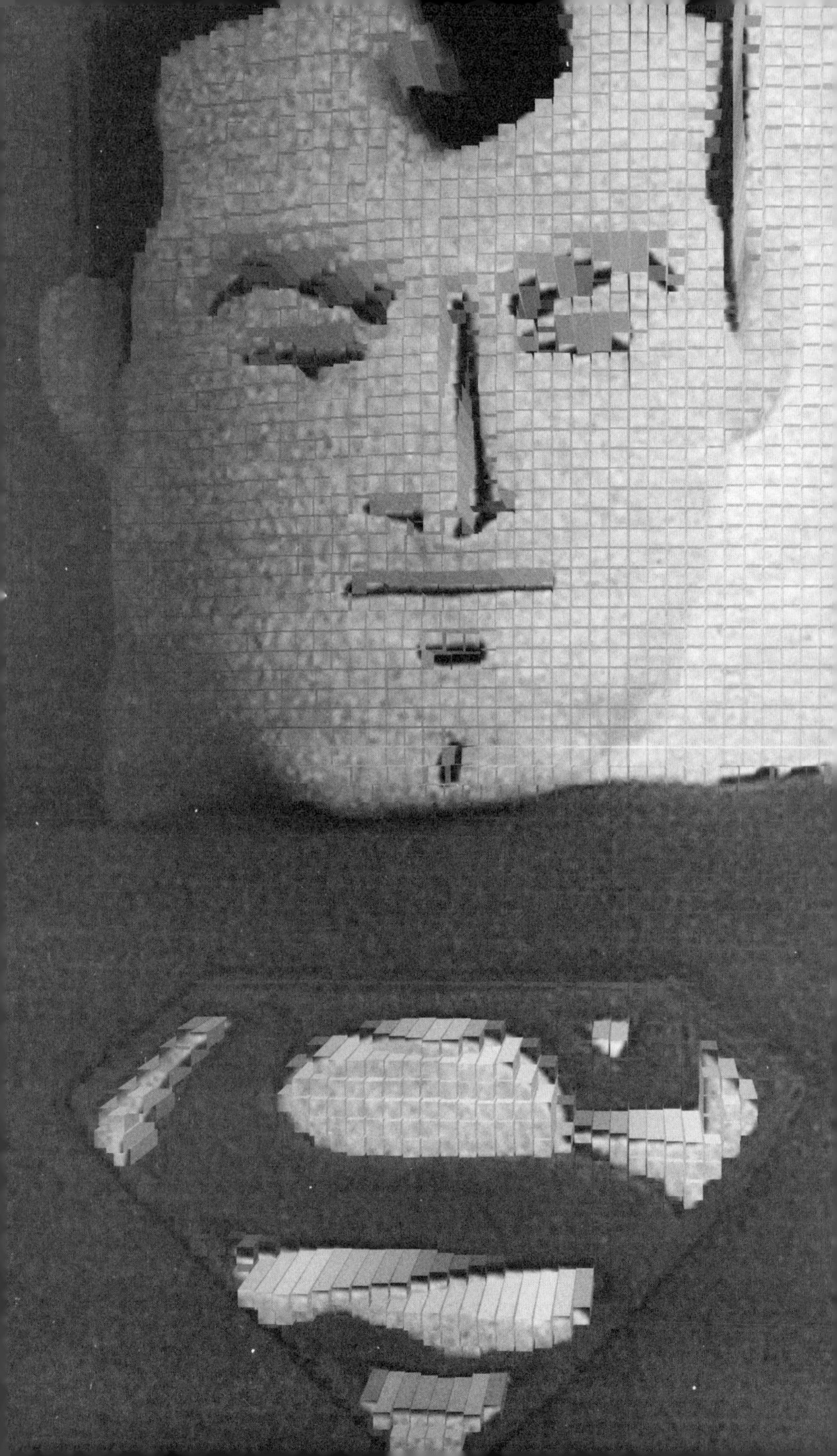

KAPITEL 24

WIR KÖNNEN AUCH ANDERS: EINZIGARTIGE FÄHIGKEITEN STATT STELLENPROFIL

Was für Volkswirtschaften gilt, das gilt ebenso für alle Unternehmen. Und was für die Unternehmen gilt, das gilt ebenso für deren Führungskräfte. Und was für Führungskräfte gilt, das gilt ebenso für alle Mitarbeiter, für alle, die am Arbeitsleben teilnehmen. Und was für alle gilt, das gilt ebenso für uns und für Sie, nämlich: Erfolg erwächst aus E-i-n-z-i-g-a-r-t-i-g-k-e-i-t.

Nur wer aus der Masse hervorsticht, kann seinen Wert für Arbeitgeber, Kunden und Partner glaubhaft vermitteln. Zuverlässig seine Arbeit zu erledigen genügt nicht mehr. Auch die Tugenden Fleiß und Pünktlichkeit sind gut und wichtig, aber nicht mehr ausreichend. Ehrlich und gewissenhaft und bescheiden zu sein – fantastische Eigenschaften, aber nicht mehr genug. Vor allem dann nicht, wenn das, was man tut, dasselbe ist, was alle tun. Individuen, die austauschbar sind – werden ausgetauscht.

Deswegen müssen wir alle jeden Tag aufs Neue daran arbeiten, einzigartige Fähigkeiten und einen unverwechselbaren Stil zu entwickeln. Und das funktioniert leider überhaupt nicht, indem wir die Besonderheiten anderer kopieren. Man kann es gar nicht oft genug wiederholen: Menschen sind Individuen. Jeder Mensch ist anders, jeder Mensch hat einzigartige Talente und Fähigkeiten. Und er muss sie entwickeln, aktiv und zielgerichtet. Wer abwarten will, bis andere kommen und ihm sagen, was er zu tun und zu lassen beliebt, hat schon in der Vergangenheit ziemlich lange gewartet – und wird in Zukunft noch länger warten.

Individuen, die austauschbar sind – werden ausgetauscht.

Was hat sich geändert? Was macht den Unterschied? Früher funktionierte die Arbeitswelt nach ähnlichen Regeln wie das Militär. Ganz oben entschieden Kriegsminister und Generäle nicht nur über die Strategie, sondern auch über die Details der Umsetzung. Ganz unten wurde die Schlacht gekämpft. Durch strenge Hierarchien und Kommandostrukturen sowie eine exakte Rollenzuweisung für jeden Einzelnen galt es, eine schlagkräftige Armee zu schaffen, bei der zigtausende Menschen wie auf Knopfdruck reagierten. Uniform und Gleichschritt waren unverzichtbare Bestandteile dieses Systems. Je mehr die Individualität der einzelnen Person eingeebnet wurde, desto besser funktionierte das Ganze.

Spiel ohne Grenzen

Viele Unternehmen sind mit dem militärischen Vokabular bis heute eng verwoben: Strategie, Verkaufsfront, Rabattschlacht, Stabsstelle, Eroberung von Märkten oder Rückzug daraus. Okay, das sind Metaphern. Doch die so beliebten »Stellenbeschreibungen« zielen nach wie vor darauf, treue Soldaten für die Organisation zu rekrutieren. Mitarbeiter, die ihre Rolle kennen und die Befehle der Generäle ausführen.

Das Problem ist bloß, dass die entindividualisierte Art der Militärs zu denken und zu handeln immer nur innerhalb eines geschlossenen Systems funktioniert, in dem sich alle an dieselben Regeln halten. Warum scheitern die mächtigsten Armeen der Welt in armen Dritte-Welt-Ländern? Weil auch die bestgeölte Militärmaschinerie gegen Guerillakämpfer keine Chance hat. Weil Menschen, die ihren persönlichen Idealen folgen und aus eigenem Antrieb handeln, immer stärker sind als Menschen, die auf Befehl im Gleichschritt marschieren. Weil die Freiheit des Individuums mehr Macht entfaltet als jede Kommandostruktur.

Metapher hin, Metapher her, wir wollen ja keinen Krieg führen. Und es ist auch keineswegs egal, welchen Idealen man folgt. Es geht hier nur um das Prinzip: Der Mensch ist das Erfolgsrezept. Und das gilt eben insbesondere für die Wirtschaft.

Im Zuge der Globalisierung erleben wir, dass unsere so sorgsam eingespielten Wirtschafts- und Machtsysteme ausgehebelt werden. Die alten Regeln gelten plötzlich nicht mehr. Ganz im Gegenteil: Fortschritt wird erst möglich, wenn wir intelligent gegen die Regeln verstoßen. Und das begreifen mehr und mehr Organisationen, Führungskräfte und Individuen. Das Arbeitsleben verändert sich weltweit und unumkehrbar. Weil Menschen überall auf der Welt die Chancen ihrer Freiheit entdecken, ihre individuellen Fähigkeiten entwickeln und einsetzen. Und weil gleichzeitig diese Welt komplett offen und vernetzt ist. Wie der berühmte Flügelschlag eines Schmetterlings am Amazonas unser Wetter in Europa beeinflusst, so kann die geniale Idee eines einzelnen Menschen in Jakarta die Kurse an der Wall Street beeinflussen.

Die Chancen dieser neuen Welt werden inzwischen überall auf dem Globus verstanden. »Die Menschen, auf die es im globalen 21. Jahrhundert ankommt, werden weltweit mobile Nomaden sein, die ihr Wissen und ihre Fähigkeiten überall dort einsetzen, wo es gerade am sinnvollsten ist.« Dieses Zitat stammt nicht von einem amerikanischen Businessguru, sondern von Scheicha Lubna al-Qasimi, der Wirtschaftsministerin der Vereinigten Arabischen Emirate – einer Muslima, die in einer streng autoritären und hierarchischen Gesellschaft aufgewachsen ist.

Das Zeitalter der lebenslangen Leibeigenschaft beim Großkonzern geht zu Ende. Gott sei Dank.

Das Zeitalter der lebenslangen Leibeigenschaft beim Großkonzern geht zu Ende. Gott sei Dank. Der durchschnittliche Berufsweg wird in Zukunft aus zwei oder drei »Berufen«

und einem halben Dutzend oder mehr Arbeitgebern bestehen. Es liegt einzig und allein an Ihnen, in jeder neuen beruflichen Phase persönlich zu wachsen. Sie können über diese neue Realität jammern – oder sie als Chance begreifen und damit beginnen, Ihr Leben in die eigenen Hände zu nehmen.

Wir alle müssen in die Tat umsetzen, was die beiden Managementvordenker Jonas Ridderstråle und Kjell Nordström als »Me Incorporated« bezeichnet haben. Wir sollten alle für uns ganz persönlich unternehmerisch zu denken beginnen. Die beiden Skandinavier schreiben: »Wir müssen uns selbst als Firma sehen: mit einer eigenen Jahresbilanz und einem Markennamen. Wir müssen in uns selbst investieren und uns selbst vermarkten. Anstatt nach einem sicheren Arbeitsplatz Ausschau zu halten, versuchen Menschen, die dieses Prinzip verstanden haben, einsatzbereit zu sein. Sie bilden sich fort und erwerben immer neue Kenntnisse, um Wunschkandidaten für potenzielle Arbeitgeber zu sein – immer und zu jeder Zeit.«

Lebe lieber ungewöhnlich

Ridderstråle und Nordström bringen es auf den Punkt. Es geht darum, dass wir einzigartige Fähigkeiten entwickeln und unser Kompetenzportfolio anbieten. Dass wir ständig dazulernen, unsere persönlichen Stärken erkennen und sie jeden Tag aufs Neue weiterentwickeln. Dabei gibt es keinen objektiven Maßstab. Jeder hat zunächst einmal nur bestimmte Eigenschaften. Ob etwas eine Stärke oder eine Schwäche ist, hängt vom Kontext ab. Deshalb muss sich jeder auch immer wieder auf die Suche nach der für ihn genau passenden Umgebung machen. Das hat dann mit dem alten Modell eines gut geölten Rädchens, das sich gefügig in ein vorgegebenes Unternehmensräderwerk einfügt, rein gar nichts mehr zu tun.

Ein solches Rädchen war Jim Cramer auch einmal. Der 1955 geborene Amerikaner machte sein Examen in Harvard mit »magna cum laude« und promovierte dann zum Doktor der Rechte an der Harvard Law School. Derart mit akademischen Weihen versehen, ging er nach New York zum Geldhaus Goldman Sachs, einer der ältesten und angesehensten Investmentbanken der Welt. Im dunkelgrauen Anzug fuhr er jeden Morgen um 7 Uhr mit der U-Bahn zu seinem kleinen Schreibtisch in Manhattan, um bis abends spät die Konten seiner Chefs zu füllen. Im Jahr 1987 hatte er genug davon. Cramer gründete sein eigenes Hedge-Fonds-Unternehmen. In den nächsten 13 Jahren machte Cramer im Durchschnitt jedes Jahr 24 Prozent Gewinn rein netto, nach allen Steuern und Abzügen. Ende 2000, als der S&P 500 über das Jahr 11 Prozent und der Dow Industrials 6 Prozent verloren hatten, machte Cramer 36 Prozent Reingewinn. Aber all das ist inzwischen auch Vergangenheit.

»Bu-jaaaaa!«

»Bu-jaaa!« brüllt Jim Cramer heute vor laufender Kamera in seiner eigenen Fernsehshow. Das ist eines seiner Markenzeichen. Ein anderes ist, dass er kurz vor dem Höhepunkt der Sendung seinen Stuhl nimmt und quer durch das Studio schleudert. »Bu-jaaaaa!« Und immer, wenn einer der Anrufer, die in die Livesendung für Anleger geschaltet werden, Cramers Buch *Sane Investing in an Insane World* erwähnt, dann nimmt er ein Exemplar des Buches vom Stapel und schmeißt es durch die Luft. »Bu-jaaaaaaaaa!«

Cramers Show heißt treffend »Mad Money« und wird seit 2005 im amerikanischen Kabel- und Satellitensender CNBC ausgestrahlt. In der Lesart von Cramer bedeutet »mad money« Geld, das man am Ende des Monats übrig hat, wenn alle Rechnungen bezahlt, alle Anschaffungen getätigt und ausreichend Rücklagen fürs Alter und für schlechte Zeiten gemacht sind. Cramer rät ausdrücklich davon ab, mit Geld zu spekulieren, das einem anderswo fehlen könnte. Aber mit »mad money« soll man vor allem eines haben: Spaß. Jeden

Abend um 18 Uhr Ostküstenzeit verrät Cramer live, wie das geht. »Bu-jaaa!«

Ehemalige Angestellte erzählen, dass Cramer schon in seiner Investmentfirma Telefone oder Computer durchs Büro geschleudert haben soll, wenn er mit einem Geschäft unzufrieden war. Heute kommt sein Fernsehsender gerne für das zertrümmerte Mobiliar auf, denn die Einschaltquoten sind fantastisch. »Mad Money« hat seine Alleinstellung jedoch beileibe nicht nur wegen des tobenden Moderators. Die Sendung unterscheidet sich grundlegend von den anderen Wirtschaftsprogrammen auf CNBC wie auch überhaupt von den typischen Börsennachrichten in Radio, Fernsehen und Zeitung.

Cramer geht es nämlich nicht darum, bloß über das aktuelle Auf und Ab an den Börsen zu berichten, das sowieso kein Laie einordnen kann. Sein Anspruch ist vielmehr, den Zuschauern nachhaltige Investments zu ermöglichen und ihnen ein Gespür für Anlagestrategien zu vermitteln. Dass er dabei selbst den Bogen raus hat, konnte er mit seiner Investmentfirma zur Genüge beweisen. Jetzt verbindet er sein fundiertes Wissen mit Entertainment. Und hat selbst den größten Spaß dabei.

Hinzu kommt eine geschickte Inszenierung, bei der ihn eine Steadycam mit Fischaugenobjektiv meistens von unten aufnimmt und auf sein Gesicht zoomt, während er »Kaufen!« oder »Verkaufen!« durchs Studio brüllt. Es gibt außerdem über 60 Soundeffekte in der Show: Explosion, Hundegebell, Toilettenspülung, Autounfall, Guillotine, Händels Halleluja, Applaus – je nach Performance der gerade besprochenen Aktie.

Sie müssen Jim Cramer nicht sympathisch finden. Das ist nicht der Punkt. Aber vielleicht gibt es Ihnen zu denken, was ein unauffälliger Finanztyp im mausgrauen Anzug aus seinem Leben machen kann. Cramer, der in einem Kaff in Pennsylvania aufwuchs, schaffte es nach Harvard, weil er etwas lernen wollte. Als Einserjurist ging er nach New York, weil er die Börse spannender fand als eine Anwaltskanzlei. In seiner eigenen Firma konnte er sich buchstäblich austoben.

Aber mit seiner Fernsehshow wurde er zur Kultfigur. Doch auch »Mad Money« wird nicht ewig laufen. Dann macht Jim Cramer eben wieder etwas Neues.

Vielen Dank, Mister Jobs.

Steve Jobs, der Chef von Apple, hat das einmal »die Punkte verbinden« genannt. Jobs tat das im Juni 2005 als Redner auf einer Abschlussfeier der renommierten Stanford-Universität. Der Vollblut-Unternehmer hat selbst keinen Hochschulabschluss. Doch an diesem Sommertag verstand er es, den Absolventen dieser Elite-Uni etwas mit auf den Weg zu geben, das sie wahrscheinlich so noch nie in irgendeinem ihrer Seminare zu hören bekommen hatten. Vielleicht haben Sie in der Presse von dieser Rede gelesen, vielleicht auch nicht. Uns hat sie so sehr beeindruckt, dass wir uns entschlossen haben, sie in etwas gekürzter Form zum Schlusswort dieses Buches zu machen. Vielen Dank, Mister Jobs, für diese Worte:

Ich möchte Ihnen drei Geschichten aus meinem Leben erzählen. Die erste Geschichte handelt davon, die Punkte zu verbinden. Meine biologische Mutter war eine junge, unverheiratete Studentin. Deshalb entschloss sie sich, mich zur Adoption freizugeben. Später erfuhr meine biologische Mutter, dass meine Adoptivmutter keinen Hochschulabschluss und mein Adoptivvater nicht einmal einen Oberschulabschluss hatte. Darum weigerte sie sich, die Adoptionsunterlagen zu unterschreiben. Erst einige Monate später willigte sie ein, nachdem meine Eltern ihr versprochen hatten, mich eines Tages auf die Universität zu schicken.

Und siebzehn Jahre später ging ich tatsächlich zur Uni. Doch in meiner Naivität hatte ich mich für eine entschieden, die fast so teuer war wie Stanford, so dass meine Ausbildung sämtliche Ersparnisse meiner aus der Arbeiterschicht stammenden Eltern verschlang. Nach sechs Monaten erkannte ich, welche Werte das waren. Ich hatte keine Ahnung, was ich mit meinem Leben anfangen wollte, und keine Ahnung, wie die Uni mir helfen konnte, das herauszufinden. Und dafür gab ich alles Geld aus, das meine Eltern in ihrem Leben angespart hatten.

Darum beschloss ich, die Uni zu verlassen, und vertraute darauf, dass sich schon alles fügen werde. Im Rückblick war es eine der besten Entscheidungen, die ich jemals getroffen habe. Ich hatte kein Zimmer im Wohnheim mehr und schlief deshalb im Zimmer eines Freundes auf dem Boden. Ich sammelte Colaflaschen, um mir von den fünf Cent Pfand Lebensmittel zu kaufen. Und jeden Sonntagabend ging ich zu Fuß zehn Kilometer quer durch die Stadt, um im Hare-Krishna-Tempel eine warme Mahlzeit in der Woche zu erhalten.

Meine Uni bot damals die wohl beste Einführung in Kalligrafie im ganzen Land an. Auf dem gesamten Campus waren alle Anschläge wunderschön von Hand kalligrafiert. Da ich abgegangen war und nicht die normalen Seminare belegen musste, beschloss ich, das Kalligrafieseminar zu besuchen und zu lernen, wie man so was macht. Ich lernte, welche Schriftarten es gibt, wie die Abstände zwischen den verschiedenen Buchstabenkombinationen zu wählen sind und was gute Typografie ausmacht. Es war eine wunderschöne, historisch gewachsene und künstlerisch raffinierte Arbeit, die mich faszinierte.

Es war unwahrscheinlich, dass diese Dinge irgendwann in meinem Leben einmal praktische Bedeutung haben könnten. Doch als wir zehn Jahre später den ersten Macintosh entwarfen, kam mir all das wieder in den Sinn. Und die ganze Erfahrung floss in den Mac ein. Der Macintosh war der erste Computer mit einer schönen Typografie. Hätte ich an der Uni nicht dieses Seminar besucht, wäre der Mac nie mit mehreren Schriftarten oder proportionalen Abständen zwischen den Buchstaben ausgestattet worden. Und da Windows den Mac einfach kopierte, hätte wahrscheinlich bis heute kein PC solche Schriften.

Sie können die Punkte nicht in der Vorausschau, wohl aber im Rückblick verbinden. Also müssen Sie darauf vertrauen, dass die Punkte sich irgendwann in Ihrer Zukunft verbinden. Sie müssen auf irgendetwas vertrauen – auf Ihr Bauchgefühl, das Schicksal, das Leben, das Karma oder sonst etwas. Dieses Vorgehen hat mein Leben entscheidend beeinflusst.

Meine zweite Geschichte handelt von Liebe und Verlust. Ich war erfolgreich. Als ich zwanzig war, gründeten Woz und ich in der Garage meiner Eltern Apple. Wir arbeiteten hart, und innerhalb von zehn Jahren wurde aus unserer Garagenfirma ein großes Unternehmen mit zwei Milliarden Dollar Umsatz und über 4000 Mitarbeitern. Wir hatten gerade unsere schönste Schöpfung, den Macintosh, vorgestellt, und ich war gerade 30 geworden, da wurde ich rausgeschmissen. Wie kann jemand von einer Firma gefeuert werden, die er selbst gegründet hat? Nun, als Apple größer wurde, stellte ich jemanden ein, von dem ich glaubte, er besitze die nötigen Fähigkeiten, um das Unternehmen gemeinsam mit mir zu führen. Doch mit der Zeit entwickelten wir unterschiedliche Vorstellungen, und es kam zum Bruch. In dieser Situation stellte der Aufsichtsrat sich auf seine Seite.

Ein paar Monate lang wusste ich wirklich nicht, wie es weitergehen sollte. Ich hatte das Gefühl, gegenüber der vorangegangenen Unternehmergeneration versagt zu haben. Ich hatte den Stab fallenlassen, den sie an mich weitergegeben hatten. Es war ein öffentliches Scheitern gewesen, und ich dachte sogar daran, aus dem Silicon Valley zu flüchten. Aber dann dämmerte mir etwas. Ich liebte meine Arbeit immer noch. Und so beschloss ich, von vorn anzufangen.

Damals sah ich es noch nicht, aber bald zeigte sich, dass mir gar nichts Besseres hätte passieren können als der Rauswurf bei Apple. An die Stelle der Bürde des Erfolgs trat die Leichtigkeit des Neubeginns. Die Dinge schienen nicht mehr so festgezurrt. Ich war frei für den Beginn einer der kreativsten Phasen meines Lebens. Innerhalb der nächsten fünf Jahre baute ich eine Firma namens NeXT und eine weitere namens Pixar auf und verliebte mich in eine wunderbare Frau, die später meine Ehefrau wurde. Pixar schuf den ersten computeranimierten Spielfilm, »Toy Story«, und ist heute das erfolgreichste Trickfilmstudio der Welt. In einer bemerkenswerten Wendung der Ereignisse kaufte Apple später dann NeXT, und ich kehrte zu Apple zurück. Die von NeXT entwickelte Technologie steht im Mittelpunkt der gegenwärtigen Renaissance von Apple. Und gemeinsam mit Laurene habe ich eine wunderbare Familie.

Manchmal wirft das Leben Ihnen einen Pflasterstein an den Kopf. Verlieren Sie nicht die Zuversicht! Ich bin mir sicher, dass das Einzige, was mich damals aufrechterhielt, die Liebe zu meiner Arbeit war. Sie müssen herausfinden, was Sie lieben. Das gilt für die Arbeit ebenso wie für Menschen. Die Arbeit wird immer einen großen Teil Ihres Lebens einnehmen, und Sie werden nur gute Arbeit leisten können, wenn Sie Ihre Arbeit lieben. Also suchen Sie, bis Sie finden! Lassen Sie niemals nach!

Meine dritte Geschichte handelt vom Tod. Mit siebzehn Jahren las ich einen Spruch, der etwa so lautete: »Wenn du jeden Tag so lebst, als wäre es dein letzter, wirst du ganz sicher eines Tages Recht haben.« So schaue ich nun seit 33 Jahren jeden Morgen in den Spiegel und frage mich: »Wenn heute der letzte Tag meines Lebens wäre, würde ich dann tun, was ich mir für heute vorgenommen habe?« Und wenn die Antwort allzu oft hintereinander Nein lautet, dann weiß ich, dass ich etwas ändern muss.

An den möglicherweise nahen Tod zu denken ist nach meiner Erfahrung das stärkste Hilfsmittel, wenn es darum geht, wichtige Lebensentscheidungen zu treffen. Weil nahezu alles, alle Erwartungen anderer, aller Stolz, alle Angst vor Schwierigkeiten oder Scheitern, angesichts des Todes von einem abfallen, so dass nur das wirklich Wichtige bleibt. Wir sind immer nackt. Es gibt keinen Grund, nicht der Stimme unseres Herzens zu folgen.

Vor gut einem Jahr wurde bei mir Krebs diagnostiziert. Die Ärzte sagten mir, es handle sich mit größter Wahrscheinlichkeit um einen unheilbaren Krebs. Ich solle mich darauf einstellen, nur noch drei bis sechs Monate zu leben. Ich lebte den ganzen Tag mit dieser Diagnose. Gegen Abend wurde eine Biopsie durchgeführt. Man hatte mich ruhiggestellt, aber meine Frau, die dabei war, erzählte mir, die Ärzte hätten

Tränen in den Augen gehabt, als sie unter dem Mikroskop erkannten, dass es sich um eine sehr seltene Form von Bauchspeicheldrüsenkrebs handelte, die operiert werden kann. Die Operation wurde durchgeführt, und jetzt bin ich wieder gesund.

Der Tod ist unser aller Schicksal. Und das ist gut so, denn der Tod ist wahrscheinlich eine der besten Erfindungen des Lebens. Er sorgt für die Veränderung des Lebens. Ihre Zeit ist begrenzt! Vergeuden Sie nicht Ihre Zeit damit, dass Sie das Leben eines anderen leben. Lassen Sie sich nicht von Dogmen einengen. Dogmen sind das Ergebnis des Denkens anderer Menschen. Lassen Sie nicht zu, dass der Lärm fremder Meinungen Ihre eigene innere Stimme übertönt. Und vor allem haben Sie Mut, Ihrem Herzen und Ihrer Intuition zu folgen. In meiner Jugend gab es eine wunderbare Zeitschrift mit dem Titel *The Whole Earth Catalog*. Mitte der Siebziger wurde sie eingestellt. Auf dem Rückenumschlag der letzten Ausgabe befand sich die Fotografie einer Landstraße am frühen Morgen, darunter die Worte: »Bleibt hungrig! Bleibt verrückt!« Genau das habe ich mir immer für mich selbst gewünscht. Und nun wünsche ich Ihnen genau dasselbe.

Bleiben Sie hungrig! Bleiben Sie verrückt!

DANKE SCHÖN!

Das Bild zweier in eremitenhafter Zurückgezogenheit vor sich hin schreibender Menschen mag auf manchen zutreffen – auf uns aber nicht. Wir brauchen ein Team, das unsere Stärken stärkt und unsere Schwächen ausgleicht. Deshalb möchten wir Ihnen gern das »alles, außer gewöhnliche« Team dieses Buchprojekts vorstellen:

Inspiration: All die risikofreudigen Männer und Frauen, die es gewagt haben, anders zu sein, die scheinbar unumstößlichen Gesetze ihrer Branchen und ihrer Karrieren zu hinterfragen, und die uns an ihren Bemühungen Anteil nehmen ließen.

Unterstützung: Oliver Gorus und Achim Zoll. Von beiden haben wir eine fantastische Beratung erhalten. Falls Ihnen einige Stellen in diesem Buch nicht gefallen sollten, könnte das daran liegen, dass wir bei diesem Abschnitt gerade nicht auf die beiden hören wollten. Unser Dank geht auch an Moritz Jäger, der uns mit seiner Recherche tatkräftig unterstützt hat.

Realisierung: Silvie Horch und Jürgen Diessl von Econ. Um ehrlich zu sein, waren wir froh, dass die beiden sich für unser Buchprojekt interessiert haben, denn sonst müssten wir unser Buch selbst veröffentlichen :-) Natürlich soll Katrin Mackowiak an dieser Stelle nicht unerwähnt bleiben, die unser Manuskript redigierte. »Erlesenen Dank« an Euch alle!

Andere wichtige Personen: Anna McMaster zeichnet für das Foto auf dem Cover verantwortlich. Wir denken gern an die Fotosession in München zurück! Ganz besonderer Dank geht an Petra Steurer, die unser Leben managt, während wir schreiben oder auf Tour sind. Claudia Cornelsen, die in vielerlei Hinsicht einen wichtigen Baustein dafür legte, dass dieses Buch überhaupt zustande kam.

Und schließlich sollte auch noch unser Kater Spike erwähnt werden. Wir wissen auch nicht, was sein Beitrag zum Buch war, er legte aber enormen Wert darauf, an dieser Stelle genannt zu werden.

LITERATUR

Dieses Buch speist sich aus vielen Quellen. Wir haben das Wasser nicht neu erfunden, oder um es mit Dale Carnegie zu sagen: »Die Ideen, für die ich stehe, stammen nicht von mir. Ich habe sie mir von Sokrates ausgeliehen. Ich habe sie von Chesterfield übernommen. Ich habe sie von Jesus geklaut. Und ich packe sie in ein Buch. Wenn Ihnen die Gedanken nicht gefallen, welche würden Sie verwenden?«

Carnegie hatte Recht! Wenngleich wie keine Anleihen bei Jesus genommen haben, sind unsere Ideen dennoch nicht in einem Vakuum entstanden. Alles aufsaugen, durchdenken, gute eigene Ideen hinzufügen und daraus den richtigen Cocktail mixen – das ist unserer Meinung nach das beste Erfolgsrezept. Die wichtigste Literatur, die in dieses Buch eingeflossen ist, finden Sie im Folgenden. Zur weiteren Lektüre besonders empfehlen möchten wir Ihnen die Bücher unserer Kollegen Tom Peters und Gary Hamel sowie von Jonas Ridderstråle & Kjell Nordström. Diese Autoren finden wir absolut genial!

Bücher

Arden, Paul: Whatever You Think, Think the Opposite. Portfolio Trade, 2006

Christensen, Clayton: The Innovator's Dilemma. Harper Collins, 2003

Florida, Richard: The flight of the creative class. Harper Collins, 2004

Förster, Anja und Peter Kreuz: Marketing Trends. Gabler, 2003
Förster, Anja und Peter Kreuz: Different Thinking! Redline Wirtschaft, 2005
Getz, Isaac und Alan G. Robinson: Innovations-Power. Hanser, 2003
Gibbons, Barry: Manager, Visionäre, Wahnsinnige. Redline Wirtschaft, 2003
Gibbons, Barry: Die wunderbare Welt der Wirtschaft. Redline Wirtschaft, 2004
Hamel, Gary: Das revolutionäre Unternehmen. Econ, 2001
Hamel, Gary, C. K. Prahalad, und Harvey C. Fruehauf: Wettlauf um die Zukunft. Ueberreuter Wirtschaft, 1996
Handy, Charles: Die Fortschrittsfalle. Der Zukunft neuen Sinn geben. Gabler, 2001
Harari, Oren: Break from the Pack. Financial Times/Prentice Hall, 2006
Henzler, Herbert A.: Das Auge des Bauern macht die Kühe fett. Hanser, 2005
Kawasaki, Guy: Gesetze für Revolutionäre. Econ, 1998
Kelley, Tom: Das IDEO Innovationsbuch. Econ, 2002
Kelley, Tom: The Ten Faces of Innovation. Currency, 2005
Kim, W. Chan und Renee Mauborgne: Der Blaue Ozean als Strategie. Hanser, 2005
Peters, Tom: Kreatives Chaos. Hoffmann und Campe, 1994
Peters, Tom: Re-imagine! Dorling Kindersley, 2004
Pine, B. J. und James H. Gilmore: Erlebniskauf. Konsum als Erlebnis, Business als Bühne, Arbeit als Theater. Econ, 2002
Pink, Daniel: A Whole New Mind. Penguin Books, 2006
Ridderstråle, Jonas und Kjell Nordström: Funky Business. Financial Times/Prentice Hall, 2000
Ridderstråle, Jonas und Kjell Nordström: Karaoke Kapitalismus. Redline Wirtschaft, 2005
Sprenger, Reinhard K.: Mythos Motivation. Campus, 2002
Sprenger, Reinhard K.: Die Entscheidung liegt bei Dir! Campus, 2004
Sutton, Gary: Corporate Canaries. Nelson Business, 2005
Sutton, Robert: Stellen Sie Leute ein, die Sie eigentlich nicht brauchen. Piper, 2003

Taylor, William: Mavericks at Work. William Morrow, 2006
Utterback, James M.: Mastering the Dynamics of Innovation. Harvard Business School Press, 1997

Zeitschriften

Bergmann, Jens: »Die Unmodernen«, brand eins, 1/2004
Bergmann, Jens: »Heller Wahnsinn«, brand eins, 10/2005
Burgmaier, Stefanie: »In dieser Schärfe«, Wirtschaftswoche, Nr. 42, 13.10.2005
Fischer, Gabriele und Christiane Sommer: »Nicht immer mehr – immer besser!«, brand eins, 3/2003
Friemel, Kerstin: »Lösung in Sicht«, brand eins, 6/2006
Gehrs, Oliver: »Mit Vivian nach Rio«, brand eins, 10/2005
Gorres, Heike: »Opfer des Fleißes«, Die Zeit, Nr. 11, 4.3.2004
Grosse-Halbuer, Andreas: »Das echte Leben«, Wirtschaftswoche, Nr. 17, 21.4.2005
Grosse-Halbuer, Andreas: »Mangels Masse«, Wirtschaftswoche, Nr. 48, 24.11.2005
Hamel, Gary und Gary Getz: »Erfindungen in Zeiten der Sparsamkeit«, in: Wachstum. Märkte schaffen, Partner finden, Perspektiven öffnen. Hrsg. Harvard Business Manager, Redline Wirtschaft, 2005
Hardy, Quentin: »Google Thinks Small«, Forbes, 14.11.2005
Hennersdorf, Angela: »Aggressivität muss vernünftig sein«, Wirtschaftswoche, Nr. 13, 28.3.2006
Henry, Andreas: »Mad Money«, Wirtschaftswoche, Nr. 16, 15.4.2006
Heuer, Steffan: »Richtig verbunden«, brand eins, 4/2006
Hirn, Wolfgang: »Das Erfolgsmodell«, manager magazin, 2/2005
Huston, Larry und Nabil Sakkab:»Connect and Develop«, Harvard Business Review, März 2006
Jensen, Lars: »Auferstehung ohne Ableben«, brand eins, 8/2004
Koch, Jochen: »Der gefährliche Pfad des Erfolgs«, Harvard Business manager, Januar 2006

Kroker, Michael: »Taktisch geschickt«, Wirtschaftswoche, Nr. 45, 28.10.2004

Kroker, Michael: »Legendäre Riege«, Wirtschaftswoche, Nr. 24, 12.6.2006

Leendertse, Julia: »Kein Blutvergießen«, Wirtschaftswoche, Nr. 43, 20.10.2005

Lentz, Brigitta: »Zulieferer einbinden«, Capital, 24/2005

Longinotti-Buitoni, Gian Luigi: »Träume verkaufen«, GetAbstract, 2000

Lotter, Wolf: »Der blinde Fleck«, brand eins, 9/2005

March, James: »Exploration and Exploitation in Organizational Learning«, Organazation Science, 2/1991

Morse, Gardiner: »Wie Ferrari seine Mitarbeiter motiviert«, Harvard Business manager, Mai 2006

Müller, Henrik: »Bedingt tauglich«, manager magazin, 4/2005

Niederstadt, Jenny: »Bleiben Sie Sie selbst«, Wirtschaftswoche, Nr. 15, 10.4.2006

Niejahr, Elisabeth: »Gelernt ist eben nicht gelernt«, Die Zeit, Nr. 5, 26.1.2006

Pauly, Christoph: »Ab nach Indien«, Der Spiegel, Nr. 45, 6.11.2006

Pawlowsky, P.; Mistele, P.; Geithner, S.: »Hochleistung unter Lebensgefahr«, Harvard Business manager, November 2005

Petz, Ingo: »Alles billig und gut«, brand eins, 2/2005

Pollack, Frank: »Die Milchmädchenrechnung«, brand eins, 3/2005

Pollack, Frank: »Das Lernwerk«, brand eins, 5/2006

Schaudwet, Christian und Konrad Handschuch: »Bangalore in Böhmen«, Wirtschaftswoche, Nr. 14, 3.4.2006

Scheytt, Stefan: »Grundig lebt!«, brand eins, 5/2006

Sprenger, Reinhard K.: »Happy Workaholics«, Handelsblatt, 14.2.2005

Sprenger, Reinhard: »Innovativ ist, wer Innovationen nicht verhindert«, McKinsey Wissen, 15, 2006

Streck, Michael; Liedtke, Dirk: »Lieber klare Niederlage als schwammiger Sieg«, Stern, 22.5.2006

Veiel, Andres: »Der Unbeugsame«, brand eins, 7/2004

PERSONENREGISTER

FIRMEN- UND INSTITUTIONENREGISTER

Bildnachweis

Kapitel 1	ullstein – dpa (Bohrinsel Piper Alpha), S. 16
Kapitel 2	Stock.XCHNG (Lochgucker), S. 30
Kapitel 3	Stock.XPERT (Karaokepaar: 256800), S. 44
Kapitel 4	Stock.XPERT (Mamorkuchen: 407455), S. 56
Kapitel 5	Stock.XCHNG (müder Mann), S. 66
Kapitel 6	Stock.XPERT (299588: Schnellboot), S. 76
Kapitel 7	iStockphoto (2312929: Open-air-Konzert), S. 88
Kapitel 8	ullstein – Camera 4 Fotoagentur Berlin (Fußball-WM 2006), S. 100
Kapitel 9	Stock.XCHNG (wütender Mann), S. 112
Kapitel 10	Stock.XCHNG (Junge an Ketten), S. 124
Kapitel 11	Stock.XCHNG (Sumo-Ringer), S. 124
Kapitel 12	Stock.XPERT (Fußball spielender Junge: 298917), S. 142
Kapitel 13	ullstein bild – KPA Archival Collection (Dr. Evil und Mini-me), S. 152
Kapitel 14	Stock.XCHNG (Leuchtturm), S. 164
Kapitel 15	Stock.XCHNG (Mercedes-Stern), S. 174
Kapitel 16	ullstein – Peter Arnold Inc. (verkabelte Frau), S. 186
Kapitel 17	Stock.XCHNG (Business-Yoga), S. 198
Kapitel 18	ullstein – KPA (Hermes Phettberg), S. 208
Kapitel 19	Pillen, S. 218
Kapitel 20	Che Gue Guevara, S. 224
Kapitel 21	Stock.XCHNG (Bauarbeiter), S. 236
Kapitel 22	ullstein – Kindermann (Sean Connery in James Bond 007 jagt Dr. No), S. 246
Kapitel 23	Stock.XCHNG (springender Mann), S. 256
Kapitel 24	Stock.XCHNG (Superman-Puppe), S. 264